Anderl/Binde

Simulationen mit Unigraphics NX 4

Kinematik, FEM und CFD

D1672228

Reiner Anderl
Peter Binde

Simulationen mit Unigraphics NX 4

Kinematik, FEM und CFD

HANSER

Die Autoren:
Prof. Dr.-Ing. Reiner Anderl leitet das Fachgebiet Datenverarbeitung in der Konstruktion (DiK)
des Fachbereichs Maschinenbau an der TU Darmstadt.
Dr.-Ing. Peter Binde ist Geschäftsführer der Firma Dr. Binde, Beratende Ingenieure, und führt
von der Firma UGS zertifizierte Schulungen und Beratungen im Simulationsbereich durch.

Bibliografische Information Der Deutschen Bibliothek
Die Deutsche Bibliothek verzeichnet diese Publikation in der Deutschen
Nationalbibliografie; detaillierte bibliografische Daten sind im Internet
über http://dnb.ddb.de abrufbar.

© 2006 Carl Hanser Verlag München Wien
Gesamtlektorat: Sieglinde Schärl
Sprachlektorat: Sandra Gottmann, Münster-Nienberge
Herstellung: Monika Kraus
Umschlagdesign: Marc Müller-Bremer, Rebranding, München
Umschlaggestaltung: MCP · Susanne Kraus GbR, Holzkirchen
Datenbelichtung, Druck und Bindung: Kösel, Krugzell
Printed in Germany

ISBN-10: 3-446-40611-5
ISBN-13: 978-3-446-40611-7

www.hanser.de/cad

Vorwort

Die integrierte Anwendung von 3D-CAD-Modellierungsverfahren und Berechnungs-
und Simulationsverfahren gewinnt durch die rasante Weiterentwicklung der Infor-
mations- und Kommunikationstechnologie zunehmend an Bedeutung. Deshalb ist es
auch von besonderer Bedeutung, diese Technologien sowohl in der ingenieurwis-
senschaftlichen Ausbildung wie auch in der industriellen Aus- und Fortbildung
einzusetzen.

Seit 2003 ist die Technische Universität Darmstadt als PACE Universität ausgewählt
worden. PACE steht für *Partners for the Advancement of Collaborative Engineering
Education* und ist ein Förderprogramm der Firmen General Motors (Adam Opel
GmbH), Electronic Data Systems, UGS und SUN Microsystems sowie weiterer unter-
stützender Firmen. Die Förderung durch das PACE Programm ermöglichte das Entstehen dieser Expertise, insbesondere mit der Integration der 3D-Modellie-
rungstechniken mit den Berechnungs- und Simulationsverfahren.

Die Veröffentlichung entstand in Kooperation zwischen Dr. Binde beratende Ingenieure – Design & Engineering GmbH (www.drbinde.de) und dem Fachgebiet Datenverarbeitung in der Konstruktion im Fachbereich Maschinenbau der Technischen
Universität Darmstadt (www.dik.maschinenbau.tu-darmstadt.de). Wir bedanken uns
ganz herzlich für die wohlwollende Unterstützung bei der Erstellung dieses Lehr-
buchs und wünschen allen Lesern und Anwendern viel Erfolg bei der Lösung der
Lernaufgaben und der Nutzung der erworbenen Erkenntnisse im Studium wie auch
in der industriellen Praxis.

Im März 2006   Prof. Dr.-Ing. Reiner Anderl
                                                Dr.-Ing. Peter Binde

Inhalt

Inhalt

Inhalt

1 Einleitung

Die Ingenieurwissenschaften zählen zu den wichtigsten Aufgaben für die Entwicklung innovativer Produktlösungen. Der konstruktiven Auslegung, Gestaltung und Detaillierung kommt dabei eine entscheidende Rolle zu. Ebenso wichtig ist allerdings auch die Voraussage des Produktverhaltens unter verschiedenen Nutzungsszenarien und Betriebszuständen. Gerade vor dem Hintergrund der rasanten Entwicklung der Informations- und Kommunikationstechnologie sowohl durch die zunehmenden Leistungsmerkmale der Hardware wie auch der Software, wie auch durch die steigende Integrationstiefe von Anwendungssoftwaresystemen gelingt es immer besser rechnergestützte, numerische Simulationsverfahren und rechnerunterstützte Konstruktionsverfahren aufeinander abzustimmen.

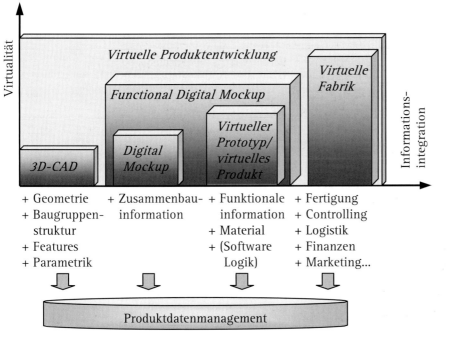

Stufen der virtuellen Produktentwicklung

Die Informations- und Kommunikationstechnologie hat auf das Leistungsprofil des Produktentwicklungsprozesses einen entscheidenden Einfluss bekommen. Dieser Einfluss resultiert aus

- der schnellen Informationsgewinnung aus weltweit verfügbaren Quellen,

- der Verfügbarkeit von neuen, rechnerbasierten Methoden zur Produktentwicklung und -konstruktion wie die zur Produktmodellierung (CAD), zur Auslegungs- und Nachweisrechnung (FEM, MKS, CFD), zur schnellen Validierung und Verifikation (z.B. über Digital Mock Ups, DMU), zur schnellen Prototypher-

Einfluss der Informationstechnik auf die Produktentwicklung

stellung (Virtual und Rapid Prototyping) sowie den Methoden zur Weiterverarbeitung von Produktdaten in Prozessketten (CAX-Prozessketten) und

- der Abbildung aufbau- und ablauforganisatorischer Strukturen in Produktdatenmanagementsystemen (PDM) mit der Bereitstellung der Produktentwicklungsergebnisse per Mausklick.

Durch den bereits sehr hohen Durchdringungsgrad des Produktentwicklungsprozesses mit Rechnerunterstützung wurde auch der Begriff der virtuellen Produktentwicklung geprägt. Die virtuelle Produktentwicklung kann über mehrere Stufen erreicht werden (siehe Abbildung). Sie führen über

- 3D CAD,
- Digital Mock Ups,
- virtuellen Prototypen bis zum
- virtuellen Produkt und auch zur
- virtuellen Fabrik.

3D-CAD ist Grundlage.

Der Einsatz von 3D-CAD ist dabei die Grundlage zur dreidimensionalen Beschreibung der Produktgeometrie. Diese Produktbeschreibung bezieht sich dabei sowohl auf die Einzelteilmodellierung wie auch auf die Baugruppenmodellierung. Vielfach erfolgt diese Modellierung featurebasiert und parametrisch.

DMU

Digital Mock Ups (kurz DMU, im Deutschen auch als digitale Attrappe bezeichnet) repräsentieren hauptsächlich die Produktstruktur sowie die approximierte Geometrie der Einzelteile und Baugruppen auf der Basis von Volumen- und Flächengeometrien. Wurden auch Materialeigenschaften zum Volumen zugewiesen, so sind Gewicht, Schwerpunktlagen sowie Trägheitsmomente und -tensoren berechenbar. Digital Mock Ups werden insbesondere zur Simulation von Ein- und Ausbauvorgängen sowie für Kollisionsprüfungen eingesetzt.

Die wichtigsten Simulationsverfahren sind die FEM, MKS und CFD.

Digitale Prototypen besitzen neben der Repräsentation der 3D-dimensionalen Geometrie von Einzelteilen und Baugruppen, der Materialeigenschaften, sowie der Produktstruktur auch physikalische Eigenschaften. Damit sind sie in der Lage, im Rahmen der modellierten Merkmale eine Simulation des physikalischen Produktverhaltens zu berechnen und auch grafisch darzustellen. Digitale Prototypen werden meist disziplinenspezifisch erstellt, also für z.B. die mechanische Festigkeitsberechnung, die Bewegungssimulation oder die Strömungssimulation. Die wichtigsten dazu eingesetzten Verfahren sind die Finite-Elemente-Methode (FEM, im Englischen auch häufig als *Finite Element Analysis*, kurz FEA bezeichnet), die Mehrkörpersimulation (MKS, im Englischen auch als *Multi Body Simulation*, kurz MBS, bezeichnet) und die Strömungssimulation (im Englischen als *Computational Fluid Dynamics* bezeichnet).

Der Begriff virtuelles Produkt fasst mehrere physikalische Eigenschaften eines Produktes zusammen, ergänzt auch logische Abhängigkeiten und vereinigt sie interoperabel in einem gemeinsamen Produktmodell.

Der Begriff virtuelle Fabrik bezieht sich auf die modellhafte Abbildung der Objekte einer Fabrik mit ihren physikalischen Eigenschaften und der Herstellungsprozesse. Auch hierbei ist das Ziel, mit Hilfe von Simulationsverfahren die einzelnen Abläufe der Fertigung, der Montage und auch der Prüfung simulieren zu können.

Die in den jeweiligen Anwendungssoftwaresystemen entstehenden Produktdaten werden schließlich nach den aufbau- und ablauforganisatorischen Strukturen in einem Produktdatenmanagementsystem (kurz PDM-System) gespeichert.

Im PDM-System werden alle anfallenden Produktdaten gespeichert.

Durch die zunehmende Einführung von 3D-CAD-Systemen in die industrielle Praxis zeigt sich auch, dass der Bedarf an integrierten numerischen Simulationsverfahren steigt. Das Ziel ist es dabei, die 3D-Produktdaten zu vielfältigen Aufgaben weiterzuverarbeiten, um das Ergebnis des Produktentwicklungsprozesses bereits in der digitalen Welt zu optimieren und damit das geforderte Anforderungsprofil möglichst maximal zu erfüllen.

1.1 Beispielsammlung, Voraussetzungen und Lernziele

Ausgehend von der Zielsetzung, 3D-CAD-Daten zur Nachrechnung, Simulation und Optimierung zu verwenden, ergibt sich die Frage, wie können 3D-CAD-Daten weiter genutzt werden. Dazu wurden in diesem Lehrbuch für die Verfahren der Finite-Elemente-Methode, der Mehrkörpersimulation und der Strömungssimulation repräsentative Beispielszenarien entwickelt, anhand derer die Integration von Berechnungen und Simulationen dargestellt werden. Die dabei aufgezeigten Szenarien basieren auf dem 3D-CAD-System Unigraphics-NX4 und den Berechnungs- und Simulationssystemen der NX Nastran-Reihe.

Die Lerninhalte werden anhand von Methodikbeispielen vermittelt.

Um dem Leser das Verständnis für die Methodik zu erleichtern und die Einarbeitung zu verkürzen, wurde für die Lernaufgaben dieses Buchs eine einzige zusammenhängende Baugruppe ausgewählt. Es handelt es sich dabei um das CAD-Modell des legendären Opel Rak2, das in der Vergangenheit am Institut für Datenverarbeitung in der Konstruktion (DiK) der technischen Universität Darmstadt (TUD) in studenti-

Der Opel Rak2 bildet die Beispielsammlung.

schen Projekten erstellt wurde, wofür an dieser Stelle allen Beteiligten herzlich gedankt sein soll. Alle CAD- und Berechnungsdaten, die in den Lernaufgaben gebraucht oder erstellt werden, liegen auf der beiliegenden CD vor und sollten vom Leser zum Nachvollziehen der Beispiele genutzt werden.

Die Lerninhalte werden also anhand von aus dem Leben gegriffenen Beispielen vermittelt. Funktionen des NX-Systems werden niemals isoliert, sondern immer in Zusammenhang mit einem Beispiel erläutert. Weil dies dem Lernen durch reale Projekte ähnelt, ist diese Methode effizient, einprägsam und didaktisch modern.

Einige Beispielbilder der Lernaufgaben

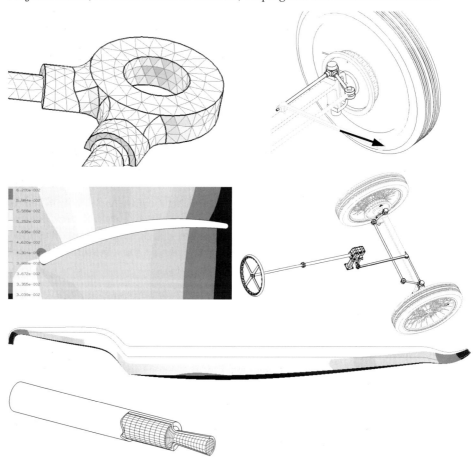

Voraussetzungen

Die einzelnen Kapitel sind so strukturiert, dass sie zwar das didaktische Konzept des kontinuierlichen Lernfortschritts verfolgen, jedoch Grundlagen im Arbeiten mit 3D-CAD, insbesondere Unigraphics NX4 voraussetzen. Vorausgesetzt werden daher Kenntnisse für den Aufbau von parametrischen 3D-Modellen und Baugruppen sowie allgemeines technisches Verständnis, so wie es in technischen Berufsausbildungen üblicherweise vermittelt wird.

Ziel ist es, dem Studenten, Konstrukteur oder Berechnungsingenieur einen Einstieg zu vermitteln, der es ihm ermöglicht, einfache Aufgaben der Finite-Elemente-Methode, der Mehrkörpersimulation und der Strömungssimulation mit Unigraphics NX4 selbst zu lösen und ein Verständnis für diese Technologien zu entwickeln. Es darf jedoch nicht erwartet werden, dass komplexe praktische Probleme mit dem vermittelten Wissen sofort lösbar sind. Dies wäre ein wahnwitziger Anspruch. Vielmehr entwickelt sich ein Anfänger zum Experten, indem er im Laufe der Zeit möglichst viele praktische Aufgaben durcharbeitet und daran Erfahrungen sammelt. Sein Erfahrungsschatz ergibt sich aus den erfolgreich erarbeiteten Projekten. Dieses Buch vermittelt mit seinen Lernbeispielen wichtige grundlegende Erfahrungen und bildet so den Grundstock für einen beliebig erweiterbaren Erfahrungsschatz.

Ziel ist der Aufbau eines grundlegenden Erfahrungsschatzes.

1.2 Arbeitsumgebungen

Mechanische Problemstellungen erlauben eine Unterteilung in die drei Klassen starre Körper, flexible Körper und Fluide. Starrkörpersysteme werden dabei mit Mehrkörpersimulationsprogrammen (MKS), flexible Körper mit Programmen für Finite-Elemente-Methode (FEM) und Strömungsaufgaben mit Computational Fluid Dynamics (CFD) berechnet.

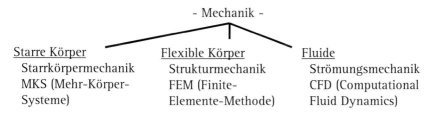

- Mechanik -

Starre Körper	Flexible Körper	Fluide
Starrkörpermechanik	Strukturmechanik	Strömungsmechanik
MKS (Mehr-Körper-Systeme)	FEM (Finite-Elemente-Methode)	CFD (Computational Fluid Dynamics)

Die Mechanik kann grob in drei Teile gegliedert werden.

Dementsprechend gibt es in Unigraphics NX4 mehrere Arbeitsumgebungen im Bereich der digitalen Simulation. Diese sind (neben einigen anderen, die hier nicht behandelt werden):

- „*Kinematik*" (Motion-Simulation) für Bewegungssimulationen mit MKS,

- „*FEM – Finite-Elemente-Methode*" (Design-Simulation) für einfache Strukturmechanik, die konstruktionsbegleitend eingesetzt werden kann, und

- „*Erweiterte Simulation*" (Advanced-Simulation) für
    o komplexe Strukturmechanik auch nichtlinearer Effekte mit FEM und
    o Strömungssimulation mit CFD.

Das NX-System stellt für digitale Simulation drei Module bereit.

Die Arbeitsumgebungen haben eine gemeinsame Oberfläche, und die verfügbaren Funktionen hängen von der jeweils vorhandenen Lizenz ab. In diesem Buch wird detailliert auf die genannten Arbeitsumgebungen eingegangen, und die Möglichkeiten und Grenzen werden anhand von Beispielen erläutert.

1.3   Arbeiten mit dem Buch

Aufbau des Buchs

Das Buch enthält je ein Hauptkapitel für die Themen:

- Motion-Simulation,
- Design-Simulation,
- Advanced-Simulation FEM und
- Advanced-Simulation CFD.

Die Kapitel können weitgehend unabhängig voneinander durchgearbeitet werden. D.h., wer sich nicht für Bewegungssimulation interessiert, kann das Kapitel überspringen. Lediglich die Leser von „Advanced-Simulation" sollten vorher „Design-Simulation" durcharbeiten, weil hier notwendige Vorkenntnisse vermittelt werden.

Eilige Leser können gleich mit den Beispielen starten.

Zu Beginn jedes Kapitels wird eine Einführung über die Prinzipien des jeweiligen Themas gegeben. Für den Berechnungsneuling mögen sich diese Erklärungen sehr theoretisch und schwierig anhören. Dies sollte aber nicht davor abschrecken, mit den Lernaufgaben zu diesem Thema zu beginnen. Der Schwerpunkt liegt daher auf den darauf folgenden Lernaufgaben. Erklärungen in den Lernaufgaben knüpfen meist an die Prinzipien der Einführungen an, verdeutlichen und erweitern sie. Eilige Leser können daher auch die Einführungen überspringen und gleich zu den Lernaufgaben übergehen.

Die beiliegende CD enthält NX-Files der Lernaufgaben.

Die dem Buch beiliegende CD enthält die Baugruppe des Opel-Rak2 und damit den Ausgangspunkt für alle beschriebenen Lernaufgaben. Ebenfalls sind die Lösungsdateien auf der CD vorhanden, damit evtl. darin nachgesehen werden kann. Für die Durcharbeit sollte die gesamte CD auf die Festplatte des Rechnes in ein Verzeichnis (z.B. mit dem Namen „Opel_Rak2") kopiert werden.

Das jeweils erste Beispiel ist von grundlegendem Charakter.

Die Lernaufgaben eines Kapitels sollten am besten in der vorgegebenen Reihenfolge durchgearbeitet werden, weil die Lerninhalte aufeinander aufbauen. Bei Motion- und Design-Simulation ist die jeweils erste Lernaufgabe ein Grundlagenbeispiel. Hier werden alle wichtigen Prinzipien und Grundlagen vermittelt, auf denen die folgenden Lernaufgaben aufbauen.

Stecknadelsymbole kennzeichnen durchzuführende Schritte.

Bei der Beschreibung der Lernaufgaben wird zwischen Hintergrunderklärungen und durchzuführenden Schritten (Mausklicks am NX-System) unterschieden. Durchzuführende Schritte sind immer mit dem Stecknadel-Symbol gekennzeichnet:

↳ Hier wird ein durchzuführender Schritt beschrieben.

Ganz eilige Leser können daher auch alle Hintergrunderklärungen weglassen (vielleicht kann man ja auch intuitiv schon einiges lernen) und direkt von Stecknadelsymbol zu Stecknadelsymbol springen.

Am Ende des Buchs findet sich ein besonderer Index, der alle Funktionalitäten, die in den Lernaufgaben genutzt werden, auflistet. Hier kann nachgesehen werden, in welcher Lernaufgabe und auf welcher Seite eine Funktion genutzt und beschrieben wird. Dies hilft z.B., wenn mehr Wissen zu einer Funktion gewünscht wird. Es kann dann nachgesehen werden, wie eine Funktion in einem anderen Kontext eingesetzt wird.

Funktionsindex am Ende des Buchs

Für das Durcharbeiten der Lernaufgaben sollte ein Rechner mit NX4-Installation zur Verfügung stehen. Darüber hinaus muss für die FEM-Beispiele eine NX Nastran-Installation vorhanden sein. Damit NX4 mit der Nastran-Installation arbeiten kann, müssen (nach einer Neuinstallation beider Programme) zwei Umgebungsvariablen manuell gesetzt werden. Diese Variablen werden in der Konfigurationsdatei „ugii_env.dat" gesetzt, die bei Windows-Systemen meist unter

Anforderungen an die Installation und Rechnerleistung

„C:\Programme\UGS\NX 4.0\UGII\ ugii_env.dat"

zu finden ist.

Die erste Variable gibt den Ort der Nastran-Installation an. Bei Standard-Windows-Systemen setzt man diese Variable meist folgendermaßen:

UGII_NX_NASTRAN="C:\Programme\UGS\NXNastran\4.0\bin\"

Die zweite Variable gibt die Nastran-Version an. Diese sollte folgendermaßen aussehen:

UGII_NX_NASTRAN_VERSION=4.0

Darüber hinaus sollte der Rechner über einen genügend schnellen Prozessor verfügen sowie über mindestens 512 MB Hauptspeicher. Auch die Festplatte sollte genügend freien Speicher haben (mindestens 500 MB).

Für Motion-Analysen stehen, ganz neu ab der NX4.0.1-Version, zwei Solver-Typen zur Verfügung: „Adams" und der neu dazugekommene Solver „Recurdyne". Die Lernaufgaben dieses Buches wurden für den Adams-Solver konzipiert, daher muss in den Anwenderstandards (Customer-Defaults) dieser Solver voreingestellt werden. Für den Recurdyne-Solver konnten die Beispiele nicht getestet werden, weil er zu Redaktionsschluss noch nicht verfügbar war. Die entsprechende Einstellung findet man im NX-System unter „Datei, Dienstprogramme, Anwenderstandards" (File, Utilities, Customer Defaults) in der Gruppe „Kinematik, Vorprozessor" (Motion, Pre Processor) unter dem Register „Umgebung" (Environment).

Voreinstellung des Motion-Solvers

2 Motion-Simulation (MKS)

Motion-Simulation bietet dem Konstrukteur die Möglichkeit, Bewegungen seiner bis dahin statisch konstruierten Maschine zu kontrollieren. Dadurch kann ein besseres Verständnis für die Maschine erlangt und es kann kontrolliert werden, ob es zu Kollisionen der bewegten Teile kommt. Außerdem kann nachgesehen werden, ob die Maschine die gewünschte Bewegung überhaupt ausführen bzw. gewisse Positionen erreichen kann. Oft ist es Aufgabe, die geometrischen Abmessungen geeignet einzustellen. Dabei ist die Nutzung der CAD-Parametrik oft ein wichtiges Hilfsmittel, um Varianten zu erstellen.

Einsatzszenarien und Nutzen für Motion-Simulationen in der Praxis

Aber auch und gerade in der frühen Phase der Konstruktion ist der Einsatz kinematischer Analysen sinnvoll, wenn erst grobe Designentwürfe vorliegen. Mit Hilfe der Motion-Simulation können schon Prinzipskizzen oder einfache Kurven bewegt und deren Maße optimiert werden. So werden aus den Prinzipskizzen der frühen Konstruktionsphase oftmals bewegungskontrollierte Steuerskizzen. Im weiteren Verlauf der Konstruktion können Kinematiken immer wieder zur Absicherung der bis dahin fertig gestellten Maschine genutzt werden.

Sobald den CAD-Geometrien Masseeigenschaften zugeordnet sind, können Bewegungsanalysen sogar zu dynamischen Analysen ausgeweitet werden. Dabei werden Lagerkräfte, Geschwindigkeiten und Beschleunigungen ermittelt werden. Motion-Analysen sind daher auch oftmals Vorbereitungen für FEM-Analysen, weil dort Lagerkräfte als Randbedingungen eingehen. Anhand der Ergebnisse (Kräfte und Wege) können auch Federn, Dämpfer, Zusatzmassen, Schwingungstilger, Lager (Tragfähigkeit) etc. aus Zulieferkatalogen ausgewählt werden.

Masseneigenschaften der Bauteile erweitern das Gebiet in die Dynamik hinein.

Anwender von Motion-Simulation sollten in der Modellierung von Einzelteilen und Baugruppen mit dem NX-System Erfahrungen mitbringen. Das ist deswegen erforderlich, weil die Beispiele dieses Kapitels nicht nur auf fertigen Baugruppen aufsetzen, sondern teilweise auch in die Konstruktionsmethodik eingreifen. Sonst sind jedoch keine Vorkenntnisse erforderlich.

In dem nachfolgenden Einführungskapitel werden Theorie, Grenzen, spezielle Effekte und Regeln dieser Disziplin dargestellt. Daraufhin folgen Lernaufgaben zur Kinematik, die mit einem Grundlagenbeispiel beginnen. In der zweiten Lernaufgabe werden Prinzipskizzen und Kinematik genutzt, um die frühe Konstruktionsphase zu unterstützen. In der dritten Aufgabe werden Kollisionen behandelt und das Zusammensetzen verschiedener Unterkinematiken. Die letzte Lernaufgabe behandelt schließlich dynamische Sachverhalte sowie komplexe Arten von Kontakt.

Inhalte des Kapitels

2.1 Einführung

Unterteilung der Mechanik in drei Teile

Motion-Simulation deckt den Teil der Mechanik ab, der sich mit starren Körpern beschäftigt. In der Regel handelt es sich um mehrere starre Körper, die mit Gelenken verbunden sind. Solche Problemstellungen tauchen z.B. bei Fahrwerken von Kraftfahrzeugen auf. Die Software zur Berechnung solcher Aufgabenstellungen wird mit dem Begriff „MKS-Programm" bezeichnet. MKS bedeutet dabei Mehrkörpersimulation.

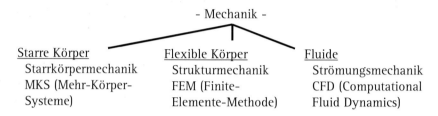

Elemente bei der Modellbildung

Der Anwender definiert dabei neben der Geometrie Bewegungskörper, Gelenke und evtl. außen angreifende Kräfte oder Zwangsbedingungen. Auch Federn und Dämpfer können eine Rolle spielen. Die freie Bewegung der über Gelenke verbundenen Starrkörper wird üblicherweise durch Bewegungsantriebe bestimmt.

Für die Bewegungskörper wird meist CAD-Geometrie (Einzelteile und Baugruppen) genutzt. Das CAD-System mit seinen mächtigen Möglichkeiten kann aber auch für die Definition von beispielsweise Kurvenscheiben oder sonstigen Steuergesetzen genutzt werden.

Schema für die MKS-Analyse

Programmintern werden die Bewegungskörper, Gelenke und Antriebe in ein mathematisches Gleichungssystem überführt, das aufgelöst wird, woraus sich die gesuchten Größen ergeben. Als Ergebnis erhält der Anwender die Wege, Geschwindigkeiten und Beschleunigungen der Bewegungskörper und Gelenke sowie Reaktionskräfte an den Gelenken.

Beschränkung bei MKS-Systemen und Abgrenzung zu FEM

Eine ganz grundlegende Eigenschaft und Einschränkung ist bei MKS durch die Starrheit der betrachteten Körper gegeben. Ein Bewegungskörper kann im Raum bewegt, aber nicht deformiert werden. Reale Körper werden bei MKS auf ihre Massen, Trägheitseigenschaften und geometrischen Abmessungen reduziert, ihre Verformungseigenschaft wird jedoch vernachlässigt. Dies ist dann zulässig, wenn – wie es der Konstrukteur üblicherweise anstrebt – die eingesetzten Federn sehr viel weicher sind als die Körper. Dies ist der grundsätzliche Unterschied zur Strukturmechanik, bei der mit Hilfe der Finite-Elemente-Methode flexible Körper, also Deformationen und Beanspruchungen betrachtet werden. Nachteil der FEM gegenüber der MKS ist jedoch, dass mit linearer FEM keine Bewegungen, sondern nur kleine Deformationen möglich sind. Die Annahme von Starrheit der Bewegungskörper bei MKS bringt den Vorteil der Einfachheit der Berechnung. Daher lassen sich auch komplexe Bewegungen an großen Baugruppen analysieren.

Allerdings gibt es einige Effekte in der Realität, die sich nur schwer mit MKS behandeln lassen. Dies sind Effekte wie Spiel, Toleranz und Flexibilität. Weil solche Effekte im MKS-Modell meist nicht berücksichtigt werden, kommt es in manchen Fällen am MKS-Modell beispielsweise zu Klemmsituationen, wobei in Wirklichkeit geringfügiges Spiel in den Gelenken oder die Flexibilität eines Körpers für problemlose Bewegung sorgt.

Spiel, Toleranz und flexible Teile können bei MKS nur mit größerem Aufwand modelliert werden.

Zwar kann Spiel auch in MKS berücksichtigt werden, jedoch müssen die beteiligten Teile dann dynamisch betrachtet werden, und es müssen Kontaktrückstellkräfte einbezogen werden. Dann existieren offene Freiheitsgrade im System, und die Aufgabe wird erfahrungsgemäß schwieriger in der Handhabung.

Bewegungssimulation kann klassifiziert werden in Statik, d.h. Kräfte ohne Bewegungen und Dynamik, d.h. Kräfte mit Bewegungen. Beides kann mit NX Motion-Simulation analysiert werden.

Klassifizierung von MKS-Simulationen

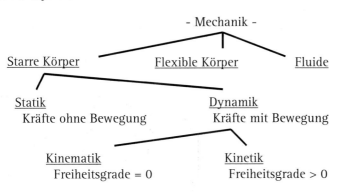

In der Statik werden beispielsweise die Stabkräfte in einem Stabwerk berechnet, das sich im Gleichgewicht befindet. Dynamik wird weiter unterteilt in Kinematik und Kinetik. Kinematische Systeme zeichnen sich dadurch aus, dass alle Freiheitsgrade[1] jedes Bewegungskörpers bestimmt sind. Diese Bestimmung kann entweder durch Gelenke oder durch Antriebsgesetze vorgenommen werden. Ein solches System läuft gewissermaßen vorhersehbar, und es wird auch von bewegungsgetriebenen Systemen (gefesselte Bewegung) gesprochen. Kinetische Systeme liegen dann vor, wenn ein oder mehr Freiheitsgrade unbestimmt sind. Die Bewegung ergibt sich dann auf-

Bestimmte und unbestimmte Freiheitsgrade

---

[1] Statt von Freiheitsgrad wird auch von DOF (Degree of Freedom) gesprochen.

grund von Kräften (ungefesselte Bewegung). Beispielsweise führt die Schwerkraft zum Schwingen eines gelenkig gelagerten Hebels. Im Fall der Kinetik wird daher auch von kraftgetriebenen Systemen gesprochen.

2.2   Lernaufgaben Kinematik

2.2.1   Lenkgetriebe

An diesem Grundlagenbeispiel werden die wichtigsten Sachverhalte erklärt, die für eine einfache Bewegungsanalyse mit dem NX-System erforderlich sind. Das Beispiel führt den Anwender durch den Prozess der Erzeugung von Bewegungskörpern, grundlegenden Gelenken und nutzt als Antrieb die Funktion „Artikulation", die sehr gut für rein kinematische Bewegungssimulationen geeignet ist. Darüber hinaus wird auch die Funktion für dynamische Analysen eingesetzt, allerdings wird dies lediglich als Methode zum Erkennen unbestimmter Freiheitsgrade ausgenutzt.

Dieses Grundlagenbeispiel sollte von allen Anwendern durchgearbeitet werden, die mit Motion-Simulation arbeiten werden.

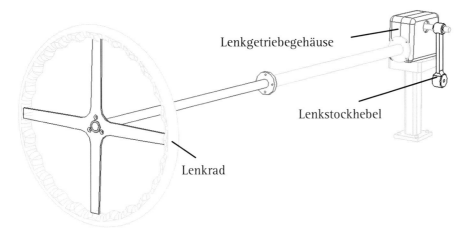

Lenkgetriebegehäuse

Lenkstockhebel

Lenkrad

Dieses Kinematikmodell wird zunächst als einzelner Mechanismus erzeugt. In einem späteren Beispiel wird dieser Mechanismus modulartig mit anderen Mechanismen zu einem zusammengesetzten Mechanismus zusammengefügt.

2.2.1.1   Aufgabenstellung

Ein Konstrukteur hat die Hebel für das Lenkgetriebe neu konstruiert. Nun muss er prüfen, ob Kollisionen auftreten. Daher muss ein kinematisches Modell erstellt werden, das die Drehbewegung des Lenkrads und damit verbunden des Lenkstockhebels ermöglicht.

Visuelle Kontrolle der Konstruktion

Die Aufgabenstellung besteht aus dem Lenkgetriebe des Rak2 sowie dem Lenkrad und dem Lenkstockhebel. Das Lenkgetriebe ist in einem Gehäuse untergebracht und verbindet Lenkrad mit Lenkstockhebel.

Für diese Beispielaufgabe soll das Modell nur zu visuellen Kontrollen genutzt werden, jedoch wären auch Analysen über Kollisionen oder Minimalabstände mit anderen Komponenten bis hin zu Analysen der entstehenden Reaktionskräfte in den Gelenken möglich.

Nachfolgend werden zunächst einige Prinzipien erläutert. Daraufhin werden die Lösungsschritte für diese Aufgabenstellung dargestellt. Ganz eilige Leser können auch direkt an der Stelle weiterlesen, an der das Modell aufgebaut wird.

2.2.1.2 Überblick über die Funktionen

In der Anwendung „Kinematik" (Motion-Simulation) wird das kinematische oder kinetische Modell aufgebaut und die Simulation durchgeführt und ausgewertet. Nachfolgende Abbildung zeigt die Toolbar „Motion", die nach dem Aufruf des Moduls erscheint. Diese Toolbar enthält alle Funktionen des Motion-Moduls, die zunächst gebraucht werden. Üblicherweise wird diese Toolbar am linken Rand des Fensters eingeklinkt.

Überblick und Kurzerklärung zu jeder Funktion in Motion-Simulation

Nachfolgend geben wir einen Überblick über die wichtigsten Funktionen des Motion-Moduls, wobei schon auf den späteren Einsatz hingewiesen wird. Ganz eilige Leser können auch über diesen Abschnitt hinweggehen und sofort zum Aufbau des Modells übergehen.

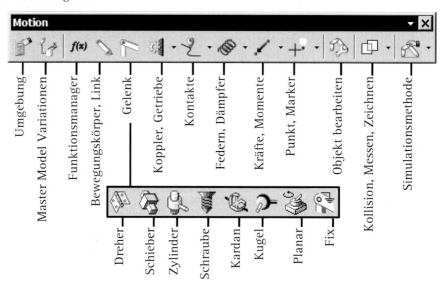

- Die Funktion „*Umgebung*" (Environment) ermöglicht die grundlegende Voreinstellung des Systems auf entweder reine Kinematik oder darüber hinaus auch dynamische Eigenschaften. Für unsere Aufgabe werden wir Dynamik einstellen, obwohl es sich nur um ein kinematisches Modell handelt. Der Grund dafür liegt darin, dass der Anwender damit Möglichkeiten hat, die zum besseren Verständnis und zur Fehleridentifikation dienen.

- Die Funktion „*Master Model Variationen*" (Master Model Variations) kann genutzt werden, um in einem Motion-Modell die CAD-Parameter des zugrunde liegenden CAD-Modells zu verändern. Das Besondere an dieser Funktion ist, dass die Änderungen lediglich im Motion-Modell wirken, das zugrunde liegende CAD-Modell selbst wird dabei nicht geändert. Diese Funktion kann daher für „Was-wäre-wenn"–Studien eingesetzt werden.

- Der „*Funktionsmanager*" dient zum Definieren komplexerer Funktionen, anhand derer beispielsweise ein Antrieb zeitabhängig oder bewegungsabhängig gesteuert werden kann. Einfachere Funktionen sind dagegen meist in den entsprechenden Motion-Features direkt verfügbar, hierbei wird der Funktionsmanager nicht gebraucht.

- Die wichtigsten Elemente für den Aufbau des Bewegungsmodells sind die *Bewegungskörper* (Link). Hiermit definiert der Anwender, welche Geometrien beweglich sein sollen. Bei der deutschen Sprachanpassung wird hier ungeschickterweise der Begriff „Verbindung" eingesetzt, den wir im Folgenden nicht verwenden wollen.

Überblick und Kurzerklärung zu jeder Funktion in Motion-Simulation

- Darüber hinaus definiert der Anwender anhand der „*Gelenke*" (Joint) wie sich die Bewegungskörper zueinander bewegen können.

- Verfügbare Gelenke sind der „*Dreher*" (Revolute), der lediglich Drehung, und

- der „*Schieber*" (Slider), der translatorische Verschiebung zwischen zwei Teilen zulässt.

- Das „*Zylindergelenk*" (Cylinder) lässt dagegen Drehung und Verschiebung zu.

- Ein „*Schraubgelenk*" (Screw) zwingt zwei Teile zur Drehung, wenn sie sich aufeinander zu bewegen.

- Das „*Kardangelenk*" (Universal) entspricht einem Kreuzgelenk und lässt Kippbewegungen zweier Teile zu, jedoch wird eine in der Hauptachse liegende Drehung auf das andere Teil übertragen.

- Ein „*Kugelgelenk*" (Sphere) dagegen lässt alle Drehbewegungen zweier Teile zueinander zu.

- Das „*Planargelenk*" (Planar) erlaubt das reibungsfreie Gleiten zweier Teile zueinander auf einer ebenen Fläche.

- Das „*Fixgelenk*" (Fix) letztendlich verbindet zwei Teile so, dass überhaupt keine Bewegung mehr zwischen ihnen möglich ist.

Als weitere Gruppe von Gelenk-Spezialtypen gibt es die Koppler und Getriebe. Hier kann der Anwender zwischen dem

- „*Zahnstange und Ritzel*" (Rack and Pinion), dem

- „*Zahnradpaar*" (Gear) und dem

- „*Kabel*" (Cable) auswählen.

Das „*Zahnstange und Ritzel*" verbindet einen Dreher mit einem Schieber, das Zahnradpaar verbindet zwei Dreher und das Kabel zwei Schieber miteinander. In jedem der Gelenke kann dabei das Verhältnis der Übersetzung eingestellt werden.

Die nächste Gruppe von Gelenk-Spezialtypen sind als Kontakte zusammengefasst. Hier gibt es den

- „*Punkt auf Kurve*", der einen Punkt eines Teil zwingt, auf einer beliebigen Raumkurve zu gleiten. Ähnlich ist

- „*Kurve an Kurve*". Hierbei werden zwei Kurven gezwungen, tangential aufeinander zu gleiten. Die beiden Kurven müssen jedoch in einer Ebene liegen.

- Beim „*Punkt auf Fläche*" wird ein Punkt eines Teils gezwungen, auf einer Fläche zu gleiten.

- Der „*3D-Kontakt*" und der „*2D-Kontakt*" sind besondere Kontaktfunktionen, da sie das Auftreffen aufeinander sowie das Abheben voneinander erlauben. Genau genommen sind es gar keine Gelenke, sondern Kraftobjekte, die im Fall des Kontaktes mit Rückstellkräften reagieren. Hierbei kann auch Reibung und Dämpfung eine Rolle spielen und anhand von Parametern nachgebildet werden. Während der „3D-Kontakt" auf ganze Solids angewendet wird, stellt der „2D-Kontakt" eine Vereinfachung dar, die im Fall von ebenen Kurven eingesetzt werden kann. Diese beiden abhebefähigen Kontakte sind aufgrund ihrer Komplexität mit Vorsicht einzusetzen. Wenn möglich sollten bevorzugt die anderen Kontakte verwendet werden.

Die nächsten Motion-Features in der Toolbar sind die

- „*Feder*" (Spring) und der

Überblick und Kurzerklärung zu jeder Funktion in Motion-Simulation

-   *„Dämpfer"* (Damper) sowie die

-   *„Buchse"* (Bushing), die eine zylinderartige Kombination aus Federn und Dämpfern ist.

Eine weitere Funktionsgruppe sind die

-   *„Kräfte"* und

-   *„Momente"*, die in verschiedenen Ausführungen verfügbar sind.

Es folgt die Funktion für den

-   *„intelligenten Punkt"*, der auch über Baugruppen hinweg Assoziativität besitzt, und die

-   *„Markierung"*, die eingesetzt wird, um an bestimmten Positionen Ergebnisse wie Geschwindigkeiten oder Beschleunigungen zu messen.

Die Funktion

-   *„Objekt bearbeiten"* wird kaum noch gebraucht, weil alle Motion-Objekte im Motion Navigator dargestellt werden und von hier aus komfortabel manipuliert werden können.

Überblick und Kurzerklärung zu jeder Funktion in Motion-Simulation

Die vorletzte Funktionsgruppe stellt Funktionen zur geometrischen Analyse zur Verfügung. Dies sind Funktionen zum Prüfen von

-   *„Durchdringung"* (Collision) bzw. zum Erzeugen von Durchdringungs-körpern sowie zum

-   *„Messen"* (Measure) von Abständen oder Winkeln und als Letztes die Funktion

-   *„Zeichnen"* (Trace) zum Aufzeichnen von Geometrien während der Bewegung.

Die letzte Funktionsgruppe stellt die fünf Simulationsmethoden zur Verfügung. Dies sind die

-   *„Animation"* für die zeitabhängige Simulation, die

-   *„Artikulation"* für die manuelle Bewegung der Antriebe, die Funktion

-   *„Graphenerstellung"* für das grafische Auswerten von Bewegungsgrößen, die

- 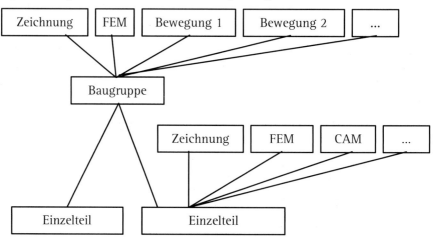 „*Tabellenkalkulation ausführen*" (Spreadsheet Run) zum Definieren von Bewegungen über Tabelleneingabe sowie die Funktion

- „*Transfer Laden*" (Load Transfer) zum Übertragen von Reaktionskräften aus der Kinematikanalyse in die FEM-Anwendung.

2.2.1.3 Überblick über die Lösungsschritte

Für die Lösung dieser Lernaufgabe wird zunächst im NX-System eine Motion-Simulationsdatei angelegt. Hier werden dann anhand der Funktion Bewegungskörper (Link) die Geometrien definiert, die beweglich sein sollen. Es folgen die Erzeugung zweier Drehgelenke, eines Getriebegelenks sowie des Antriebs am Lenkrad. Zum Finden von versehentlich unbestimmten Freiheitsgraden wird die zeitabhängige Animation und zum manuellen Bewegen des Antriebs am Lenkrad wird die Funktion Artikulation eingesetzt.

2.2.1.4 Erzeugen der Motion-Simulationsdatei

Gemäß dem Master-Model-Concept werden alle Elemente, die zur Bewegungsanalyse anfallen, in einer eigenen Datei gespeichert. Diese eigene Datei wird über eine Baugruppenstruktur mit dem Master-Modell verbunden, d.h., die Kinematikdatei ist eine Baugruppe, die als einzige Komponente das Masterteil enthält, das analysiert werden soll. Die Motion-Anwendung ist also, wie auch beispielsweise die Zeichnungserstellung, in das Master-Model-Concept integriert.

Mit Hilfe des Master-Model-Concepts wird das gesamte Produkt digital abgebildet.

So eine Motion-Struktur wird automatisch erstellt, indem der Anwender eine Simulation erzeugt. Das Vorgehen ist das folgende:

⭷ Laden Sie im NX-System die Baugruppe, von der Sie eine Bewegungssimulation erstellen wollen. Für unsere Lernaufgabe ist dies die Datei „ls_lenkgetriebe.prt". Die Dateien befinden sich im Rak2-Verzeichnis der CD.

Hier beginnen Sie mit der Arbeit.

⭷ Starten Sie dann die Anwendung „Kinematik" 🏗 (Motion-Simulation).

In der Palettenleiste erscheint ganz oben der „Bewegungs-Navigator" (Motion Navigator). Dieser unterstützt die Arbeit mit der Motion-Anwendung, indem er alle Features darstellt und die Möglichkeit zu ihrer Manipulation bietet.

Der Navigator zeigt an, dass bereits eine Motion-Datei mit dem Namen „motion_1" existiert. Dabei handelt es sich um die bereits fertige Lösung dieser Aufgabe. Da Sie eine eigene Lösung erzeugen werden, löschen Sie zunächst diese Datei.

⭷ Löschen Sie die vorhandene Simulation „motion_1", indem Sie das Kontextmenü des Knotens aufrufen und die Funktion „Löschen" (Delete) ausführen.

Nun zeigt der Motion Navigator nur noch den Masterknoten an, d.h. die Baugruppe, die Sie geöffnet haben.

⭷ Sie erzeugen nun eine erste Simulation, indem Sie auf diesen Masterknoten klicken und in dessen Kontextmenü die Funktion „Neue Simulation" aufrufen.

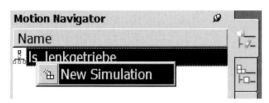

Der Navigator zeigt die Struktur des Modells und erlaubt die Manipulation der Features.

Nach diesem Funktionsaufruf erstellt das System eine Simulationsdatei, die über eine Baugruppenstruktur mit dem Master-Modell verknüpft ist.

Darüber hinaus wird automatisch die Funktion „Assistent: Kinematikverbindungen" (Motion-Joint-Wizard) aufgerufen, die versucht, aus den vorhandenen Baugruppenverknüpfungsbedingungen (Mating-Conditions) entsprechende Bewegungskörper (Links) und Gelenke (Joints) zu erzeugen.

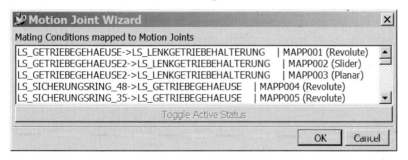

Der Motion-Joint-Wizard setzt die Baugruppenverknüpfungen in Gelenke um.

Die Funktion „Motion Joint Wizard" analysiert jedes Verknüpfungsset bzgl. der Freiheitsgrade, die zwischen den betroffenen Baugruppenkomponenten bestehen.

Besteht lediglich ein unbestimmter Drehfreiheitsgrad, so wird ein Drehgelenk (Revolute) erzeugt. Besteht ein unbestimmter Translationsfreiheitsgrad, so wird ein Schiebegelenk (Slider) erzeugt. Eine Baugruppenverknüpfung, die beispielsweise einen Punkt mit einem anderen Punkt verknüpft, wird durch den „Motion Joint Wizard" in ein Kugelgelenk (Sphere) übersetzt. Eine Baugruppenverknüpfung, die alle Freiheitsgrade zwischen zwei Teilen festlegt, wird in ein Fixgelenk übersetzt. Auf entsprechende Weise können noch einige weitere Gelenke automatisch erzeugt werden.

Der „Motion-Joint-Wizard" kann daher automatisch das Motion-Modell oder Teile davon erstellen, wenn die zugrunde liegende Baugruppe derart aufgebaut wurde, dass die Verknüpfungen (Matings) die gewünschten Bewegungen der Teile schon beschreiben. Diese Methode kann durchaus sinnvoll sein, es sind lediglich folgende Nachteile zu berücksichtigen:

Vor- und Nachteile des Motion-Joint-Wizards

- Die vom „Motion Joint Wizard" automatisch erzeugten Gelenke (Joints) sind nicht assoziativ zur Geometrie, d.h., bei Änderungen am Master-Modell müssen die Gelenke manuell angepasst werden. Allerdings ist ein manuelles Herstellen der Assoziativität der Gelenke nachträglich möglich.

- Es werden nur die Baugruppenverknüpfungen der obersten Baugruppe analysiert und umgewandelt. Verknüpfungen aus den Unterbaugruppen werden nicht berücksichtigt.

- Baugruppenverknüpfungen werden meist auch für Teile eingesetzt, die hinsichtlich des Motion-Modells unrelevant sind, wie z.B. kleine Schrauben, Muttern und Unterlegscheiben. Im Fall der automatischen Übersetzung durch den „Motion Joint Wizard" werden all diese Teile zu Bewegungskörpern. Das Motion-Modell wird dadurch erheblich komplexer, als es sein müsste. Eine Abhilfe hierfür ist die Möglichkeit, im „Motion-Joint-Wizard" einzelne Bedingungen zu deaktivieren.

Aus diesen Gründen soll der „Motion Joint Wizard" für die Lösung unserer Aufgabe nicht genutzt werden.

⬑ Daher brechen Sie nun den „Motion Joint Wizard" mit der Funktion „Cancel" ab.

Der Motion Navigator zeigt nun eine Struktur wie in der Abbildung dargestellt.

Charakteristisch für den Motion Navigator ist, dass das Motion-Modell unter dem Master-Modell dargestellt wird. Dies geschieht aus Gründen der Übersichtlichkeit, denn die nachfolgend zu erzeugenden Motion-Features werden im Navigator unterhalb des Motion-

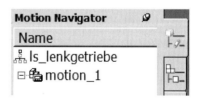

Modells dargestellt. Außerdem können auf diese Weise auch mehrere Motion-Modelle übersichtlich nebeneinander dargestellt werden.

Das NX-System hat also automatisch eine neue Datei erzeugt, die entsprechend dem Master-Model-Concept mit dem Master-Modell verknüpft ist. Daher kann nun auch der Baugruppennavigator genutzt werden, um die neue Struktur darzustellen oder damit zu arbeiten. Die Abbildung zeigt den Baugruppennavigator, der das Motion-Modell nun als oberste Baugruppe dar-stellt.

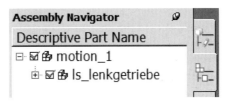

Das Motion-Modell ist eine Quasi-Baugruppe des Master-Modells.

Weiterhin soll nachgesehen werden, wo auf den Betriebssystemverzeichnissen die neue Datei abgelegt wurde. Dazu stellen Sie im Windows Explorer den Ordner dar, in dem die Masterdatei zu finden ist. Nachfolgende Abbildung zeigt auf der linken Seite die Masterdatei „ls_lenkgetriebe.prt", die in einem beliebigen Ordner des Betriebssystems liegt. Sobald nun ein Motion-Modell erzeugt wird, erzeugt das NX-System in diesem Ordner einen Unterordner, der den gleichen Namen wie das Master-Modell trägt. In jenem neuen Ordner werden alle Daten abgelegt, die für diese Motion-Simulation benötigt werden. Daher ist in diesem neuen Ordner nun die Datei für das Motion-Modell zu finden, die den Namen „motion_1.sim" trägt.

Die entstehenden Dateien für die Simulation werden in einem Ordner gehalten.

Bei der nachfolgenden Simulation fallen noch weitere Dateien an, die ebenfalls in diesem Ordner abgelegt werden.

2.2.1.5 Wahl der Umgebung

Als nächster Schritt muss die Umgebung für das Motion-Modell eingestellt werden.

Dies geschieht anhand der Funktion Umgebung 🔲. Hier gibt es die beiden Möglichkeiten Kinematik und Dynamik.

Nachfolgend werden die Unterschiede der beiden Möglichkeiten beschrieben:

Kinematik:

Kennzeichen einer kinematischen Analyse ist, dass alle Freiheitsgrade des Gesamtsystems bestimmt sind. Mit Freiheitsgraden sind dabei die drei translatorischen und drei rotatorischen Bewegungsmöglichkeiten eines Bewegungskörpers (Link) gemeint.

Entscheidend ist, ob auch unbestimmte Freiheitsgrade verarbeitet werden sollen.

Wenn eine kinematische Simulation durchgeführt werden soll, muss der Anwender daher sicherstellen, dass kein einziger der Bewegungskörper (Link) eine freie Bewegungsmöglichkeit hat. Alle Bewegungsmöglichkeiten müssen durch Gelenke oder Antriebe bestimmt werden.

Überbestimmte und redundante Freiheitsgrade

Selbstverständlich dürfen durch Gelenke oder Antriebe auch keine Konflikte in den Bewegungsmöglichkeiten entstehen. Überbestimmungen, die nicht zu Konflikten führen, nennt man redundante Freiheitsgrade. Diese sind zwar erlaubt, aber nicht empfehlenswert, weil kleinste Ungenauigkeiten schon zu Konfliktsituationen führen können. Diese sehr kleinen Ungenauigkeiten können auch bei sorgfältigem Arbeiten auftreten, schon alleine aufgrund von Rundungsfehlern (numerischer Schmutz) während der Berechnung. Die Erfahrung hat gezeigt, dass größere Kinematikmodelle nur korrekt funktionieren, wenn sie redundanzfrei aufgebaut sind. Kleinere dagegen laufen meist problemlos auch mit solchen Überbestimmungen.

Vorteil der kinematischen Umgebung ist, dass für die Bewegungskörper (Links) keine Masseneigenschaften erforderlich sind. Selbstverständlich können in so einem Fall aber auch keine Kräfte berechnet werden. Nachteil ist, dass der Anwender gezwungen ist, sein Bewegungssystem exakt mit null Freiheitsgraden zu erstellen. Vorher kann nicht einmal ein Test durchgeführt werden.

Dynamik:

Dynamik erlaubt die Berechnung auch unbestimmter Freiheitsgrade.

Kennzeichen der dynamischen Analyse ist, dass unbestimmte Freiheitsgrade bzw. Bewegungsmöglichkeiten möglich sind. Solche Bewegungen werden dann ermittelt, indem die Masseneigenschaften der Bewegungskörper (Links) sowie die äußeren Kräfte, beispielsweise die Erdbeschleunigung, mit in die Analyse einbezogen werden. In diesem Fall können auch Kräfte aus der Analyse abgeleitet werden.

Eine dynamischen Analyse ermittelt also auch dann Ergebnisse, wenn unbestimmte Freiheitsgrade vorliegen, während die kinematische in so einem Fall abbricht. Dies ist ein Vorteil, wenn es darum geht, in der Modellaufbauphase, in der noch nicht alle Gelenke erzeugt sind, schon eine Bewegung darzustellen. Allerdings müssen dann auch für jeden Bewegungskörper (Link) Masseneigenschaften zugeordnet und kontrolliert werden.

Aus diesen Gründen soll für die Lösung unserer Aufgabe die dynamische Umgebung gewählt werden, obwohl eigentlich keine unbestimmten Freiheitsgrade erwünscht sind. Lediglich für den leichteren Aufbau des Modells, d.h. für das Durchführen von Tests mit noch nicht vollständiger Bestimmung der Freiheitsgrade, wird diese Methode gewählt. Am Ende könnte problemlos auf die kinematische Umgebung zurückgeschaltet werden.

2.2.1.6 Definition der Bewegungskörper (Links)

Nachfolgend werden die Bewegungskörper (Link) erstellt.

↳ Wählen Sie die Funktion Bewegungskörper 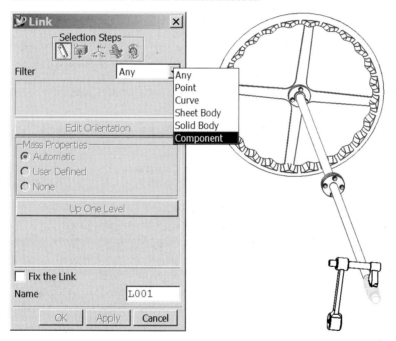 (Link).

Diese Funktion ist in der deutschen Sprachanpassung von NX mit dem Begriff „Verbindung" übersetzt worden. Da dieser Begriff sehr leicht zu Missverständnissen führt, soll stattdessen der Begriff „Bewegungskörper" oder der englische Begriff „Link" gebraucht werden.

Zunächst soll ein Bewegungskörper definiert werden, der das Lenkrad beschreibt; daraufhin ein zweiter für den Lenkstockhebel.

Die beweglichen Teile werden definiert.

Im folgenden Menü sind fünf Selektionsschritte verfügbar. Der erste der Schritte betrifft die Auswahl der Geometrie, die zu dem Bewegungskörper gehören soll. Ein Filter lässt die Spezialisierung auf gewisse Typen zu. Da wir es mit einer Baugruppe zu tun haben, wird empfohlen, diesen Filter auf den Typ „Component" zu stellen und jeweils ganze Baugruppendateien zu selektieren. Dies ermöglicht, später problemlos Änderungen an den Geometrien der Baugruppenteile durchzuführen, ohne dass die Bewegungskörper des Motion-Modells Gefahr laufen, ihre Referenzen zu verlieren.

Sowohl Baugruppenkomponenten als auch Volumenkörper oder auch einfache Kurven oder Punkte können bewegt werden.

- Stellen Sie den Filter auf die Option „Component"
- Nun selektieren Sie im Grafikfenster die Baugruppenkomponenten, die zu dem Lenkrad gehören, d.h. die Teile, die sich gemeinsam mit dem Lenkrad bewegen sollen.

Dies sind die Teile, die zu der Unterbaugruppe „ls_ubg_spindel" gehören. Zum Selektieren der Komponenten können Sie auch den Baugruppennavigator verwenden. Sie sollten jedoch nicht die Unterbaugruppe „ls_ubg_spindel" selbst selektieren, weil sich eine Unterbaugruppe später nicht mehr aus einem Bewegungskörper (Link) entfernen lässt.

Masseneigenschaften werden bei Volumenkörpern automatisch ermittelt.

Nachdem Sie die Komponenten selektiert haben, könnten in den folgenden Selektionsschritten Masseneigenschaften des Bewegungskörpers definiert werden. Allerdings ist dies in diesem Fall nicht erforderlich, denn das System kann automatisch Masseneigenschaften berechnen, die auf der Geometrie und dem zugewiesenen Werkstoff, bzw. der Dichte basieren. Da diese Eigenschaften hier nicht weiter interessieren, soll nicht weiter darauf eingegangen und die automatische Massenanalyse genutzt werden. Daher belassen Sie die Einstellung „Automatic" unter „Mass Properties".

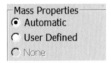

- Im Feld „Name" sollten Sie einen geeigneten Namen, beispielsweise „Lenkrad", eintragen.

Für den Name von Motion-Objekten dürfen keine Umlaute, Leerzeichen oder sonstigen Sonderzeichen verwendet werden.

- Mit mehrmaligem „OK" oder einmaligem „Apply" wird der Bewegungskörper erzeugt und im Motion Navigator unter der Gruppe „Links" dargestellt.
- Auf die gleiche Weise erstellen Sie nun den nächsten Bewegungskörper. Fügen Sie die drei Komponenten „ls_lenkstockhebel", „ls_segment" und „ls_lenkgetriebewelle" ein, und nennen Sie den Bewegungskörper „Lenkstockhebel".

Mit diesen Arbeiten sind alle Bewegungskörper definiert, die für den Mechanismus benötigt werden. Es folgt die Definition von Gelenken.

2.2.1.7 Definition von Drehgelenken

Nachfolgend wird eine drehbare Lagerung zwischen dem Bewegungskörper Lenkrad und der festen Umgebung definiert. Auf ähnliche Weise können auch andere Gelenke erzeugt werden. Gehen Sie dazu folgendermaßen vor:

- Wählen Sie die Funktion Gelenk [ ] (Joint), es erscheint das nachfolgend dargestellte Menü.

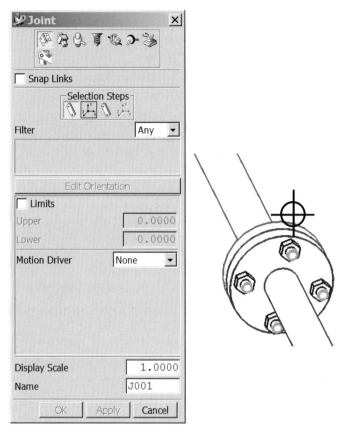

Beim Erzeugen von Drehgelenken sollte die Selektion an Kreisbögen erfolgen. Dann können Drehpunkt und Drehachse automatisch ermittelt werden.

Im oberen Bereich des Menüs kann der Typ des gewünschten Gelenks ausgewählt werden. Voreingestellt ist der Typ Dreher (Revolute) , d.h. ein Gelenk, das lediglich den Drehfreiheitsgrad unbestimmt lässt. Weil dies der gewünschte Typ ist, kann sofort mit der Abarbeitung der Selektionsschritte fortgesetzt werden. Mit dem ersten Selektionsschritt soll der erste zu verbindende Bewegungskörper (Link), also das Lenkrad, angegeben werden. Prinzipiell kann das Lenkrad nun auf beliebige Weise im Grafikfenster selektiert werden, jedoch empfiehlt es sich, bei der Selektion die folgenden beiden Gesichtspunkte zu berücksichtigen:

- Es empfiehlt sich, eine Geometrie zu selektieren, anhand der das System den gewünschten Gelenkmittelpunkt und die Drehachse ableiten kann. Dies ist beispielsweise bei einem Kreis möglich, dann wird der Kreismittelpunkt der Drehpunkt und die Kreisnormale die Drehachse. Aber auch eine gerade Kante oder Kurve ist möglich, dann wird der Drehpunkt der nächste Kontrollpunkt und die Drehachse die Richtung der Kante oder Kurve.

- Weiter empfiehlt es sich, eine Geometrie zu selektieren, die in der weiteren Konstruktionsgeschichte möglichst wenigen Änderungen unterworfen wird. Denn falls die hier selektierte Geometrie später einer Änderung unterworfen wird, ist nicht mehr sicher, ob das Gelenk noch assoziativ zur Geometrie ist und automatisch aktualisiert wird. Wird hier beispielsweise eine Kante selektiert, die später verrundet wird, so verliert das Gelenk seine Assoziativität zur Geometrie.

↳ Sie selektieren daher einen Kreis am Lenkrad, der möglichst nicht mehr größeren Änderungen unterworfen wird.

Der erste Selektionsschritt ist damit abgearbeitet, und das System springt automatisch zum zweiten Schritt.

Im zweiten Schritt soll die Orientierung des Gelenks angegeben werden, also im Fall des Drehgelenks der Drehpunkt und die Drehachse. Weil diese beiden Informationen aber schon bei der ersten Selektion angegeben wurden, braucht diese Frage nicht mehr beantwortet zu werden.

↳ Mit der mittleren Maustaste oder „OK" springen Sie zum dritten Selektionsschritt.

Im dritten Selektionsschritt soll der zweite zu verbindende Bewegungskörper angegeben werden. Falls hier keine Selektion stattfindet, so nimmt das System an, dass das Gelenk den ersten Bewegungskörper mit der festen Umgebung verbinden soll. Weil dies hier gewünscht ist, wird im dritten Schritt keine Selektion vorgenommen.

↳ Wählen Sie daher nun „Apply" oder „OK", damit das Drehgelenk erzeugt wird.

Im Grafikfenster und im Motion Navigator wird das Gelenk dargestellt.

Ein Gelenk, das mit der festen Umgebung verbunden ist, kann an dem Symbol erkannt werden.

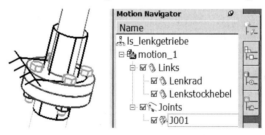

Falls das Gelenk sehr klein dargestellt wird, kann unter den Voreinstellungen für Motion (Preferences, Motion) die Größenangabe unter Symbolmaßstab (Icon Scale) vergrößert werden.

↳ In der gleichen Weise erstellen Sie nun ein Drehgelenk, das den Lenkstockhebel mit der festen Umgebung verbindet.

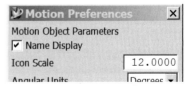

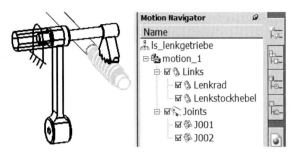

Nun haben Sie einen ersten Mechanismus aus zwei Bewegungskörpern mit jeweils einem Drehgelenk zur Umgebung erstellt. Die Aufgabe ist damit noch nicht gelöst, trotzdem sollen nachfolgend einige Testläufe durchgeführt werden, die dem Verständnis dienen.

Der Lenkstockhebel wird ebenfalls mit einem Drehgelenk an der Umgebung befestigt.

2.2.1.8 Ermittlung unbestimmter Freiheitsgrade

Aufgrund des fehlenden Antriebs sowie der fehlenden Getriebeverknüpfung ist der bis dahin fertig gestellte Mechanismus noch unterbestimmt. Die Anzahl der unbestimmten Freiheitsgrade kann entweder durch Plausibilitätsbetrachtungen festgestellt werden oder durch einen Funktionsaufruf, wie nachfolgend dargestellt wird.

Wählen Sie hierfür im Kontextmenü des Motion-Modells im Motion Navigator die Funktion Information, Motion-Verbindungen. Im nachfolgenden Informationsfenster erscheint die Angabe über die Anzahl der unbestimmten Freiheitsgrade des Mechanismus (Degree of Freedom).

Bei komplexen Mechanismen ist das Finden von unbestimmten Freiheitsgraden schwierig. Daher hilft eine Funktion.

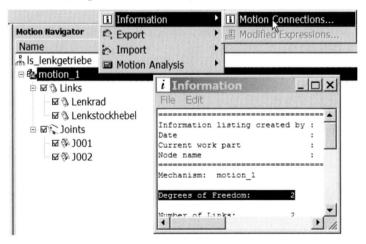

In diesem Fall sind es zwei Freiheitsgrade, denn sowohl das Lenkrad als auch der Lenkstockhebel können noch frei um ihre jeweilige Achse drehen.

2.2.1.9   Testlauf mit zwei unbestimmten Freiheitsgraden

Bei einem dynamischen Lauf lassen sich unbestimmte Freiheitsgrade immer leicht erkennen.

In Fällen komplexerer Mechanismen ist es oftmals schwer, die unbestimmten Freiheitsgrade eines Mechanismus lediglich aus Plausibilitätsbetrachtungen zu erkennen. Daher soll nun mit den beiden offenen Freiheitsgraden ein Testlauf durchgeführt werden, der zum besseren Verständnis des unfertigen Mechanismus beiträgt. In vielen Fällen ist eine solche Vorgehensweise hilfreich. Gehen Sie dazu folgendermaßen vor.

↳ Prüfen Sie die voreingestellte Richtung der Erdanziehungskraft, indem Sie bei den Voreinstellungen für Motion (Preferences, Motion) unter Gravitationskonstanten (Gravitational Constants) nachsehen.

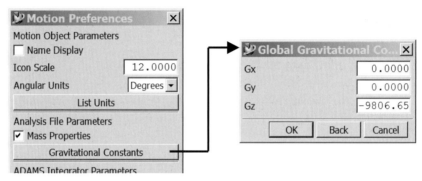

Hier finden Sie die Richtung und Größe der Erdbeschleunigung. Je nach Belieben kann die Richtung auch geändert werden. Sie bezieht sich immer auf das absolute Koordinatensystem.

↳ Für unser Beispiel soll die Gravitation in die negative z-Richtung zeigen. Ändern Sie daher gegebenenfalls die Richtung ab.

Die Richtung der Schwerkraft ist bei unbestimmten Freiheitsgraden wichtig.

Dies entspricht zwar nicht der Realität, aber auf diese Weise müsste der Lenkstockhebel in Schwingungen geraten, was nachfolgend geprüft werden soll.

↳ Als Nächstes wählen Sie die Funktion Animation 🖾, um eine zeitbasierende Simulation unter Berücksichtigung der Masseneigenschaften durchzuführen.

Im nachfolgenden Menü werden Sie aufgefordert, die Simulationszeit (Time) sowie die Anzahl der Unterteilungen (Steps) anzugeben. Darüber hinaus können Sie angeben, ob Sie eine bewegte Simulation (Kinematic/Dynamic Analysis) oder eine Analyse der statischen Gleichgewichtslage (Static Equilibrium Analysis) durchführen möchten. Weiterhin können Sie eine alte Ergebnisdatei einlesen (Review Results) und darstellen.

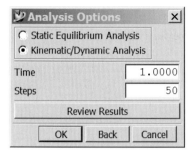

🡫 Für unser Beispiel lassen Sie hier alle Voreinstellungen bestehen und wählen „OK". Daraufhin wird die Simulation durchgeführt.

Nach erfolgreicher Durchführung der Simulation erscheint das folgende Menü zur Darstellung der Ergebnisse.

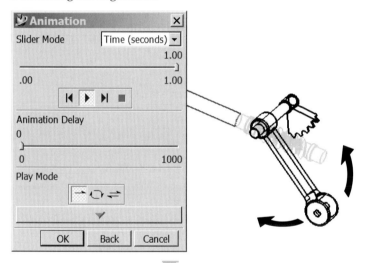

Aufgrund der Schwerkraft schwingt der unbestimmt gelagerte Hebel.

🡫 Mit Hilfe der Funktion ▶ werden die Ergebnisse der Simulationszeit von einer Sekunde dargestellt.

Es sollte erkennbar sein, dass der Hebel ungefähr eine volle Schwingung durchführt. Aufgrund der Simulation ist leicht erkennbar, dass hier noch ein unbestimmter Freiheitsgrad existiert.

Der andere unbestimmte Freiheitsgrad lässt sich auf diese Weise leider nicht entdecken, weil aufgrund der symmetrischen Eigenschaften kein Grund für eine Bewegung des Lenkrads besteht.

🡫 Brechen Sie die Animationsfunktion mit „OK" oder „Cancel" ab.

2.2.1.10 Definition eines kinematischen Antriebs

Als Nächstes wird am Lenkrad ein Antrieb definiert. So ein Antrieb kann für die Simulationsmethode Animation sowie auch für die Artikulation genutzt werden. In der Animation wird er zeitabhängig, in der Artikulation wird er einfach nach manueller Angabe ausgeführt.

Ein Antrieb wirkt wie ein zusätzlicher Constraint.

Antriebe werden immer in Gelenken definiert, wobei nur das Drehgelenk (Revolute) und das Schiebegelenk (Slider) mit Antrieben versehen werden können. Falls andere Gelenke angetrieben werden sollen, so muss dies durch entsprechende Gelenkkombinationen realisiert werden. Im Drehgelenk (Revolute) wirkt der Antrieb als Drehantrieb, im Schiebegelenk (Slider) entsprechend als Schiebeantrieb. Nachfolgend wird dargestellt, wie ein Drehgelenk nachträglich mit einem Antrieb versehen wird.

↳ Wählen Sie dazu im Kontextmenü des Drehgelenks am Lenkrad die Option „Bearbeiten" (Edit).

Es erscheint der Erzeugungsdialog des Drehgelenks. Von hier können alle Eigenschaften des Gelenks geändert werden. Unter „Motion Driver" können die nachfolgend aufgeführten Arten von Antrieben definiert werden.

Verschiedene Antriebsarten sind möglich.

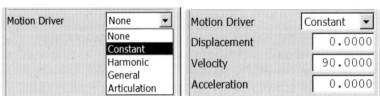

- Der *konstante Antrieb* (Constant) führt bei Animation 🖾 eine zeitlich konstante Beschleunigung aus. Es können eine Vorverstellung (Displacement), die Startgeschwindigkeit (Velocity) sowie die Beschleunigung (Acceleration) angegeben werden. Im Falle der Artikulation 🖾 dagegen haben die hier eingestellten Größen keine Bedeutung, denn der Antrieb wird dann manuell betätigt.

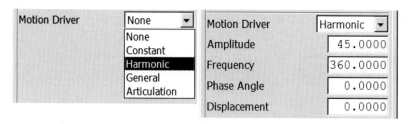

- Der *harmonische Antrieb* führt bei Animation eine harmonische Schwingung aus. Es können die Schwingungsamplitude (Amplitude), die Schwingungsfrequenz (Frequency) sowie ein Phasenwinkel (Phase Angle) und eine Vorverschiebung (Displacement) angegeben werden. Im Falle der Artikulation haben die hier eingestellten Größen wiederum keine Bedeutung, denn der Antrieb wird dann manuell betätigt.

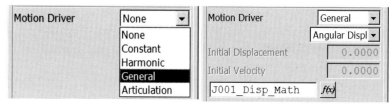

- Der *generelle Antrieb* (General) kann genutzt werden, um komplexere Funktionen mit Hilfe des Funktionsmanagers *f(x)* zu definieren. Im Falle der Artikulation haben die hier eingestellten Funktionen wiederum keine Bedeutung.

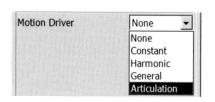

- Der letzte mögliche Antrieb ist der *Artikulationsantrieb*. Dieser entspricht bei Animation einer Fixierung des Freiheitsgrades, und bei Artikulation kann der Antrieb wieder manuell betätigt werden.

Für die visuelle Kontrolle in unserem Beispiel soll die Artikulationsfunktion genutzt werden, daher könnte ein beliebiger der vier Antriebe genutzt werden.

- Um für einfache Testläufe auch die Animation sinnvoll nutzen zu können, sollten Sie beispielsweise den konstanten Antrieb nutzen und eine Geschwindigkeit (Velocity) von 360 [Grad/sec] einsetzen. Stellen Sie diesen ein.

Artikulation ist ein besonderer Antrieb. Hiermit kann quasi ferngesteuert bewegt werden.

Bei einer Simulationszeit von einer Sekunde wird dann gerade eine viertel Umdrehung ausgeführt.

Übrigens können die Einheiten, die vom System erwartet werden, bei den Voreinstellungen für Motion (Preferences, Motion) unter der Funktion Einheiten (Units) eingesehen werden.

Die Einheiten, die das System verwendet

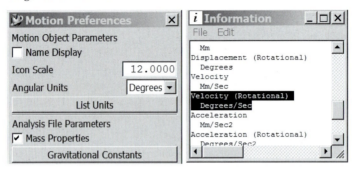

Hier kann beispielsweise eingesehen werden, dass Drehgeschwindigkeiten in der Einheit [Grad/sec] erwartet werden.

↳ Nachdem der Antrieb eingetragen wurde, verlassen Sie mit „Apply" oder mehrmaligem „OK" den Dialog.

2.2.1.11 Erzeugung eines Zahnradpaars

Das Zahnradpaar verbindet die beiden Drehgelenke und macht ihre Drehbewegungen voneinander abhängig.

Zwei Drehgelenke können über ein Getriebegelenk verbunden werden.

↳ Sie erzeugen das Zahnradpaar, indem Sie die Funktion Zahnradpaar  (Gear) aufrufen.

↳ Der erste Selektionsschritt fordert Sie auf, das erste Drehgelenk zu selektieren, beispielsweise das Gelenk des Lenkrads. Sie können das Gelenk im Grafikfenster oder auch im Motion Navigator selektieren. Nach der Selektion springt der Selektionsschritt auf die zweite Frage.

↳ Hier selektieren Sie das zweite Drehgelenk, also das Gelenk des Lenkstockhebels.

↳ Unter Rate (Ratio) tragen Sie das gewünschte Über- oder Untersetzungsverhältnis ein. Für unser Beispiel tragen Sie hier 0,25 ein.

↳ Bestätigen Sie mit „OK" und das Gelenk wird erzeugt.

Einschränkung:

Das Gelenk Zahnradpaar (Gear) hat folgende Einschränkung: Es kann nur dann erzeugt werden, wenn die beiden Drehgelenke die gleiche Basis haben. Mit der Basis eines Drehgelenks ist der Bewegungskörper gemeint, der bei der Erzeugung des Gelenks der zweite war.

2.2.1.12 Visuelle Kontrolle durch Nutzung der Artikulation

Nachdem das Motion-Modell nun vollständig erstellt wurde, kann es mit Hilfe der Artikulationsfunktion manuell bewegt werden.

🖎 Dazu rufen Sie die Funktion Artikulation 🖎 auf, es erscheint der nachfolgend dargestellte Dialog.

Die Funktion „Artikulation" eignet sich gut für die Kontrolle von Bewegungsabläufen.

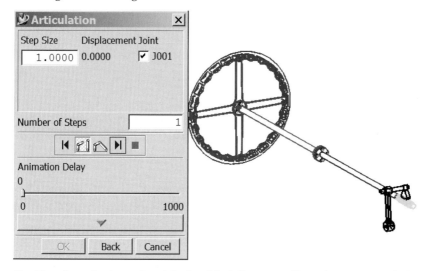

🖎 Um den einzigen Antrieb des Modells manuell zu bewegen, schalten Sie zunächst den Schalter für das Gelenk (Joint) ein.

🖎 Dann geben Sie die gewünschte Schrittgröße (Step Size) an, beispielsweise 1 Grad.

🖎 Anhand der Knöpfe 🔲 und 🔲 können Sie den Antrieb nun schrittweise vorwärts oder rückwärts bewegen.

🖎 Mit „Anzahl Schritte" (Number of Steps) können Sie angeben, dass bei jedem Mausklick auf 🔲 oder 🔲 mehrere Schritte ausgeführt werden.

Dabei kann schrittweise vor- und rückwärts gefahren werden.

Mittels dieser Funktion kann nun die in der Aufgabenstellung gewünschte visuelle Kontrolle des Mechanismus durchgeführt werden.

🖎 Brechen Sie die Artikulationsfunktion mit „Cancel" ab.

🖎 Speichern 🖫 Sie die Datei.

↳ Verlassen Sie die Motion-Simulation, indem Sie im Motion Navigator auf dem Masterknoten „ls_lenkgetriebe" die Funktion „Arbeit" (Make Work) ausführen und danach in die Anwendung „Konstruktion" (Modeling) schalten.

2.2.2 Top-down-Entwicklung der Lenkhebelkinematik

In dieser Beispielaufgabe wird dargestellt, wie Kinematiksimulationen in frühen Konstruktionsphasen sinnvoll genutzt werden können. Hintergrund dabei ist die übliche Konstruktionsmethodik in der frühen Phase, in der ein Konstrukteur noch keine detaillierte Vorstellung vom fertigen Produkt hat. Vielmehr versucht er, sich anhand sehr grober Entwürfe an mögliche Konstruktionen heranzutasten, wobei Bewegungen der geplanten Maschine eine wichtige Rolle spielen. Meist werden dabei einfache Kurven, 2D-Skizzen oder grobe Solids eingesetzt, die problemlos manipuliert werden können. Erst wenn ungefähr passende geometrische Größen gefunden wurden, beginnt die detailliertere Gestaltung. Dazu gehört auch die Strukturierung der Geometrien in Baugruppenkomponenten oder die Bildung von Unterbaugruppen. Diese Art der Konstruktion nennt man Top-down-Konstruktion, weil das Produkt von oben nach unten entwickelt wird.

Ein Beispiel für die Unterstützung der frühen Phase in der Konstruktion durch Bewegungssimulation.

Ausgehend von Prinziplinien soll eine Mechanik entwickelt werden.

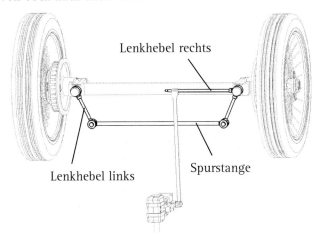

In diesem Beispiel lernen Sie etwas über Konstruktionsmethodiken, die in solchen frühen Konstruktionsphasen eingesetzt werden. Das Hauptaugenmerk jedoch liegt auf der Nutzung von Motion-Simulationen im Zusammenhang mit Prinzipskizzen und der Optimierung von geometrischen Größen. Außerdem wird dargestellt, wie Ergebnisse der Simulation als Graph ausgegeben werden.

2.2.2.1 Aufgabenstellung

Ziel ist die Konstruktion der Lenkhebel, d.h. des linken und rechten Lenkhebels sowie der Spurstange. Die Abbildung unten zeigt bereits das Ergebnis der Aufgabe. Durch eine parallelogrammartige Geometrie der Lenkhebel soll erreicht werden, dass die Räder bei Kurvenfahrt ungleichmäßig eingeschlagen sind, was zur Verbesserung der Fahrdynamik beiträgt. Zur Kontrolle der korrekten Bewegung soll in diesem

Beispiel anhand von Graphen die unterschiedliche Winkelstellung der Räder beim Einschlagen dargestellt werden.

2.2.2.2 Überblick über die Lösungsschritte

Nachdem die entsprechende Unterbaugruppe des Rak2 in NX geladen wurde, werden Sie zunächst die bereits vorhandenen Komponenten der Lenkhebel löschen bzw. ausblenden. Daraufhin erzeugen Sie im Kontext der Baugruppe eine Prinzipskizze, die als Grobgeometrie für die zu entwickelnden Komponenten dient.

Aufbauend auf dieser Prinzipskizze werden Sie ein Motion-Modell erstellen, das die erforderliche Bewegung darstellt. Nach Belieben können Sie auch zur visuellen Kontrolle die bereits vorhandenen Radgeometrien mitbewegen lassen.

Als Nächstes wird ein Graph aufgezeichnet, der die Winkel der beiden Räder darstellt, wenn das Lenkrad eingeschlagen wird. Die Differenz der Radwinkel wird kontrolliert. Nach Belieben können Änderungen an den Parametern der Prinzipskizze vorgenommen und erneute Kontrollen der Radwinkel durchgeführt werden.

Sind die geometrischen Größen geeignet eingestellt, so werden Sie aus den Prinzipkurven der Skizze Baugruppenkomponenten erstellen. Um Assoziativität zu den Prinzipkurven zu behalten, wird der Wave-Geometrie-Linker eingesetzt. Schließlich erfolgt die erneute Bewegungskontrolle mit den erstellten Solids.

2.2.2.3 Vorbereitungen

Zunächst wird die vorhandene Lösung gelöscht. Dieser Schritt ist jedoch optional, denn Sie können selbstverständlich auch Teilschritte der Lösung beibehalten. Beispielsweise könnten Sie lediglich das Motion-Modell neu erzeugen, jedoch die Baugruppenkomponenten und die Prinzipskizze beibehalten.

- Beginnen Sie, indem Sie die Baugruppe „vr_lenkung" in NX laden und den Baugruppennavigator betrachten.

Die fertige Lösung der Lernaufgabe besteht aus den Komponenten der Unterbaugruppe „lenkhebelmechanik". Hier befinden sich neben einigen Kleinteilen der linke und rechte Lenkhebel „vr_lenkhebel_li", „vr_lenkhebel_re" sowie die Spurstange „vr_spurstange". Außerdem finden Sie hier die fertige Prinzipskizze „lenkhebelmechanik_prinzip". Nachfolgend werden Sie diese fertigen Komponenten löschen.

- Machen Sie das Teil „lenkhebelmechanik" zum aktiven Teil, und

- löschen Sie alle Komponenten dieser Baugruppe, indem Sie die Komponenten im Baugruppennavigator selektieren und im Kontextmenü die Funktion „Löschen" (Delete) ausführen.

Die Dateien werden damit nicht gelöscht, sie werden lediglich aus der Baugruppenstruktur von „lenkhebelmechanik" entfernt.

- Speichern Sie das Teil „lenkhebelmechanik".

Motion-Modell und Bewegungsgraph erstellen. Kontrolle der Bewegungen.

Falls Sie später wieder die Originaldatei „lenkhebelmechanik" benötigen, so machen Sie eine neue Kopie von der CD.

2.2.2.4 Erzeugen einer Prinzipskizze der Lenkhebel

Erzeugen Sie ein neues Part und darin die neue Prinzipskizze:

🌢 Machen Sie das Teil „lenkhebelmechanik" zum aktiven Teil.

Nachfolgend werden Sie mit der Top-down-Methode ein neues Part erzeugen:

🌢 Dazu rufen Sie die Funktion „Neue Komponente erzeugen" ⬚ (Create New Component) auf,

🌢 bestätigen den grünen Pfeil ✔ ohne eine Selektion und

🌢 geben im nächsten Fenster als Namen der zu erstellenden Datei „lenkhebelmechanik_prinzip2.prt" an.

🌢 Im folgenden Menü „Neue Komponente erzeugen" (Create New Component) bestätigen Sie alle Voreinstellungen mit „OK".

Nutzung der Top-down-Methode

Das Resultat im Baugruppennavigator sollte dann wie in der Abbildung dargestellt aussehen.

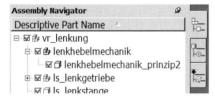

Als Nächstes erzeugen Sie in dem neu erstellten Part die Prinzipskizze. Gehen Sie dazu wie in den nachfolgend aufgeführten Schritten vor, die anhand der Abbildung verdeutlicht werden:

Die Prinzipgeometrie für das Lenksystem kann durch eine parametrische Skizze oder auch durch unparametrische Kurven erstellt werden.

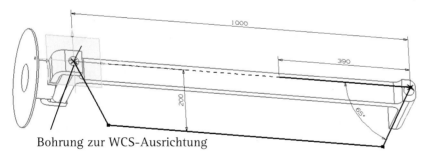

Bohrung zur WCS-Ausrichtung

🌢 Machen Sie das Teil „lenkhebelmechanik_prinzip2.prt" zum aktiven Teil.

↳ Richten Sie das WCS entsprechend der obigen Abbildung an einer geeigneten Geometrie aus, damit nachfolgend eine Skizze in dieser Ebene erstellt werden kann.

↳ Schalten Sie auf die Anwendung „Konstruktion" 🖼 (Modeling).

↳ Erzeugen Sie entsprechend der Abbildung eine Skizze 🖼 mit vier Linien. Das Winkelmaß von 65 und das Abstandsmaß von 200 können nach Belieben eingestellt werden. Hier sollen später, entsprechend der Ergebnisse der Kinematik, Änderungen durchgeführt werden. Verwenden Sie für den linken und rechten Hebel den Skizzen-Constraint „gleiche Länge". Damit ist auch der Winkel der beiden immer gleich.

↳ Verlassen Sie den Skizzenmodus 🏁.

↳ Speichern 💾 Sie die Datei „lenkhebelmechanik_prinzip2".

Damit haben Sie die Prinzipskizze der Lenkhebel erfolgreich erstellt. Im nächsten Lösungsschritt wird das Motion-Modell erstellt.

2.2.2.5 Erzeugen der Motion-Simulationsdatei

Vor dem Erzeugen einer Motion-Simulationsdatei ist die Frage zu klären, von welchem Master-Modell das Motion-Modell erstellt wird. Dabei gibt es mehrere Möglichkeiten, die jeweils mit Vor- und Nachteilen verbunden sind:

Bei großen Baugruppen sollte eine sinnvolle Struktur für die Kinematikdateien gewählt werden.

- Wenn die Kinematik von dem neuen Teil „lenkhebelmechanik_prinzip2" erstellt wird, haben Sie den Vorteil, dass eine sehr einfache Dateistruktur entsteht, aber den Nachteil, dass im Motion-Modell lediglich auf die Kurven der Skizze zugegriffen werden kann. Es wäre also unmöglich, beispielsweise die Räder mitbewegen zu lassen, weil diese von der Datei „lenkhebelmechanik_prinzip2" gar nicht sichtbar sind.

- Falls von einer Stufe darüber, d.h. vom Teil „lenkhebelmechanik", ausgegangen wird, wird die Struktur etwas komplexer, dafür können die später zu erstellenden Lenkhebelkomponenten mitbewegt werden, weil sie von hier gesehen werden können.

- Eine weitere Stufe darüber, d.h. von „vr_lenkung" ausgehend, könnten auch die Räder mitbewegt werden. Die oberste Baugruppe „OPEL_Rak2" schließlich würde sogar erlauben, dass Teile vom Rahmen, z.B. zwecks Kollisionskontrolle, einbezogen würden.

Das generelle Problem ist also, dass ein Motion-Modell immer nur auf diejenigen Komponenten zugreifen kann, die von der Baugruppenstufe zu sehen sind. Eine Abhilfe dafür liefert eine erstmals in der Version NX4 verfügbare Funktion. Diese Funktion bietet die Möglichkeit, ein Motion-Modell einer Unterbaugruppe auch in höheren Baugruppen zu übernehmen. Dabei werden aber noch nicht alle Motion-

Features unterstützt, und es ist mit manueller Nacharbeit zu rechnen. Von dieser Möglichkeit soll in einem späteren Beispiel Gebrauch gemacht werden.

Es gilt also, nun einen sinnvollen Kompromiss zu finden. Für unser Beispiel wollen wir von der Baugruppe „lenkhebelmechanik" ausgehen, weil darin später alle Lenkhebelteile enthalten sein sollen. Gehen Sie dafür wie folgt vor:

- Machen Sie das Teil „lenkhebelmechanik" zum aktiven und dargestellten Teil.

- Starten Sie dann die Anwendung „Kinematik" 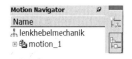 (Motion Simulation), und

- löschen Sie zunächst im Motion Navigator die bereits vorhandene Datei „motion_1". Dieses Motion-Modell funktioniert nicht mehr, denn es bezieht sich auf die vorher schon gelöschten Komponentendateien.

- Erzeugen Sie nun im Motion Navigator mit Hilfe des Kontextmenüs des Masterknotens eine neue Simulation (New Simulation). Automatisch wird der Name „motion_1" vergeben.

- Falls der „Motion Joint Wizard" (Assistent: Kinematikverbindungen) erscheint, so brechen Sie ihn mit „Cancel" ab.

Die kleine Abbildung zeigt den Motion Navigator, nachdem die neue Motion-Datei erstellt wurde.

Nachfolgend können für das Motion-Modell Bewegungskörper (Links), Gelenke (Joints) und Antriebe definiert werden.

2.2.2.6 Definition der Bewegungskörper durch Skizzenkurven

Wenn Bewegungskörper anhand von Kurven erzeugt werden sollen, spielt es eine Rolle, ob die kinematische oder die dynamische Umgebung gewählt wurde. Voreingestellt ist meist die dynamische Umgebung. In diesem Fall verlangt das System, dass alle Bewegungskörper Masseneigenschaften haben. Falls lediglich Kurven als Bewegungsobjekte vorliegen, kann das System nicht automatisch Masseneigenschaften ermitteln, daher ist der Anwender gezwungen, diese vorzugeben, auch wenn er sie noch gar nicht kennt.

Falls die kinematische Umgebung gewählt wird, sind Masseneigenschaften nicht zwangsläufig erforderlich. Das Erzeugen von Bewegungskörpern (Links) anhand von Kurven wird daher erleichtert. Jedoch zwingt die kinematische Umgebung den Anwender, dass keine unbestimmten Freiheitsgrade im Mechanismus verbleiben, was die Erstellung des Motion-Modells erschwert, weil keine dynamischen Testläufe möglich sind.

Für unsere Beispielaufgabe soll daher die dynamische Umgebung beibehalten werden. Beim Definieren der Bewegungskörper werden dann Dummywerte für die Masseneigenschaften eingetragen. Gehen Sie dafür folgendermaßen vor:

Falls keine Volumenkörper, sondern Kurven bewegt werden, ist die Angabe von Masseneigenschaften erforderlich.

- Wählen Sie die Funktion zum Definieren von Bewegungskörpern (Links) .
- Im ersten Selektionsschritt (Link Geometry) selektieren Sie die zugehörige Geometrie. Beispielsweise beginnen Sie mit den beiden Kurven, die den rechten Lenkhebel darstellen, wie in der Abbildung dargestellt ist.

Ein Bewegungskörper braucht die Angabe des Schwerpunkts, der Masse und der Trägheitseigenschaften.

Das System erkennt, dass sich die Masseneigenschaften nicht automatisch berechnen lassen. Daher zeigt das Menü die Option Anwenderdefiniert (User Defined). Nachfolgend müssen diese daher definiert werden.

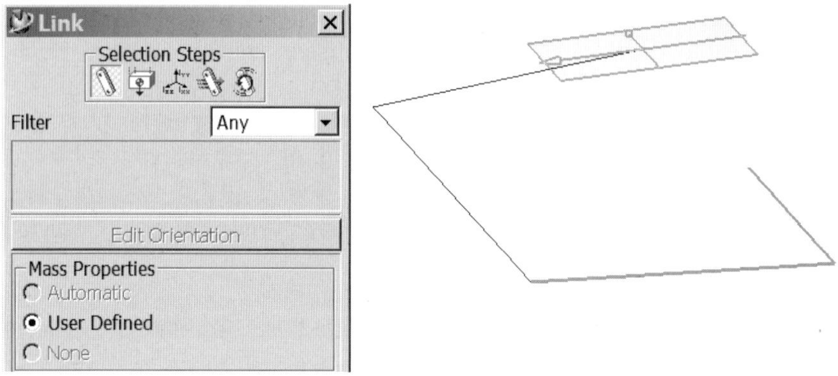

- Schalten Sie auf den zweiten Selektionsschritt.
- Dieser Selektionsschritt (Mass) erwartet zwei Angaben von Ihnen. Sie tragen die Masse ein und definieren per Mausklick den Schwerpunkt des Bewegungskörpers. Weil die Masseneigenschaften für das Beispiel nicht relevant sind, definieren Sie Dummy-Eigenschaften wie z.B. eine Masse von 1 Kg und eine beliebige Position des Schwerpunkts.

Es können auch einfach Dummy-Eigenschaften vergeben werden.

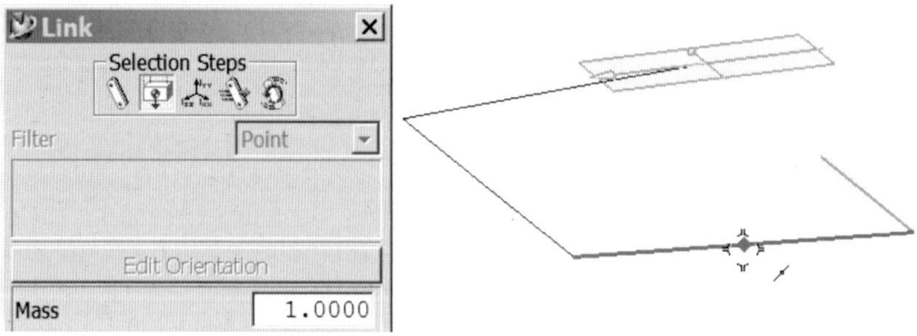

- Schalten Sie auf den dritten Selektionsschritt.
- In diesem Selektionsschritt „Trägheit“ (Inertia) sollen die Massenträgheitseigenschaften definiert werden. Sie definieren wieder Dummywerte z.B. 1,1,1 entsprechend der Abbildung.

Nun haben Sie alle erforderlichen Angaben gemacht. Die letzten beiden Selektionsschritte
beziehen sich auf eine optional zu berücksichti-
gende Startgeschwindigkeit des Bewegungskörpers, die hier nicht gebraucht wird.

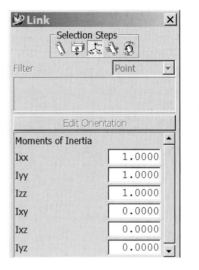

Optional kann auch eine
Startgeschwindigkeit
vergeben werden.

↳ Mit mehrmaligem „OK" oder einmaligem
„Apply" wird der Bewegungskörper erzeugt.
Es empfiehlt sich, vorher noch einen aussa-
gefähigen Namen (Hebel_re) zu vergeben.

Tipp: Wenn Sie den Dialog mit „Apply" ab-
schließen, bleiben die Angaben für Masse und
Trägheit in den Feldern erhalten, und Sie können den nächsten Bewegungskörper schneller
erzeugen.

↳ Auf die gleiche Weise erzeugen Sie nun Bewegungskörper für den linken Hebel
sowie für die Spurstange.

Das Ergebnis sollte wie in der Abbildung dargestellt aussehen.

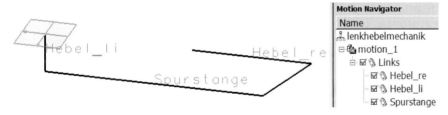

Die Motion-Features
werden übersichtlich im
Navigator dargestellt. Es
empfiehlt sich, sprechen-
de Namen für die Ele-
mente zu vergeben.

Als Nächstes können Gelenke erzeugt werden.

2.2.2.7 Erzeugung von Drehgelenken

Das Erzeugen von Gelenken anhand von Skizzenkurven ist meist etwas aufwändiger als bei Verwendung von Volumenkörpern, weil die Definition der Drehachsen
meist explizit erfolgen muss. Bei Volumenkörpern existieren an Gelenkpositionen
oftmals Formelemente wie Bohrungen, die eine explizite Angabe der Richtung überflüssig machen. Dies war im vorherigen Beispiel der Fall.

Nachfolgend werden vier Drehgelenke für die Lagerung der beiden Hebel zur Umgebung sowie für die Verbindung der Spurstange zu den beiden Hebeln erzeugt. Wir
beginnen mit dem Gelenk des rechten Hebels zur Umgebung.

↳ Rufen Sie die Funktion zur Erzeugung von Gelenken 🗁 (Joints) auf, und

  ↳ wählen Sie als Gelenktyp den Dreher 🔲 (Revolute).

  ↳ Als ersten Selektionsschritt (First Link) selektieren Sie den rechten Hebel ungefähr an der Stelle, an der das Gelenk den Drehpunkt haben soll (siehe Abbildung). Es erscheint ein Koordinatensystem.

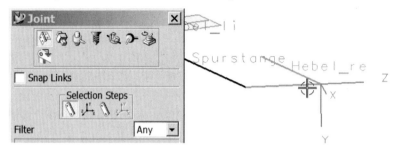

Mit dieser Selektion haben Sie den ersten Bewegungskörper definiert, den das Gelenk verbinden soll, und den Punkt, an dem das Gelenk positioniert sein soll. Das System springt automatisch auf den zweiten Selektionsschritt.

Bei Kurvengeometrie kann das System meist nicht automatisch die Drehrichtung ermitteln. Daher muss diese manuell definiert werden.

Im zweiten Schritt (Orientation on First Link) kann der Punkt des Gelenks definiert werden sowie die Drehrichtung. Der Punkt wurde schon im ersten Schritt erfolgreich übergeben, daher kann hier zur Richtung gewechselt werden, die nicht korrekt automatisch erkannt wurde. Die Drehrichtung des Drehgelenks wird durch die z-Richtung des angezeigten Koordinatensystems definiert. Um diese z-Richtung zu ändern:

  ↳ Stellen Sie den Filter auf „Vektor" und selektieren eine Geometrie, anhand der die gewünschte Richtung definiert wird, beispielsweise die Referenzebene der Skizze, wie in der Abbildung dargestellt.

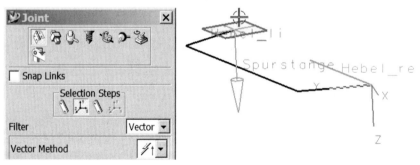

Damit ist die Drehrichtung des Gelenks assoziativ mit der Richtung der Referenzebene verbunden.

  ↳ Schalten Sie auf den dritten Selektionsschritt.

Mit diesem Selektionsschritt „Zweite Verknüpfung" (Second Link) kann angegeben werden, mit welchem zweiten Bewegungskörper der erste verbunden werden soll.

Im Fall einer Verbindung mit der festen Umgebung, wie hier gewünscht, wird der Schritt übersprungen.

✒ Daher wählen Sie nun einfach „Apply" (oder mehrmals „OK").

Das Gelenk wird damit erzeugt.

✒ Auf entsprechende Weise erzeugen Sie nun das Drehgelenk vom linken Hebel zur festen Umgebung

✒ und die beiden Gelenke für die Verbindung der Spurstange mit den beiden Hebeln. Bei diesen beiden Gelenken muss im letzten Selektionsschritt nicht die feste Umgebung, sondern der zu verbindende Bewegungskörper (Link) selektiert werden.

✒ Speichern 💾 Sie die Datei.

Das Ergebnis sollte wie in der Abbildung dargestellt aussehen. Die Größendarstellung der Gelenke ist in der Abbildung vergrößert worden. Dies kann nach Belieben unter den Voreinstellungen für Motion erledigt werden.

Alle vier Gelenke des Mechanismus sind zunächst als Drehgelenke ausgeführt worden.

Damit ist die Erzeugung der Gelenke abgeschlossen, und es kann nachfolgend ein Testlauf erfolgen.

2.2.2.8   Testlauf mit einem unbestimmten Freiheitsgrad

Weil der Mechanismus noch keinen kinematischen Antrieb hat, gibt es für das Gesamtsystem noch eine unbestimmte Bewegungsmöglichkeit. Diese Anzahl unbestimmter Freiheitsgrade kann auch über die Funktion „Information, Motion Connections" im Kontextmenü des Motion-Modells erhalten werden, wie im vorherigen Beispiel bereits gezeigt wurde.

Für einen dynamischen Testlauf sollte vorher noch die Richtung der Schwerkraft geeignet eingestellt werden. Beispielsweise wäre die negative x-Richtung geeignet.

✒ Ändern Sie nun diese Richtung unter den Voreinstellungen für Motion (Preferences Motion) mit der Funktion „Gravitationskonstanten" (Gravitational Constants) so ab, dass sie in die x-Richtung zeigt.

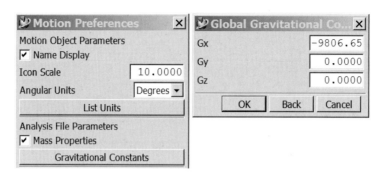

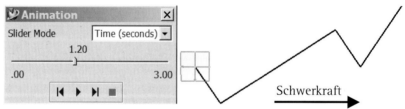

↳ Für den dynamischen Testlauf wählen Sie die Funktion Animation und stellen beispielsweise eine Simulationszeit (Time) von drei Sekunden und eine Schrittzahl von 200 ein.

↳ Mit „OK" wird die Simulation gestartet.

↳ Es erscheint ein Informationsfenster, das erst im nächsten Abschnitt genauer erklärt wird. Zunächst kann es ignoriert werden.

↳ Um die Bewegung ablaufen zu lassen, wählen Sie die Funktion „Spiel".

Das Ergebnis ist in der Abbildung dargestellt.

Der dynamische Testlauf mit einem unbestimmten Freiheitsgrad bringt Verständnis für den Mechanismus.

Leicht ist die Plausibilität des bisherigen Mechanismus zu erkennen, der einer ungedämpften Schwingung entspricht. Nach diesem optionalen Plausibilitätstest kann der Mechanismus weiter erstellt werden, wobei zunächst ein Abschnitt über redundante Freiheitsgrade eingeschoben wird.

2.2.2.9 Bedeutung redundanter Freiheitsgrade

Das Informationsfenster, das beim vorher durchgeführten Testlauf erscheint, weist den Anwender auf redundante Freiheitsgrade hin. Dies ist als eine Warnung zu verstehen.

Ein redundanter Freiheitsgrad bedeutet, dass ein Bewegungsfreiheitsgrad des Systems überbestimmt ist, dass aber aus dieser Überbestimmung noch kein Konflikt resultiert. D.h., der Mechanismus ist zwar lauffähig, aber kleinste Änderungen der Geometrie oder der Drehachsen könnten zu einer Konfliktsituation führen.

In unserem Fall liegen entsprechend dem Informationsfenster drei solche Überbestimmungen vor. Es ist relativ schwierig, sich diese Überbestimmungen plausibel zu machen, eine Methode dafür ist die folgende: An jedem Bewegungskörper und jedem Gelenk wird gedanklich eine kleine

Redundante Freiheitsgrade sind Überbestimmungen, die jedoch nicht zwangsläufig zu Konflikten führen.

Verschiebung oder Verdrehung in alle Richtungen aufgebracht. Wenn der Mechanismus dadurch in eine Konfliktsituation gerät, so liegt eine Überbestimmung dieses Freiheitsgrades vor. In unserem Fall liegen die folgenden drei Überbestimmungen vor, siehe dazu auch die Abbildung:

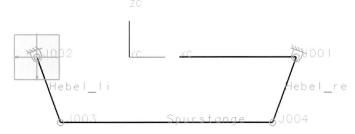

- Falls eine der Drehachsen um die x-Achse verdreht wird, kommt es zu einer Konfliktsituation,

- falls eine Drehachse um die z-Achse verdreht wird, ebenfalls, und

- falls einer der beiden Punkte, die mit der Umgebung verbunden sind, in die y-Richtung verschoben wird, entsteht auch eine Konfliktsituation.

Kleinste geometrische Änderungen können dazu führen, dass ein redundanter Freiheitsgrad zu einem Konflikt führt.

Um die Bedeutung der redundanten Freiheitsgrade zu verstehen, soll in das Gedächtnis zurückgerufen werden, dass es sich bei einer Motion-Simulation um ein Starrkörpermodell handelt, bei dem die Bewegungskörper nicht flexibel sind. In der Realität werden kleine Ungenauigkeiten (beispielsweise Wärmedehnungen) einerseits durch Spiel in den Anlenkungen toleriert und andererseits durch die Nachgiebigkeit der Teile. Die beiden Effekte Spiel und Flexibilität sind aber in der Motion-Simulation nicht enthalten, daher führen bei einem redundant aufgebauten Motion-Modell bereits kleinste Ungenauigkeiten, wie sie auch in der Konstruktion mit einem CAD-System auftreten, zu Konfliktsituationen.

Daher gilt die Empfehlung, solche redundanten Freiheitsgrade nur bei sehr einfachen Motion-Modellen zu akzeptieren. Komplexere Motion-Modelle sollten redundanzfrei aufgebaut werden, damit sie sicher funktionieren.

Komplexe Mechanismen sollten immer redundanzfrei aufgebaut werden.

Um das Motion-Modell redundanzfrei aufzubauen, müssen geeignete Gelenktypen gefunden werden, anhand derer die Bewegungsfreiheitsgrade nicht überbestimmt werden. Welche Gelenktypen dafür geeignet sind, muss aus Plausibilitätsbetrachtungen hervorgehen. Eine Lösung wäre beispielsweise die folgende.

- Wenn ein beliebiges Drehgelenk durch ein Kugelgelenk (Sphere) ⟩ ersetzt wird, können die ersten beiden Konfliktsituationen nicht mehr auftreten.

- Wenn darüber hinaus ein beliebiges Drehgelenk durch ein Dreh-Schiebe-Gelenk (Cylinder) ⟩ ersetzt wird, kann auch die dritte Konfliktsituation nicht mehr auftreten.

Die eingesetzten Gelenke können nicht immer der Realität entsprechen, weil im Motion-Modell zunächst einmal keine Toleranzen und keine flexiblen Teile möglich sind.

Diese Gelenkkonfiguration entspricht zwar nicht der Art und Weise, wie der Mechanismus in Wirklichkeit aufgebaut ist, jedoch hat dieser Unterschied für die Betrachtung der Kinematik keinen Einfluss. Diese Vorgehensweise ist typisch für den Aufbau von Motion-Modellen mit Mehrkörpersimulationsprogrammen, in denen Spiel und Flexibilität nicht betrachtet werden. Selbstverständlich kann auch Spiel und Flexibilität simuliert werden, jedoch werden dabei komplexere Methoden erforderlich. Beispielsweise sei hier auf die Funktion 3D-Kontakt verwiesen, mit der Spiel im Motion-Modell modelliert werden könnte, und die Finite-Elemente-Methode, mit der flexible Körper berechnet werden können.

Daher sollen nachfolgend die beschriebenen Gelenke ersetzt werden.

2.2.2.10 Einbau eines Kugelgelenks

Ein Kugelgelenk braucht weniger Information als ein Drehgelenk, weil keine Angabe über die Drehachse erforderlich ist. Daher kann ein vorhandenes Drehgelenk direkt in ein Kugelgelenk umgewandelt werden. Gehen Sie dazu folgendermaßen vor.

- Selektieren Sie im Motion Navigator den Knoten des zu ändernden Gelenks (siehe Abbildung).

- Wählen Sie im Kontextmenü die Funktion Bearbeiten (Edit). Es erscheint der Erzeugungsdialog der Gelenks.

- Hier schalten Sie den Gelenktyp auf Kugel ⟩ (Sphere) und bestätigen mit „Apply" oder mehrmaligem „OK".

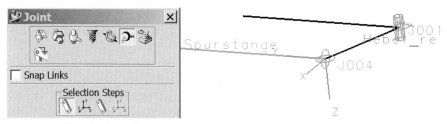

Ein neues Kugelgelenk kann, falls gewünscht, analog zum Drehgelenk erzeugt werden. Die Richtung der Orientierung kann dabei übergangen werden, weil sie bei dem Kugelgelenk keine Rolle spielt.

Ein Kugelgelenk kann wie ein Drehgelenk wirken, das „Spiel" hat.

2.2.2.11 Einbau eines Zylindergelenks

Ein Dreh-Schiebe-Gelenk oder Zylindergelenk (Cylinder) braucht die gleichen Informationen wie ein Drehgelenk, daher kann ein vorhandenes Drehgelenk ebenfalls direkt in ein Zylindergelenk umgewandelt werden. Gehen Sie dazu folgendermaßen vor.

↳ Wählen Sie die Funktion Bearbeiten (Edit) im Kontextmenü des zu ändernden Gelenks (siehe Abbildung).

Die Gelenktypen können einfach nachträglich geändert werden.

↳ Wählen Sie im Dialog den Gelenktyp Zylinder (Cylinder), und bestätigen Sie mit „Apply" oder „OK".

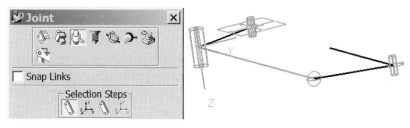

Ein neues Zylindergelenk kann entsprechend dem Drehgelenk erzeugt werden.

Nachdem diese beiden Gelenke ersetzt worden sind, kann optional ein neuer dynamischer Testlauf zeigen, dass nun keine redundanten Freiheitsgrade mehr vorliegen.

2.2.2.12 Erzeugung eines kinematischen Antriebs

Mit dem Erzeugen eines kinematischen Antriebs wird aus dem Mechanismus der letzte unbestimmte Freiheitsgrad entfernt, und das System wird rein kinematisch. Gehen Sie folgendermaßen vor.

↳ Bearbeiten Sie das Drehgelenk, an dem Sie den Antrieb erzeugen wollen (siehe Abbildung).

↳ Im Erzeugungsdialog wählen Sie unter „Motion Antrieb" (Motion Driver) den konstanten Antrieb (Constant) und stellen beliebig die Antriebsparameter ein.

↳ Bestätigen Sie mehrmals mit „OK".

↳ Speichern ▣ Sie die Datei.

Die Antriebsparameter können deswegen beliebig eingestellt werden, weil für die reine Bewegungsuntersuchung die Artikulationsfunktion genutzt werden soll, die eine manuelle Betätigung der Antriebe zulässt.

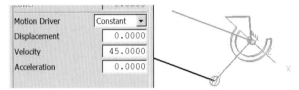

Mit dem so aufgebauten Motion-Modell können sowohl die Artikulation als auch die Animation durchgeführt werden.

2.2.2.13 Durchführung der Artikulation

Mit der nachfolgenden Artikulation soll der interessierende Bereich einmal durchfahren werden. Auf Basis dieser Bewegung soll im nächsten Abschnitt ein Graph erstellt werden. Gehen Sie folgendermaßen vor.

Die letzte Bewegung, die durchgeführt wurde, wird später im Graph ausgewertet.

↳ Rufen Sie die Artikulationsfunktion 🖾 auf,

↳ schalten Sie den Antrieb ein, geben Sie als Schrittweite (Step Size) beispielsweise eins und als „Anzahl Schritte" (Number of Steps) 30.

↳ Wählen Sie einmal die Funktion „Schritt Vorwärts" ⏭, um den Antrieb um 30 Grad in eine Richtung zu verdrehen, daraufhin zweimal ⏮, um ihn um 60 Grad in die andere Richtung zu bewegen, und wieder einmal ⏭, um in die Ausgangslage zurück zu kommen.

Je nach Maßen in der Skizze kommt es evtl. bei den Bewegungen zu Sperrpositionen. Dies wird durch die Meldung „ADAMS Solver-Sperrung" (Adams Solver Lockup) angezeigt. In diesem Fall sollten Sie einen kleineren Weg, z.B. nur 25 Grad, fahren.

↳ Mit „Cancel" wird die Bewegung abgeschlossen.

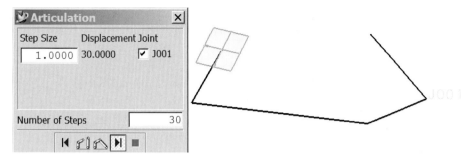

Die hiermit definierte Bewegung wird im nächsten Abschnitt zur Graphenerstellung genutzt.

2.2.2.14 Graphenerstellung der Radwinkelbewegung

Im vorigen Abschnitt wurde anhand der Artikulationsfunktion eine Bewegung definiert, die nun grafisch ausgewertet werden soll. Es ist darauf zu achten, dass bei Ausführung der Artikulation wirklich nur die Bewegung durchgeführt wird, die später analysiert wird. Im Hintergrund schreibt das NX-System eine Ergebnisdatei, in der die durchgeführte Bewegung beschrieben ist. Diese Ergebnisdatei wird nun bei der Graphenerstellung ausgewertet. Die Ergebnisdatei hat die Erweiterung „res" und kann in dem Verzeichnis gefunden werden, in dem auch die Motion-Simulationsdatei liegt.

Um einen Graphen bzgl. der Radwinkelbewegung zu erstellen, gehen Sie nun folgendermaßen vor (siehe Abbildung):

- Wählen Sie die Funktion „Graphenerstellung" ◹ (Graphing).
- Im oberen Teil des erscheinenden Menüs werden alle Gelenke angezeigt. Hier wählen Sie das erste der beiden Drehgelenke aus, dessen Weg aufgezeichnet werden soll, in unserem Fall das Gelenk „J001".

Der zu erstellende Graph wertet immer die letzte durchgeführte Bewegung aus.

Unter „Y-Achse" wählen Sie den Ergebnistyp aus. Möglichkeiten sind Verschiebung bzw. Verdrehung (Displacement), Geschwindigkeit (Velocity), Beschleunigung (Acceleration) und Kraft bzw. Moment (Force).

- Für den gewünschten Verdrehwinkel in unserem Beispiel wählen Sie daher „Verschiebung" (Displacement).

Unter Wert (Value) wählen Sie die gewünschte Komponente der vorher angegebenen Größe. Zur Verfügung stehen die translatorischen Werte, die rotatorischen Werte sowie die jeweiligen Beträge. Die Definition bezieht sich auf die Angabe unter Referenzkoordinatensystem (Reference Frame). Dieses kann entweder relativ oder absolut genutzt werden. Im relativen Fall bezieht sich die Definition auf das bewegte Gelenkkoordinatensystem und im absoluten auf das absolute Koordinatensystem des Parts.

Ausgewertet werden der Weg, die Geschwindigkeit, die Beschleunigung oder die Kraft in jedem Gelenk.

Die Angabe kann im absoluten oder im mitlaufenden Koordinatensystem erfolgen.

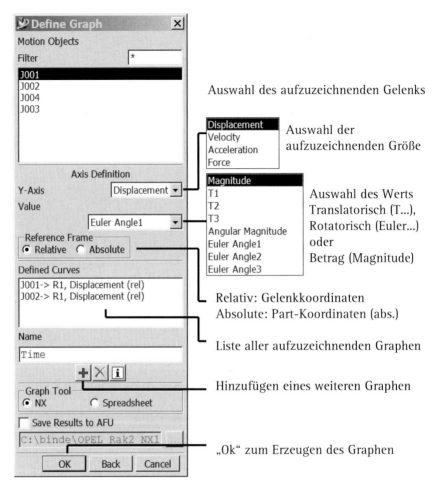

Auswahl des aufzuzeichnenden Gelenks

Auswahl der aufzuzeichnenden Größe

Auswahl des Werts
Translatorisch (T...),
Rotatorisch (Euler...)
oder
Betrag (Magnitude)

Relativ: Gelenkkoordinaten
Absolute: Part-Koordinaten (abs.)

Liste aller aufzuzeichnenden Graphen

Hinzufügen eines weiteren Graphen

„Ok" zum Erzeugen des Graphen

- Für unser Beispiel wählen Sie unter „Referenzkoordinatensystem" (Reference Frame) das relative Koordinatensystem und die Komponente „Euler Angle1", anhand der die Verdrehung um die Drehachse angezeigt wird.

- Wählen Sie das Pluszeichen ⊞, um den so spezifizierten Graphen zur Liste der auszugebenden Graphen zuzufügen.

- Um das zweite Drehgelenk in der gleichen Weise aufzuzeichnen, wählen Sie im oberen Bereich dieses Gelenk, nutzen die gleichen Einstellungen und fügen mit ⊞ auch diese Definition der Liste zu.

- Schließlich wählen Sie „OK", damit der Graph aufgezeichnet wird.

Das Ergebnis ist in der Abbildung dargestellt.

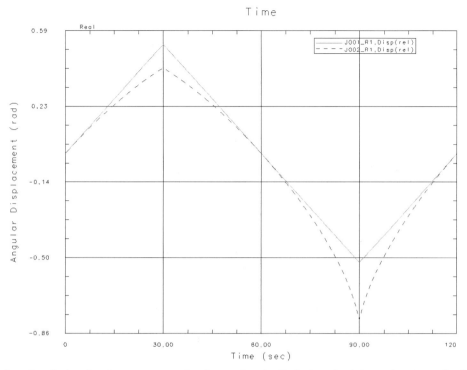

Die Radwinkel verstellen sich ungleichmäßig.

Dies ist Folge des Parallelogramms bei den Lenkhebeln.

Im Graph ist der Bewegungsverlauf aus der Artikulationsfunktion als Zeitverlauf dargestellt worden, dabei ist jeder Schritt mit einer Sekunde gleichgesetzt worden. Es ist zu erkennen, dass beim Schritt 30 die erste Endlage erreicht wurde. Weiterhin kann erkannt werden, dass die beiden Radwinkel unterschiedliche Größe haben. Nachfolgend soll abgelesen werden, wie groß der Unterschied der Winkel in der ersten Endlage ist.

Zum Ablesen von Werten in dem Graph kann die Funktion 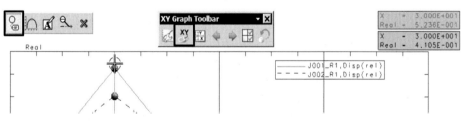 (Data Tracking) aus der Toolbar „XY Graph Toolbar" genutzt werden, die noch weitere interessante, meist selbsterklärende Funktionen aufweist.

Zum Auswerten des Graphen steht eine Reihe von Hilfsfunktionen zur Verfügung.

Die Funktion erlaubt ein Abfahren des Graphen mit der Maus. Im Bereich rechts oben werden die Werte der Graphen in kleinen Fenstern angezeigt. In unserem

Beispiel lesen Sie 0,5236 für den rechten und 0,4105 für den linken Hebel ab. Die Winkeldifferenz beträgt also 0,1131 (Angabe im Bogenmaß).

↳ Mit der Funktion 🔲 verlassen Sie die Graphendarstellung.

Nach Belieben können nun Änderungen an der Geometrie der Prinzipskizze vorgenommen und erneut anhand der Winkeldifferenz kontrolliert werden.

2.2.2.15 Erstellung von Baugruppenkomponenten aus Prinzipkurven

Nachdem die Kinematik geeignet eingestellt ist können mit der Top-Down-Methode Komponenten erstellt werden.

Sind die geometrischen Größen anhand der Prinzipskizze nun akzeptabel eingestellt, so kann mit der Top-down-Konstruktion von Baugruppenkomponenten fortgefahren werden. Diese Aufgabe hat mehr mit Konstruktionsmethodik als mit Motion-Simulation zu tun, daher sollen hier nur grobe Erklärungen erfolgen.

Ziel sind Baugruppenkomponenten, deren Geometrie und Position von der Prinzipgeometrie der Skizze abhängig sind. Außerdem sollen die zu erstellenden Komponenten in der Motion-Simulation mitbewegt werden.

Die Abhängigkeit der Geometrie und der Position ist über den „Wave-Geometrie-Linker" zu erreichen, die Bewegung in der Motion-Simulation kann durch einfaches Zufügen der neuen Geometrie zu den bestehenden Bewegungskörpern (Links) erfolgen.

Wenn Assoziativität gewünscht ist, muss der Wave-Geometrie-Linker eingesetzt werden.

Wir beginnen mit dem Erzeugen leerer Komponenten, fügen dann mit dem Wave-Linker die Skizzengeometrie in die neuen Komponenten ein und bauen dann detailliertere Geometrien der Hebel in Abhängigkeit der neu eingefügten gelinkten Kurven. Gehen Sie dafür folgendermaßen vor.

↳ Verlassen Sie die Motion-Simulation, indem Sie im Motion Navigator den Master anwählen und in dessen Kontextmenü die Funktion Arbeit (Work) wählen.

↳ Starten Sie die Anwendung „Konstruktion" 🔳 (Modeling). Das Teil „lenkhebelmechanik" ist nun das aktive und dargestellte Teil.

↳ Rufen Sie die Funktion „Neue Komponente erzeugen" 🔳 (Create New Component) auf, bestätigen Sie mit dem grünen Pfeil ✓, und geben Sie den Dateinamen für die erste Komponente an, beispielsweise „vr_lenkhebel_re2.prt".

↳ Im nächsten Fenster bestätigen Sie mit „OK".

↳ Führen Sie die gleiche Prozedur für zwei weitere Komponenten durch. Benennen Sie diese mit „vr_lenkhebel_li2.prt" und „vr_spurstange2.prt".

↳ Speichern 🔳 Sie die Datei „lenkhebelmechanik".

Das Ergebnis im Baugruppennavigator sollte wie in der Abbildung dargestellt aussehen.

Nachfolgend werden Wave-Geometrie-Links erstellt. Gehen Sie folgendermaßen vor:

Die neue Struktur der Baugruppe

- Machen Sie das Teil „vr_lenkhebel_re2" zum aktiven Teil.

- Rufen Sie den Wave-Linker 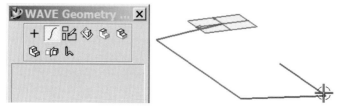 auf, und

- setzen Sie den Typ auf Kurve (Curve) .
  Selektieren Sie nun, wie in der Abbildung dargestellt, die beiden Kurven, die zum rechten Hebel gehören sollen. Bestätigen Sie mit „OK".

Assoziative Kopien innerhalb der Baugruppe.

- Wiederholen Sie die beiden letzten Punkte für den linken Hebel und für die Spurstange. Selektieren Sie jeweils die zugehörige Geometrie.

Nachdem diese Schritte durchgeführt wurden, kann in jeder der drei Komponenten weitergearbeitet werden. Die Idee ist, dass die gesamte Geometrie des jeweiligen Teils in Abhängigkeit der nun eingefügten Skizzenkurve erstellt wird. Für den Aufbau der Geometrie können nun sehr unterschiedliche Methoden genutzt werden. Wir werden nachfolgend eine sehr einfache Modellierungsstrategie beschreiben. Außerdem werden wir die Modellierung nur exemplarisch für eines der Teile, die Spurstange, durchführen. Die anderen Teile können nach Belieben modelliert werden. Gehen Sie folgendermaßen vor:

- Machen Sie die Komponente „vr_spurstange2" zum dargestellten Teil. Füllen Sie die Bildschirmdarstellung (Fit), damit die Kurve zu sehen ist.

- Wählen Sie die Funktion „Rohr" 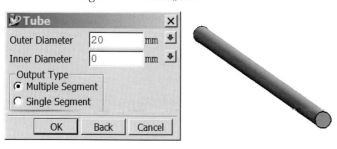 (Tube), tragen Sie für den äußeren Durchmesser 20 ein, und bestätigen Sie mit „OK". Selektieren Sie danach die Kurve und bestätigen erneut mit „OK".

Innerhalb jeder Komponente wird jeweils die Einzelteilgeometrie modelliert. Das grundlegende Feature ist dabei die assoziative Linie aus der Kinematik.

Nach Belieben können nun weitere Formelemente erzeugt werden, beispielsweise für die Detaillierung der Gelenke an den beiden Seiten, wie in der kleinen Abbildung dargestellt.

Die Einzelteile können beliebig detailliert werden. Grundlegende geometrische Maße werden jedoch durch die Steuerskizze vorgegeben.

↳ Nachdem die 3D-Modellierung des Teils abgeschlossen ist, wechseln Sie über den Baugruppennavigator wieder in das Elternteil „lenkhebelmechanik".

↳ Auf entsprechende Weise können Geometrien für die weiteren Komponenten (vr_lenkhebel_li2 und vr_spurstange2) erstellt werden.

Das Prinzip hierbei ist immer das gleiche: Die Grobgeometrie der Prinzipskizze enthält die grundlegenden Abmessungen und Positionen. Von diesen Kurven werden die Komponententeile abhängig konstruiert und detailliert. In den bereits konstruierten Teilen „vr_hebel_re.prt", „vr_hebel_li" und „vr_spurstange.prt" kann bei Bedarf nachgesehen werden, welche Konstruktionsmethodik dabei zum Einsatz kommen kann. Für die Methodik unserer Lernaufgabe reicht jedoch eine sehr einfache Konstruktion, wie dies an der Spurstange gezeigt wurde.

↳ Machen Sie das Teil „lenkhebelmechanik" zum aktiven Teil, und speichern 💾 Sie die Datei, nachdem alle Geometrien in den Einzelteilen erstellt worden sind.

Im nächsten Schritt sollen nun die neu erstellten Geometrien im Motion-Modell mitbewegt werden, damit Kollisionen erkannt werden können.

2.2.2.16 Zufügen der neuen Komponenten zum Motion-Modell

Sollen beliebige Geometrien mit vorhandenen Bewegungskörpern (Links) dazugehören, so müssen die Bewegungskörper (Links) bearbeitet werden. Gehen Sie folgendermaßen vor:

Zunächst bewegen sich die neuen Geometrien in der Kinematik nicht mit.

↳ Machen Sie in der Baugruppe das Teil „lenkhebelmechanik" zum dargestellten und zum aktiven Teil. An diesem Teil befindet sich das Motion-Modell.

↳ Wechseln Sie in die Anwendung „Kinematik" 🏠 (Motion Simulation) und öffnen Sie im Motion Navigator das vorher erstellte Motion-Modell „motion_1".

↳ Bearbeiten Sie den Bewegungskörper (Link) „Spurstange2", indem Sie ihn im Motion Navigator auswählen und im Kontextmenü die Funktion Bearbeiten (Edit) auswählen.

↳ Schalten Sie den Filter auf Komponente (Component), und selektieren Sie die neu erstellte Geometrie.

↳ Bestätigen Sie mit „Apply" oder mehrmaligem „OK".

↳ Führen Sie diese Schritte auch für die beiden anderen Teile aus.

↳ Speichern 💾 Sie die Motion-Datei „lenkhebelmechanik".

 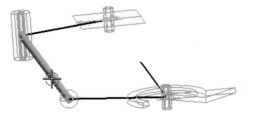

Neue Geometrien können beliebig den vorhandenen Bewegungskörpern zugeordnet werden.

Nach dem Durchführen dieser Schritte kann erneut die Animations- oder Artikulationsfunktion ausgeführt werden. Die neu erstellten Geometrien bewegen sich nun mit den Prinzipkurven mit. Außerdem können auch weitere Änderungen an der Prinzipskizze vorgenommen werden. Die Komponentengeometrien aktualisieren sich nun entsprechend.

↳ Verlassen Sie die Motion-Datei, indem Sie im Simulations-Navigator auf den Masterknoten doppelklicken, und

↳ wechseln Sie in die Anwendung „Konstruktion".

2.2.3   Kollisionsprüfung am Gesamtmodell der Lenkung

In dieser Aufgabe wird dargestellt, wie bereits erstellte Motion-Modelle in Unterbaugruppen zu einem Motion-Modell in einer oberen Baugruppe zusammengesetzt und weiterverwendet werden. Dies ist eine wichtige Methode bei der Entwicklung komplexer Baugruppen, denn sie erlaubt das modulartige Arbeiten mit Motion-Modellen. Darüber hinaus zeigt dieses Beispiel noch weitere Gelenktypen sowie die Methode zum Prüfen von Kollisionen.

Einzelne Kinematikmodelle werden zu einem Gesamtsystem zusammengesetzt.

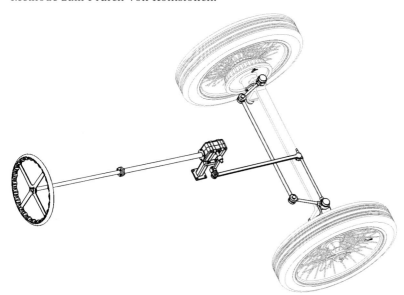

Falls Sie die vorherigen beiden Lernaufgaben (Lenkgetriebe und Lenkhebelkinematik) durchgearbeitet haben, werden Sie hier Ihre selbst erstellten Motion-Modelle verwenden. Ansonsten verwenden Sie die fertigen Lösungen der CD.

2.2.3.1   Aufgabenstellung

Die Konstrukteure haben nun bereits Baugruppen und Motion-Modelle des Lenkgetriebes sowie der Lenkhebelkinematik erstellt. Daher soll jetzt das Gesamtsystem der Lenkung analysiert werden.

Dabei sollen die fertigen Unterkinematiken nach Möglichkeit weiterverwendet und nicht neu erstellt werden. Am Gesamtsystem soll dann geprüft werden, ob es beim Einschlagen der Lenkung zu Kollisionen zwischen den Hebeln kommt.

Kollisionscheck und Simulation des Einfederns

Erschwerend kommt noch hinzu, dass auch das Einfedern der Räder mit berücksichtigt werden muss. Die Einfederbewegung der Räder bringt eine weitere schwer überschaubare Bewegung ins Spiel. Daher müssen auch hier Prüfungen unternommen werden. Evtl. wäre es auch sinnvoll, mit den Radbewegungen die Größe des Radkastens zu überprüfen.

Falls es zu Kollisionen kommt, müssen Durchdringungskörper aufgezeichnet werden. Damit erhält der Konstrukteur einen Anhaltspunkt für die Verbesserung der betroffenen Teile.

2.2.3.2 Erstellen der Motion-Datei

↳ Öffnen Sie in NX die Baugruppe „vr_lenkung", und

↳ starten Sie die Anwendung „Kinematik" 📐 (Motion Simulation).

↳ Löschen Sie im Motion Navigator die bereits existierende Motion-Datei.

↳ Erzeugen Sie im Motion Navigator eine neue Motion-Datei, und

↳ brechen Sie den evtl. erscheinenden „Motion Joint Wizard" mit „Cancel" ab.

2.2.3.3 Importieren der Motion-Untermodelle

Um ein Motion-Modell aus einer Unterbaugruppe zu importieren, gehen Sie folgendermaßen vor:

Bei großen Baugruppen können zunächst Unterkinematiken erstellt werden. Später werden diese dann zusammengesetzt.

Vorbereitungen

↳ Führen Sie im Kontextmenü des Motion Navigators die Funktion „Umbenennen" (Rename) aus. Benennen Sie das neue Motion-Modell beispielsweise „lenkungssystem".

Der originale Name darf nicht bleiben, weil es sonst Konflikte mit den zu importierenden Motion-Modellen gibt, die evtl. den gleichen Namen tragen.

Beim Importieren von Motion-Untermodellen muss darauf geachtet werden, dass alle Geometrien, die zu den Bewegungskörpern gehören, geladen sind. Dazu gehört auch, dass diese Geometrien nicht durch Reference-Sets ausgeschlossen sind.

↳ Prüfen Sie daher vor den nächsten Schritten nach, ob insbesondere das Part „lenkhebelmechanik_prinzip" auf dem Referenz-Set „Ganzes Teil" (Entire Part) steht. Nutzen Sie dafür den Baugruppennavigator.

Die Skizzenkurven müssen nach dem Umschalten des Referenz-Set zu sehen sein.

Durchführen des Imports

↳ Wählen Sie dann im Kontextmenü des Motion Navigators die Funktion Importieren, Mechanismus (Import, Mechanism).

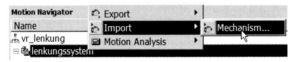

✦ Im nächsten Fenster wählen Sie „Aus Unterbaugruppe importieren" (Import from Subassembly).

Es erscheint ein Dialog, in dem Sie die Unterbaugruppe auswählen, deren Motion-Modell Sie importieren möchten. Am einfachsten selektieren Sie die Unterbaugruppe im Baugruppennavigator. Wir beginnen mit „ls_lenkgetriebe".

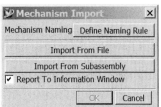

✦ Selektieren Sie daher nun über den Baugruppennavigator die Unterbaugruppe „ls_lenkgetriebe".

Im Dialog werden vorhandene Motion-Modelle der gewählten Baugruppe angezeigt, wie in der Abbildung dargestellt ist.

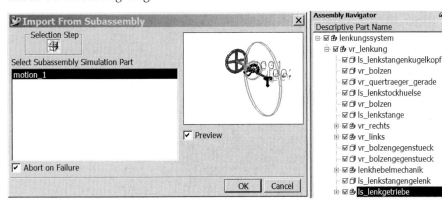

Bei der Auswahl der Unterkinematik hilft der Baugruppennavigator.

✦ Selektieren Sie das Modell „motion_1", und bestätigen Sie mit „OK".

✦ Bestätigen Sie auch das folgende Menü „Mechanismusimport" mit „OK".

✦ Es erscheint eine Info-Meldung, die Ihnen sagt, dass nicht alle Motion-Features importiert werden konnten. Bestätigen Sie diese Meldung mit „OK".

Das Motion-Modell wird daraufhin importiert. Ein Informationsfenster gibt an, welche Elemente importiert wurden.

Prüfen Sie das importierte Motion-Modell. Sie werden feststellen, dass die importierte Kinematik in einer eigenen Gruppe angeordnet ist. Das Zahnradpaargelenk (Gear) ist nicht importiert worden. Daher müssen Sie es nun manuell neu erstellen.

Momentan werden Zahnradgelenke nicht automatisch importiert.

✦ Erstellen Sie das nicht importierte Zahnradpaargelenk 🔧 (Gear) manuell neu. Das Übersetzungsverhältnis betrug 0,25.

Es folgt der Import des zweiten Motion-Modells.

✦ Wählen Sie erneut die Funktion Importieren, Mechanismus (Import, Mechanismus).

↳ Weil nun Motion-Features von einem zweiten Motion-Modell importiert werden sollen, muss beachtet werden, dass keine doppelten Namen der Motion-Features entstehen dürfen. Daher ist im Menü zum Importieren des Mechanismus die Funktion „Namensregel angeben" (Define Naming Rule) auszuführen. Mit der in der Abbildung dargestellten Option wird erreicht, dass alle importierten Motion-Features eine Namenserweiterung von „_b" bekommen. So werden Konflikte vermieden.

↳ Importieren Sie nun das Motion-Modell „motion_1" aus der Unterbaugruppe „lenkhebelmechanik" in der gleichen Weise wie auch das erste Modell.

Das Ergebnis im Motion Navigator sollte wie in der Abbildung dargestellt aussehen.

Im Navigator werden die Unterkinematiken als Gruppen dargestellt.

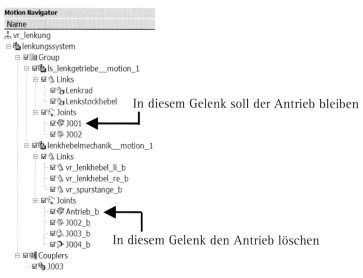

Die beiden Untermechanismen sind in Gruppen angeordnet worden. Sie lassen sich jedoch ohne Einschränkung, wie auch bisher, manipulieren.

Nachbereitungen

Abschließend sollten Sie den Antrieb in dem Gelenk der Lenkhebelmechanik (Gelenk „Antrieb_b" in der Abbildung) löschen. Stattdessen wird nachfolgend die Lenkstange zur Übertragung der Bewegung vom Lenkradantrieb genutzt. Ansonsten würde es zu einer Verklemmung des Systems kommen.

- Bearbeiten Sie das Drehgelenk („Antrieb_b" in der Abbildung), dessen Antrieb ausgeschaltet werden soll. Stellen Sie die Option unter „Kinematiktreiber" (Motion Driver) auf „Keine" (None).

- Ändern Sie auch den Namen des Gelenks, weil der Name „Antrieb" nun irreführend ist.

- Bestätigen Sie mehrmals mit „OK".

Außerdem sollten Sie das rechte Rad zu dem Bewegungskörper des rechten und das linke Rad zu dem des linken Lenkhebels zufügen. Gehen Sie dafür folgendermaßen vor:

Einige Baugruppenkomponenten werden nachträglich den Bewegungskörpern zugefügt.

- Bearbeiten Sie den Bewegungskörper (Link) des rechten Hebels, stellen Sie den Filter auf „Komponente", und

- selektieren Sie die Teile, die zu dem rechten Rad gehören.

- Bestätigen Sie mehrmals mit „OK".

- Auf die gleiche Weise fügen Sie die Teile des linken Rads dem Bewegungskörper (Link) „vr_lenkhebel_li_b" zu.

- Speichern 🖫 Sie die Datei.

Damit ist der Import der Untermodelle erfolgt. Nach Belieben kann ein dynamischer Testlauf erfolgen, um das Verständnis für die unbestimmten Freiheitsgrade des soweit erstellten Gesamtsystems zu verbessern.

2.2.3.4 Zufügen der Lenkstange

Die Lenkstange muss derartig gelagert werden, dass sie Bewegungen im Raum durchführen kann, ohne dass es zu Konfliktsituationen kommt, siehe dazu auch die nachfolgende Abbildung. Eine mögliche Art der Lagerung für solche Fälle besteht aus einem Drehkreuz auf der einen und einem Kugelgelenk (Sphere) auf der anderen Seite. Das Drehkreuz besteht dann aus einem Hilfskörper, der mit zwei Drehgelenken die Nachbarteile verbindet. Diese Gelenkarten sind in dem CAD-Modell bereits vorgesehen, wie die Abbildung zeigt.

Die Lenkstange verbindet die beiden Kinematikmodule.

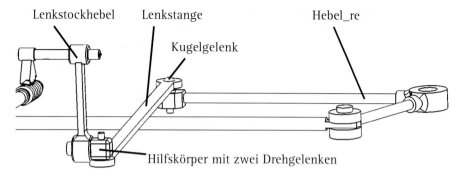

Lenkstockhebel   Lenkstange   Hebel_re

Kugelgelenk

Die Lenkstange vollführt
eine komplexe Bewegung
im Raum.

Hilfskörper mit zwei Drehgelenken

Nachfolgend wird beschrieben, wie diese Gelenkkombination im Motion-Modell erstellt wird.

2.2.3.5   Erzeugung des Drehkreuzes mit einem Hilfskörper

↳ Sie erzeugen zunächst einen Bewegungskörper (Link) für die Lenkstange,

↳ und einen weiteren für den Hilfskörper.

↳ Daraufhin erzeugen Sie ein erstes Drehgelenk (Revolute), das den Hilfskörper mit dem Lenkstockhebel verbindet,

↳ und ein zweites Drehgelenk, das ihn mit der Lenkstange verbindet.

Entsprechend der Abbildung stehen die beiden Drehgelenke im rechten Winkel zueinander und bilden damit ein Drehkreuz.

Der Hilfskörper verbindet
Lenkstange mit Lenk-
stockhebel.

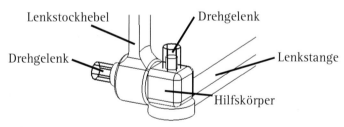

Lenkstockhebel   Drehgelenk

Drehgelenk   Lenkstange

Hilfskörper

Nach Belieben kann wieder ein dynamischer Testlauf erfolgen.

2.2.3.6   Erzeugung eines Kugelgelenks

Vor der Erzeugung des Kugelgelenks zwischen Lenkstange und rechtem Lenkhebel (siehe Abbildung) sollte der Bewegungskörper (Link) des rechten Lenkhebels derart vorbereitet werden, dass zwei weitere Komponenten zu ihm gehören:

↳ Bearbeiten Sie daher den Bewegungskörper des rechten Lenkhebels, und fügen Sie die Komponenten „ls_lenkstangengelenk" und „ls_lenkstangenkugelkopf" zu.

↳ Für das Kugelgelenk ist es wichtig, dass der korrekte Drehpunkt angegeben werden kann. Daher sollten Sie das Reference-Set des Teils „ls_lenkstangen-kugelkopf" auf „Ganzes Teil" (Entire Part) stellen, weil dann grundlegende Skizzen sichtbar werden, mit denen der Kugelmittelpunkt geeignet verknüpft werden kann.

↳ Erzeugen Sie nun das Kugelgelenk folgendermaßen: Wählen Sie die Funktion Kugel (Sphere) ⚲, und selektieren Sie den Kugelmittelpunkt (Drahtmodus wählen), der in der Abbildung dargestellt ist. Der Punkt gehört zur Komponente „lenkstangenkugelkopf" und daher zum Bewegungskörper „Hebel_re".

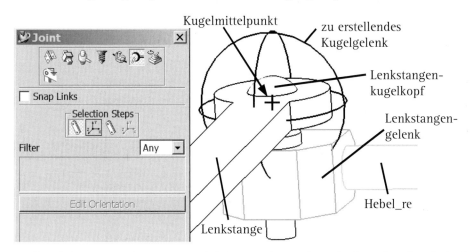

Ein extra Punkt definiert die genaue Position des Kugelgelenkdrehpunkts.

Weil auf diese Weise beim ersten Selektionsschritt schon der korrekte Kugelmittelpunkt übergeben wurde, kann der zweite Selektionsschritt des Erzeugungsdialogs übergangen und auf den dritten geschaltet werden.

↳ Schalten Sie daher auf den dritten Selektionsschritt.

↳ Hier selektieren Sie den zweiten zu verbindenden Bewegungskörper (Link), also die Lenkstange, an einem beliebigen Ort.

↳ Bestätigen Sie einmal mit „Apply" oder „OK", damit das Kugelgelenk erzeugt wird.

↳ Speichern 🖫 Sie die Datei.

2.2.3.7 Artikulation des Gesamtsystems

Der so weit fertig gestellte Mechanismus hat nun keine unbestimmten Freiheitsgrade mehr. Dies sollte über die im Grundlagenbeispiel beschriebene Funktion („Information" am Simulationsknoten) nachgeprüft werden. Der Mechanismus hat am Lenkrad seinen Antrieb, der noch aus dem importierten Modell herrührt.

Test des soweit fertig gestellten Gesamtsystems.

↳ Daher kann nun die Artikulationsfunktion 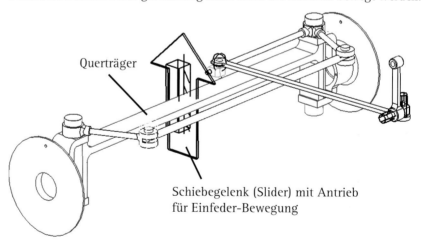 genutzt werden, um den Antrieb und damit das Gesamtsystem der so weit fertig gestellten Lenkung zu bewegen.

2.2.3.8 Mechanismus für das Einfedern zufügen

Vereinfachte Darstellung für das Einfedern.

Zusätzlich zum bisher erstellten Mechanismus des Lenksystems soll nun der Effekt des Radeinfederns berücksichtigt werden. Dabei soll lediglich eine vereinfachte Einfederung betrachtet werden, bei der beide Räder gleichzeitig einfedern. Das Ergebnis ist dann ein Mechanismus, bei dem zwei verschiedene Antriebe existieren, einer für das Einfedern und einer für die Lenkbewegung. Damit könnte beispielsweise der erforderliche Bauraum für den Radkasten kontrolliert werden.

Mit etwas mehr Aufwand könnte problemlos auch ein getrennt steuerbares Einfedern der beiden Räder realisiert werden.

Das gewünschte Einfedern der Räder im Motion-Modell wird wie in der Abbildung dargestellt realisiert. Dabei werden der rechte und linke Lenkhebel nicht mehr mit der festen Umgebung, sondern mit dem Querträger verbunden. Für diesen Querträger muss vorher jedoch ein Bewegungskörper (Link) erstellt werden. Der Querträger wird dann über ein Schiebegelenk (Slider) mit der festen Umgebung verbunden. Dieses Schiebegelenk wird letztlich angetrieben, so kann der Querträger über die Artikulationsfunktion bewegt werden.

Selbstverständlich kann gleichzeitig auch noch das Lenkrad bewegt werden.

Das Modell erlaubt lediglich ein beidseitiges Einfedern der Räder.

Querträger

Schiebegelenk (Slider) mit Antrieb für Einfeder-Bewegung

Gehen Sie dazu folgendermaßen vor:

Erzeugung eines Schiebegelenks am Querträger

↳ Zunächst wird die Komponente „vr_quertraeger_gerade" zu einem Bewegungskörper (Link) gemacht.

↳ Daraufhin wählen Sie die Funktion zum Erzeugen eines Schiebegelenks 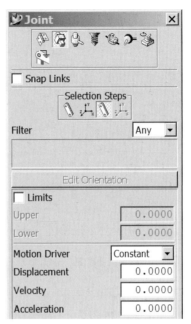 (Slider).

↳ Im ersten Selektionsschritt wählen Sie die Geometrie des Querträgers möglichst an einer Kante, die in die gewünschte Schieberichtung des Gelenks zeigt. Daraufhin erscheint das Gelenkkoordinatensystem und zeigt mit der z-Achse in die gewählte Richtung.

↳ Falls die z-Richtung nicht korrekt ist, muss im zweiten Selektionsschritt die Orientierung des Gelenks neu angegeben werden. Schalten Sie dazu den Filter auf Vektor, und selektieren Sie eine Kante oder Fläche, anhand der die gewünschte Richtung definiert wird.

Schritte für die Erzeugung des Schiebegelenks für das Einfedern

↳ Wählen Sie unter „Kinematikantrieb" (Motion Driver) die Option „Konstant", wie in der Abbildung dargestellt ist.

↳ Den dritten Selektionsschritt übergehen Sie, weil Sie das Gelenk mit der festen Umgebung verbinden möchten.

↳ Tragen Sie einen aussagekräftigen Namen, z.B. „Einfedern", ein.

↳ Bestätigen Sie mit „Apply" oder „OK", um das Gelenk zu erzeugen.

Wie vorher beschrieben spielt es bei Nutzung der Artikulationsfunktion keine Rolle welcher Antriebstyp gewählt und welche Parameter eingesetzt wurden.

Umreferenzieren der Drehgelenke an den Lenkhebeln

Die beiden Drehgelenke an den Lenkhebeln verbinden die Hebel mit der festen Umgebung. Nun sollen die Gelenke umreferenziert werden, damit sie die Hebel mit dem neu erstellten Querträger verbinden. Gehen Sie dazu folgendermaßen vor:

↳ Bearbeiten Sie das Drehgelenk, das den rechten Lenkhebel mit der Umgebung verbindet. Es erscheint der Erzeugungsdialog des Drehgelenks, in dem Sie alle Eigenschaften beliebig ändern können.

↳ Der dritte Selektionsschritt in diesem Menü war verantwortlich für die Auswahl des zweiten Bewegungskörpers. Hier haben Sie vorher die feste Umgebung gewählt. Um hier eine Änderung vorzunehmen, aktivieren Sie also den dritten Selektionsschritt dieses Menüs.

↳ Um die Auswahl zu ändern, selektieren Sie nun den neuen Querträger an einem beliebigen Ort. (Evtl. müssen Sie den Querträger mehrmals selektieren, er muss aufleuchten.)

↳ Bestätigen Sie mit „Apply" oder mehrmaligem „OK", und das Drehgelenk (Revolute) wird mit den geänderten Einstellungen aktualisiert.

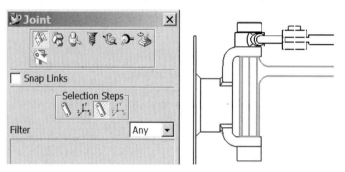

↳ Verfahren Sie auf die gleiche Weise mit dem Drehgelenk des linken Lenkhebels.

↳ Speichern ⊞ Sie die Datei.

2.2.3.9   Durchfahren der Bewegungen beim Einfedern und Lenken

↳ Da nun zwei manuell veränderbare Antriebe vorhanden sind, macht es Sinn, die Antriebe (bzw. deren Gelenke) entsprechend ihrer Funktion zu benennen, beispielsweise in „Einfedern" und „Lenken".

Die Artikulationsfunktion ist sehr gut geeignet, um solche Bewegungen mit mehreren Antrieben zu kontrollieren.

Mit dem so weit fertig gestellten Mechanismus können die Bewegungen beim Lenken und Einfedern kombiniert oder jede für sich kontrolliert werden. Beispielsweise kann zunächst das Einfedern um 30 mm simuliert und dann mit dieser Stellung die Lenkung ausgeführt werden.

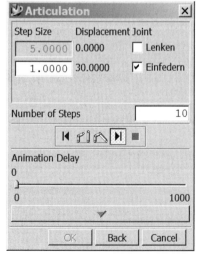

↳ Testen Sie mit der Artikulation die Bewegung der Lenkung.

Weiterhin kann zunächst rein visuell herausgefunden werden, bei welchem Einfederweg die beiden Teile Lenkstange und Spurstange in Kollision geraten. Eine weitergehende Kollisionskontrolle wird im nächsten Abschnitt behandelt.

2.2.3.10 Kollisionsprüfung

Gehen Sie folgendermaßen für eine Kollisionsprüfung beim Einfedern zwischen Lenkstange und Spurstange vor:

↳ Wählen Sie die Funktion Durchdringung ⊡ (Interference).

↳ Selektieren Sie den ersten der beiden Volumenkörper (z.B. die Lenkstange),

↳ schalten im Menü auf den zweiten Selektionsschritt, und

↳ selektieren Sie den zweiten zu prüfenden Volumenkörper (die Spurstange).

↳ Bestätigen Sie mit „OK", damit die Durchdringungsprüfung erzeugt wird.

Die Kollisionsprüfung wird vorbereitet.

Das Feature erscheint im Motion Navigator und kann von dort aus manipuliert werden.

↳ Um die Durchdringungsprüfung durchzuführen, wählen Sie die Funktion Artikulation 🖾 .

Daraufhin kann sie genutzt werden.

Auf gleiche Weise können Sie die Kollisionsprüfung auch mit der Animationsfunktion durchführen.

↳ Bevor Sie in der Artikulationsfunktion die Bewegung durchführen, wählen Sie „mehr Optionen" ⌄ (more Options) und aktivieren das Kontrollkästchen „Durchdringung" (Interference).

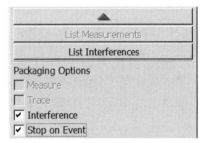

↳ Sie möchten, dass der Kollisionspunkt genau ausgerechnet wird und die Bewegung dort anhält, daher aktivieren Sie auch noch das Kästchen „Ereignisbedingter Halt" (Stop on Event).

↳ Nun durchfahren Sie mit der Artikulationsfunktion den gewünschten Weg. Sobald es zur Kollision zwischen den beiden Volumenkörpern kommt, erscheint eine Stopp-Meldung, und die Bewegung hält an. Nach Akzeptieren der Stopp-Meldung kann exakt die Stellung der Antriebe abgelesen werden, bei der die Kollision auftritt.

Die Artikulationsfunktion zeigt genau an, bei welcher Stellung Kollision auftritt.

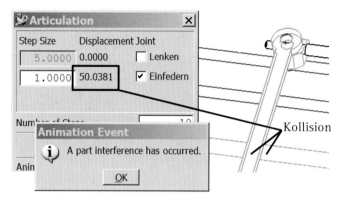

Damit ist die Beispielaufgabe zur Motion-Analyse der Lenkung abgeschlossen.

2.3 Lernaufgaben Dynamik

2.3.1 Fallversuch am Fahrzeugrad

Diese Lernaufgabe erläutert den Umgang mit Aufgaben, die mit freien Bewegungen zu tun haben. Dies könnte z.B. freien Fall, Trägheitseffekte oder ähnliche Probleme betreffen. Es gibt also unbestimmte Freiheitsgrade (ungefesselte Systeme), und die Bewegung ergibt sich aufgrund von Kräften. Erfahrungsgemäß sind solche Aufgaben bedeutend schwieriger zu handhaben, als dies bei den vorher betrachteten kinematischen Systemen der Fall ist.

Kennzeichen der Dynamik ist, dass unbestimmte Freiheitsgrade existieren und dass die Bewegung aus äußeren Kräften resultiert.

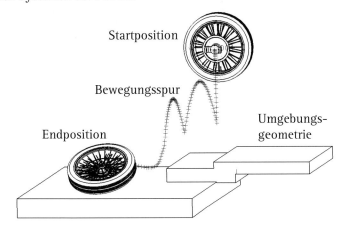

Darüber hinaus geht es auch um komplexe Kontakte, die sich von den bisher verwendeten, rein kinematischen Gelenken abheben. Bei den hier betrachteten Kontakten ist ein Auftreffen oder Abheben der Teile möglich. Damit ergeben sich Möglichkeiten zur Analyse von Aufpralltests, Reibungseffekten, Spiel oder Toleranzen.

Abhebende oder auftreffende Kontakte spielen bei dynamischen Aufgaben oft eine Rolle.

2.3.1.1 Aufgabenstellung

In dieser Lernaufgabe soll eine Simulation erstellt werden, die zeigt, wie ein Rad des Rak2 aus einer gewissen Höhe losgelassen und aufgrund der Erdanziehungskraft beschleunigt wird. Es stößt gegen mehrere Treppenstufen und bleibt schließlich auf einer Ebene liegen.

Schließlich soll die Bewegungsspur aufgezeichnet werden, die das Rad während des Falls beschreibt.

2.3.1.2 Vorbereitungen

Zunächst sind einige Vorbereitungen zu tätigen. Diese Dinge sind im Wesentlichen schon aus den bisherigen Beispielen bekannt:

↳ Laden Sie aus dem Rak2-Verzeichnis die Datei „vr_rechts", die das rechte Vorderrad des Rak2 sowie die zugehörigen Teile der Bremse enthält.

↳ Schalten Sie in die Anwendung „Kinematik" 🔺 (Motion Simulation), und erzeugen Sie im Motion Navigator eine Simulationsdatei.

↳ Den anschließend erscheinenden „Assistent: Kinematikverbindung" (Motion-Joint Wizard) brechen Sie mit „Cancel" ab.

↳ Prüfen Sie in der „Umgebung" 🖼 (Environment) nach, ob die Einstellung auf „Dynamik" und nicht auf „Kinematik" steht, damit die Berechnung unbestimmter Freiheitsgrade ermöglicht wird.

↳ Stellen Sie weiterhin sicher, dass die Richtung der Schwerkraft in die positive y-Richtung zeigt, indem Sie die Voreinstellungen für Motion (Preferences, Motion) unter „Gravitationskonstanten" (Gravitational Constants) kontrollieren.

Durchzuführende Schritte für die Lernaufgabe

Als Nächstes soll die Umgebungsgeometrie importiert werden. Nach Belieben können Sie jedoch auch die Umgebungsgeometrie selbst erstellen. Falls Sie die Geometrie nun selbst erstellen wollen, schalten Sie in die Anwendung „Konstruktion" und führen die Erstellung durch. Falls Sie die vorbereitete Geometrie nutzen wollen, die in dem Part „umgebung1.prt" vorliegt, so gehen Sie folgendermaßen vor:

↳ Schalten Sie in die Anwendung „Konstruktion" 🖫 (Modeling), und

↳ wählen Sie die Funktion „Datei, Importieren, Teil..." (File, Import, Part...).

↳ Im nächsten Menü bestätigen Sie alle Einstellungen mit „OK", und es erscheint der Dialog zur Dateiauswahl.

↳ Hier wählen Sie im Verzeichnis des Rak2 die Datei „umgebung1.prt" und bestätigen mit „OK".

↳ Im nächsten Menü zur Bestimmung der Position bestätigen Sie die Position (0,0,0). Brechen Sie das Menü daraufhin ab.

Daraufhin wird die Geometrie in die Motion-Datei importiert und kann betrachtet werden (bildschirmfüllen).

2.3.1.3 Zuordnung von Masseneigenschaften

Bevor im nächsten Abschnitt die Bewegungskörper erzeugt werden, soll in dieser dynamischen Analyse die Zuordnung der Masseneigenschaften vorgenommen werden. Dies geschieht über Materialeigenschaften, die einem Volumen- oder Flächenkörper zugeordnet werden. Zusammen mit den geometrischen Eigenschaften, die ja aus der CAD-Geometrie schon vorliegen, ist das System in der Lage, die genauen Masseneigenschaften, d.h. Masse, Schwerpunkt und Trägheitseigenschaften, zu berechnen. Die Funktion, die hierfür systemintern genutzt wird, ist dieselbe, die dem Anwender auch explizit unter den Analysefunktionen zur Verfügung steht.

Nachfolgend werden diese Eigenschaften den Körpern in der Simulationsdatei zugewiesen. Damit wird jede sonstige evtl. bereits bestehende Material- oder Dichteinformation eines Körpers überschrieben. Falls ein Körper keine Material- oder Dichteinformation bekommt, so gilt nach Voreinstellung die Dichte von Stahl.

Jedoch ist es auch möglich und sinnvoll, die Materialinformation nicht erst in der Simulationsdatei, sondern bereits im Einzelteil zuzuordnen. Dies hat den Vorteil, dass die Information in jeder Baugruppe und jeder Simulationsdatei zur Verfügung steht, in der dieses Teil eingebaut wird.

Die Masseneigenschaften jedes Bewegungskörpers berechnet das System über die zugewiesene Dichte und das Volumen.

Wenn die Materialinformation nicht nur die Dichte, sondern auch beispielsweise den Elastizitätsmodul und die Querkontraktionszahl enthält, hat diese Methode sogar den Vorteil, dass unterschiedliche Anwendungen wie Finite-Elemente-Analyse und Mehrkörpersimulation gleichzeitig unterstützt werden können.

Die Funktionalität im NX-System zum Erzeugen und Manipulieren von Materialeigenschaften ermöglicht die Auswahl von Materialien aus einer Bibliothek sowie die Definition von eigenen Materialeigenschaften.

Um in der Simulationsdatei ein selbst definiertes Material mit den Dichteeigenschaften von Gummi dem Reifen zuzuordnen, gehen Sie folgendermaßen vor:

↳ Wählen Sie in der Menüleiste unter „Werkzeuge" (Tools) die Funktion „Materialeigenschaften" (Material Properties).

↳ Im Feld „Name" tragen Sie den Materialnamen, beispielsweise „Gummi", ein und unter „Dichte" (Density) den Wert 1.3e-006 Kg/mm^3.

↳ Bestätigen Sie mit „Apply". Das Material wird nun erzeugt.

↳ Für die Zuordnung selektieren Sie im Grafikfenster die Reifengeometrie und bestätigen mit „OK". Damit sind die Dichte und das Material zugeordnet.

Um für die restlichen Teile die Eigenschaften von Stahl zuzuordnen (aus der Bibliothek), gehen Sie folgendermaßen vor:

Das NX-System verfügt über eine Bibliothek von Standardmaterialen.

↳ Wählen Sie in der Funktion „Materialeigenschaften" die Funktion „Bibliothek" (Library), und

↳ bestätigen Sie im nächsten Menü die Suchkriterien so, wie sie voreingestellt sind, d.h., die Kategorie ist auf „Metalle" und der Typ auf „Isotrop" eingestellt.

Es folgt die Darstellung der gefundenen Treffer aus der Datenbank. Die Abbildung zeigt die gefundenen Treffer der Standardbibliothek des NX-Systems.

- ↳ Selektieren Sie nun den gewünschten Materialtyp, in unserem Fall den Eintrag „Stahl" (Steel), und

- ↳ bestätigen Sie mit „OK".

- ↳ Daraufhin wird das Material in den Materialeditor übernommen, und Sie können es, wie vorher auch, allen restlichen Körpern zuordnen.

Falls kein Material zugeordnet wird, nimmt das NX-System die Dichte von Stahl an.

Dieser zweite Schritt des Zuordnens von Stahl ist aufgrund der generellen Voreinstellung für Stahl nicht unbedingt erforderlich.

Die Materialdatenbank des NX-Systems kann auch angepasst und beispielsweise mit zusätzlichen Materialien versehen werden. Dazu gibt es in der Installation des NX-Systems eine Datei mit dem Namen „phys_material.dat", die alle Definitionen enthält und die mit einem Texteditor bearbeitet werden kann. Die erforderliche Syntax ist in der Datei selbst beschrieben.

2.3.1.4 Definition der Bewegungskörper (Links)

Die Definition von Bewegungskörpern ist einfach, wenn es sich um Volumenkörper handelt, denen bereits Materialeigenschaften zugeordnet worden sind.

Prinzipiell wäre in diesem Beispiel lediglich ein Bewegungskörper (Link) für das Rad erforderlich. Die Umgebungsgeometrie bewegt sich nicht, daher bräuchte für sie auch kein Bewegungskörper zu existieren. Jedoch braucht jeder Mechanismus mindestens einen Bewegungskörper, der über ein Gelenk (Joint) mit der festen Umgebung verbunden ist, um berechnet werden zu können. Nachdem das Rad frei im Raum schweben soll und daher kein Gelenk bekommen wird, fehlt zunächst dieses fixierende Gelenk zum Boden. Aus diesem Grund soll die Umgebungsgeometrie nun doch als Bewegungskörper definiert und durch ein fixes Gelenk mit der festen Umgebung verbunden werden. Optional könnte auch an irgendeiner anderen Stelle ein Gelenk zum Boden zugefügt werden.

Gehen Sie für die Definition des Bewegungskörpers für das Rad folgendermaßen vor:

- ↳ Schalten Sie in die Anwendung „Kinematik".

- ↳ Wählen Sie die Funktion zum Erzeugen von „Bewegungskörpern" (Link),

⮑ stellen Sie den Filter auf „Komponente", und

⮑ selektieren Sie einen beliebigen Körper, der zu dem Rad gehört.

⮑ Um nun die gesamte Baugruppe des Rades zu selektieren, wählen Sie den Schalter „Eine Stufe nach oben" (Up One Level). Hiermit wird die nächsthöhere Baugruppe der Selektion zugefügt.

⮑ Bestätigen Sie mehrmals mit „OK", und der Bewegungskörper wird erzeugt.

Ein Bewegungskörper kann gleich mit der festen Umgebung verbunden werden.

Bemerken Sie, dass die Erstellung dieses Bewegungskörpers einige Zeit beanspruchen kann, weil es sich um komplexe Geometrie handelt und die Masseneigenschaften daher entsprechend aufwändig zu berechnen sind.

⮑ Erzeugen Sie nun den „Bewegungskörper" ✎ (Link) für die Umgebungsgeometrie.

⮑ Stellen Sie den Filter bei der Geometrieauswahl diesmal auf „Volumenkörper" (Solid Body), und selektieren Sie die Umgebungsgeometrie.

⮑ Um diesen Bewegungskörper sofort mit einem Festgelenk zu versehen, das ihn mit dem Boden verbindet, aktivieren Sie im Menü den Schalter „Verbindung korrigieren[2]" (Fix the Link).

⮑ Bestätigen Sie mehrmals mit „OK", und der Bewegungskörper wird erzeugt.

Nun sind beide Bewegungskörper erzeugt, und es besteht ein Gelenk zur festen Umgebung. Nach Belieben können Sie einen dynamischen Testlauf durchführen, bei dem das Rad durch die Umgebungsgeometrie hindurchfallen wird, weil noch kein Kontaktelement definiert wurde. Dieses Kontaktelement wird in den beiden nachfolgenden Abschnitten diskutiert und durchgeführt.

2.3.1.5 Funktionsweise des 3D-Kontakt

Mit Hilfe des Features 3D-Kontakt ⬚ kann das Kollisionsverhalten zweier Körper modelliert werden. Dieser Kontakt kann zwischen zwei bewegten oder auch zwischen einem bewegten und einem unbewegten Umgebungskörper stattfinden.

Wenn ein 3D-Kontakt im Motion-Modell enthalten ist, muss das System die Bewegung in viele kleine Teile unterteilen. Es werden dabei sogar über die vom Anwender vorgegebene Zahl von Schritten noch weitere Unterteilungen vorgenommen. Daher muss bei Vorhandensein eines 3D-Kontakts im Modell mit erheblich größeren Rechenzeiten gerechnet werden.

Die Bewegung wird in kleine Schritte unterteilt.

---

[2] Irreführende Übersetzung für „Bewegungskörper fixieren"

Während eines jeden Schritts müssen die beteiligten Flächenpaare bezüglich ihres Kontaktverhaltens geprüft werden. Falls ein Kontaktflächenpaar dabei Durchdringung aufweist, berechnet das System sofort Kontaktrückstellkräfte sowie weitere Kräfte, die für das Reibverhalten verantwortlich sind. Beim nächsten Rechenschritt sorgen diese Kräfte dafür, dass die beiden beteiligten Körper an weiterer Durchdringung gehindert werden sowie dass möglichst realistische Reibkräfte entstehen.

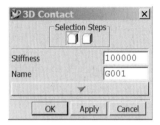

Kontaktkörper 1 und 2

Kontaktsteifigkeit K

weitere Optionen

Die grundlegende Gleichung zur Berechnung der Kontaktrückstellkräfte F ist:

$$F = K \cdot x^e$$

Die Kontaktrückstellkräfte werden über eine nichtlineare Beziehung berechnet.

Dabei ist K die „Steifigkeit" (Stiffness), x die Durchdringung und e der Kraftexponent für nichtlineare Kontaktsteifigkeit (Force Exponent). Der Steifigkeitswert und Kraftexponent können vom Anwender geändert und so der Realität angepasst werden, jedoch existieren Voreinstellungen für diese Parameter, die in vielen Fällen zunächst einmal genutzt werden können. Um realistischere Ergebnisse zu erhalten, müssen diese Parameter beispielsweise durch Messungen an Versuchen abgeglichen werden.

Bei der Kontaktrechnung kommt es zu kleinen Überschneidungen, weil die Bewegungskörper nicht flexibel sind.

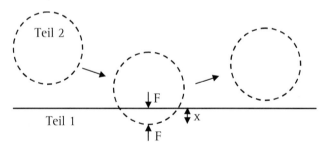

Zu den Kontaktrückstellkräften kommen, um das Kontaktverhalten noch realistischer beschreiben zu können, Reibungs- sowie Dämpfungskräfte hinzu, die nachfolgend beschrieben werden.

2.3.1.6 Funktionsweise der Reibung am 3D-Kontakt

Bei der Reibung wird nach dem Coulomb'schen Modell vorgegangen, und es werden Reibkräfte berechnet, die aus der Andruckkraft zwischen den beiden Bauteilen und einem vom Anwender definierbaren Reibbeiwert μ ermittelt werden. Die Reibbeiwerte ergeben sich aus einem Beiwert für Haftreibung und einem für Gleitreibung.

Entsprechend der Abbildung müssen darüber hinaus noch die zwei Geschwindigkeiten „Statische Reibungsgeschwindigkeit" (Stiction Velocity) und „Reibungsgeschwindigkeit" (Friction Velocity) angegeben werden, die vom System folgendermaßen angewandt werden:

Die kleinere Geschwindigkeit muss die „Stiction Velocity" sein. Diese gibt an, bis zu welcher Geschwindigkeit der Haftkoeffizient gelten soll. Die größere Geschwindigkeit muss die „Friction Velocity" sein. Diese gibt an, ab welcher Geschwindigkeit der Gleitreibungskoeffizient gelten soll. Zwischen den beiden Geschwindigkeitswerten bleibt ein Geschwindigkeitsbereich, in dem der Reibbeiwert vom Haft- zum Gleitbeiwert überführt wird.

Die Reibung wird nach dem Coulomb'schen Gesetz berechnet.

Die beiden Geschwindigkeiten sollten nicht zu eng beieinander gewählt werden, weil sonst, aufgrund von sehr abrupt aufgebrachten Kräften, das Konvergenzverhalten der internen Berechnung gestört wird.

Für alle diese Reibparameter liegen Voreinstellungen vor, die in vielen Fällen zunächst einmal genutzt werden können.

2.3.1.7 Funktionsweise der Dämpfung am 3D-Kontakt

Dämpfungseigenschaften verringern die Geschwindigkeiten bei der Bewegung. Die Dämpfung kann vom Anwender durch Angabe eines „Kraftmodell" (Force Modell) definiert werden. Es stehen dabei die beiden Typen „Auswirkung" (Impact) und „Poisson" zur Verfügung.

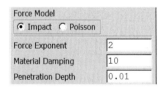

Für die Berücksichtigung von Dämpfung gibt es zwei verschiedene Modelle.

Beim Typ „Auswirkung" (Impact) werden ein Dämpfungswert „Material dämpfen" (Material Damping) und eine „Eindringtiefe" (Penetration Depth) angegeben. Der Dämpfungswert wird bei einem Eindringen nicht sofort voll aufgebracht, sondern sanft ansteigend, so dass er erst bei der vorgegebenen „Eindringtiefe" auf seinen vollen Wert angestiegen ist. Diese Methode wird angewandt, damit möglichst keine abrupten Kräfte aufgebracht werden, die das Konvergenzverhalten der internen Berechnung stören würden.

Der zweite Dämpfungstyp „Poisson" arbeitet auf Basis eines vorzugebenden „Restitution Koeffizienten". Dieser Parameter stellt den Energieverlust dar, der beim Kontakt auftritt. Ein Wert von null würde bedeuten, dass alle Energie verloren geht, es würde also kein Zurückspringen erfolgen. Ein Wert von eins bedeutet keinen Energieverlust, also vollkommen elastisches Verhalten beim Stoß. Im Fall des Poisson-Modells spielt daher auch der Kraftexponent für nichtlineare Kontaktsteifigkeit e keine Rolle.

2.3.1.8 Voreinstellungen für Kontakte und Genauigkeit

Unter den Voreinstellungen für Kinematik (Preferences, Motion) gibt es einige Parameter, anhand der die Berechnung von 3D- oder 2D-Kontakten beeinflusst werden kann. Diese Einstellungen wirken sich stark auf die Leistungsfähigkeit bei der Berechnung von Kontakten aus, jedoch sind sie auch für alle sonstigen Bewegungsanalysen von Interesse.

Voreinstellungen steuern das numerische Lösungsverfahren des Solvers.

- „*Maximale Schrittweite*" (Maximum Step Size): Dieser Wert kontrolliert das Schrittinkrement bei der numerischen Lösung der Differentialgleichungen durch den Solver. Der voreingestellte Wert von 0,001 zwingt den Solver, keine größeren Schritte zuzulassen. Falls es bei der Berechnung des Modells zu „Solver-Lock-Up"-Fehlermeldungen kommt, so kann dies die Folge von abrupt auftretenden Kräften sein, wie sie beispielsweise bei Kontakten vorkommen können. In diesem Fall wird empfohlen den Parameter „Maximum Step Size" zu reduzieren, damit

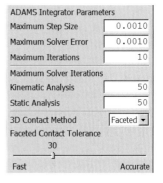

feinere Inkremente gerechnet werden, was jedoch zu höheren Rechenzeiten führt.

- „*Maximaler Solver-Fehler*" (Maximum Solver Error): Dieser Toleranzwert, der die Genauigkeit der berechneten Wege kontrolliert, kann verkleinert werden, um eine genauere Lösung zu erhalten, wobei wieder mit einem Anstieg der Rechenzeit gerechnet werden muss.

- „*3D-Kontaktmethode*" (3D-Contactmethod): Hier kann eingestellt werden, ob die Kontaktprüfung anhand der aktuellen Geometriebeschreibung „Precise" oder einer vereinfachten Darstellung „Facettet" durchgeführt werden soll. Die vereinfachte Methode arbeitet wesentlich schneller. Dabei kann der Grad der Vereinfachung über den Schieber „Facettierte Kontakttoleranz" eingestellt werden.

2.3.1.9 Erzeugung eines 3D-Kontakts

Ein 3D-Kontakt wird jeweils zwischen zwei Volumenkörpern definiert. Falls an mehreren Volumenkörpern mit Kontakt gerechnet werden soll, so sind entsprechend mehrere 3D-Kontaktelemente in das Modell einzufügen. Dabei ist zu bedenken, dass jeder zusätzliche 3D-Kontakt die Rechendauer erheblich vergrößert. Auch sollte berücksichtigt werden, dass Kontaktelemente zwischen sehr komplexen Geometrien ebenfalls zu erheblichen Rechenverzögerungen führen.

Im Fall unseres Beispiels soll an zwei Stellen der Kontakt berücksichtigt werden: Einerseits zwischen dem Reifen und der Umgebungsgeometrie und andererseits zwischen dem Bremskörper und der Umgebungsgeometrie. Es sollen dabei, der Einfachheit halber, alle Voreinstellungen des Systems akzeptiert werden. Gehen Sie für die Erzeugung des ersten 3D-Kontakts folgendermaßen vor:

Der 3D-Kontakt wird zwischen zwei Volumenkörpern definiert.

↳ Rufen Sie die Funktion ⬚ auf, und

↳ selektieren Sie den Volumenkörper des Reifens.

↳ Schalten Sie dann im Menü des 3D-Kontakts auf den zweiten Selektionsschritt, und selektieren Sie den Volumenkörper der Umgebungsgeometrie.

↳ Bestätigen Sie mit „OK", und das Kontaktelement wird erzeugt.

Sie finden das Kontaktelement im Bewegungsnavigator unter der Gruppe „Force Objects". Hier können Sie das Element bei Bedarf manipulieren.

↳ Auf entsprechende Weise erzeugen Sie das Kontaktelement zwischen dem Bremskörper und der Umgebungsgeometrie.

2.3.1.10 Animation der Ergebnisse

↳ Nach Belieben können Sie nun die Berechnung der Ergebnisse mit der Funktion „Animation" ⬚ durchführen.

↳ Verwenden Sie dazu eine möglichst realistische Simulationszeit von beispielsweise fünf Sekunden und eine Schrittanzahl von beispielsweise 300.

Bedenken Sie, dass die Berechnung, je nach Konfiguration der Hardware, einige Minuten in Anspruch nehmen kann.

Die Berechnung der Simulation kann bei Kontakten erheblich länger dauern.

2.3.1.11 Erzeugung einer Bewegungsspur

Um eine Spur der Bewegung zu erzeugen, ist es beispielsweise sinnvoll, einen Punkt in der Mitte des Rades während der Bewegung aufzuzeichnen. Jedoch wäre es auf entsprechende Weise ebenfalls möglich, einen ganzen Volumenkörper oder eine sonstige Geometrie aufzuzeichnen. Nachfolgend soll ein Punkt in der Radmitte erzeugt werden, der zunächst dem Bewegungskörper des Rades zugeordnet wird, damit er sich mit dem Rad mitbewegt. Daraufhin wird der Punkt als Zeichenobjekt definiert und in der Animation aufgezeichnet. Gehen Sie für diese Methode folgendermaßen vor:

↳ Erzeugen Sie einen gewöhnlichen Punkt etwa in der Mitte des Rades anhand der Funktion der Menüleiste „Einfügen, Bezugspunkt, Punkt..." (Insert, Datum/Point, Point...) ⬚.

Fügen Sie nun den neuen Punkt dem Bewegungskörper des Rades zu:

↳ Selektieren Sie den Bewegungskörper im Bewegungsnavigator, und wählen Sie im Kontextmenü die Funktion „Bearbeiten" (Edit).

↳ Im erscheinenden Erzeugungsdialog wählen Sie den ersten Selektionsschritt, der für die Geometrieauswahl verantwortlich war, und selektieren den Punkt.

↳ Bestätigen Sie mit „OK", und der Punkt wird zugefügt.

↳ Wählen Sie dann die Funktion „Zeichne" 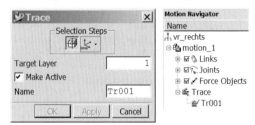 (Trace) unter der Funktionsgruppe für geometrische Berechnungen.

Ein Objekt für die Aufzeichnung wird im Navigator angezeigt.

↳ Selektieren Sie nun den neu erstellten Punkt, und

↳ bestätigen Sie das Menü mit „OK".

Es wird ein Trace-Objekt in den Bewegungsnavigator eingefügt.

↳ Rufen Sie nun die Animationsfunktion 🖾 auf, um eine Bewegung durchzuführen.

↳ Unter den erweiterten Optionen des Menüs der Animation finden Sie nun unter der Gruppe „Optionen für geom. Berechnung" (Packaging Options) den Schalter zum Aktivieren des Trace-Objekts. Diesen schalten Sie ein.

↳ Nun lassen Sie mit der Funktion „Spiel" ▶ (Play) die Bewegung durchlaufen.

Es wird bei jedem Bewegungsschritt einmal der Punkt aufgezeichnet, und daher ergibt sich die gewünschte Spur.

3 Design-Simulation (FEM)

Mit Design-Simulation kann der Konstrukteur Einzelteile und Baugruppen, die in 3D konstruiert wurden, strukturmechanisch analysieren. Er kann dabei schon in frühen Konstruktionsphasen Kenntnisse über die Eigenschaften seines Produkts erlangen, die sonst erst am Prototyp gefunden werden könnten. So bleibt bis zum Bau des Prototypen noch genügend Zeit für die Korrektur von Fehlern.

Einsatzszenarien und Nutzen von Design-Simulation in der Praxis

Mit Design-Simulation können statische Strukturanalysen, Berechnungen der Eigenfrequenzen, Knick- und Thermotransferanalysen durchgeführt werden. Kennzeichen des NX-Werkzeugs Design-Simulation ist, dass dabei keine besonderen Abstraktionen beispielsweise durch Schalen- oder Balkenvernetzungen vorgenommen werden. Vielmehr wird direkt mit der vorhandenen 3D-Geometrie des CAD-Modells und automatischen Tetraedervernetzungen gearbeitet, lediglich kleine Formelemente werden entfernt. Die Analysen bewegen sich stets im Bereich linearer FEM, daher sind sie relativ einfach durchzuführen und zu interpretieren.

Durch solche Arten von Analysen erhält der Konstrukteur einerseits ein besseres Verständnis für seine Konstruktion, indem beispielsweise der Kraftfluss in einem Bauteil dargestellt wird. Sehr leicht sind auch A-B-Vergleiche möglich, bei denen neue Konstruktionen mit ehemaligen Teilen verglichen werden. Selbstverständlich können Bauteilverformungen und Spannungen abgeschätzt werden. Andererseits können auch genauere Spannungs- und Verformungsergebnisse berechnet werden, wie sie beispielsweise für Festigkeitsnachweise benötigt werden. Dafür ist jedoch die manuelle Steuerung der Vernetzung und die eingehendere Kontrolle der Randbedingungen erforderlich, was gewisse Erfahrungen des Anwenders erfordert.

Einfache FEM-Analysen helfen bei A-B-Vergleichen und zur Verbesserung des Verständnisses.

In vielen Fällen können Randbedingungsgrößen für FEM-Analysen gefunden werden, indem vorher Bewegungsanalysen mit den massebehafteten Körpern durchgeführt werden. Beispielsweise seien Beschleunigungen und Lagerreaktionen genannt, die aus dynamischen Motion-Analysen hervorgehen.

Motion-Analysen sind oft FEM-Analysen vorangestellt.

Weil die erzeugten Dateiformate von Design-Simulation kompatibel zu Advanced-Simulation sind, können begonnene Aufgaben in dem weiterführenden Werkzeug fortgesetzt werden. Dies könnte der Fall sein, wenn sich herausstellt, dass nichtlineare Effekte wie abhebende oder auftreffende Kontakte, plastisches Materialverhalten oder große Verformungen berücksichtigt werden müssen.

Anwender von Design-Simulation sollten in der Modellierung von Einzelteilen und Baugruppen mit dem NX-System vertraut sein. Die Beispiele dieses Buchs setzen zwar auf fertigen Baugruppen auf, jedoch müssen hin und wieder einfache Geometrieelemente erzeugt oder manipuliert werden. Außerdem wird grundsätzlich im Baugruppenkontext gearbeitet. Darüber hinaus sollten mechanische Grundlagen bzgl. Spannungen, Verformungen und der Bewertung dieser Größen bekannt sein, da diese Dinge im Buch lediglich gestreift werden. Weitergehende Vorkenntnisse sind jedoch nicht erforderlich.

Inhalte des Kapitels

In dem nachfolgenden Einführungskapitel werden Theorie, Grenzen, spezielle Effekte und Regeln linearer FEM dargestellt. Daraufhin folgen Lernaufgaben zur linearen FEM, die mit einem Grundlagenbeispiel zur Statik beginnen. Dieses Beispiel sollte von allen Lesern durchgearbeitet werden, weil die hier erläuterten Prinzipien bei allen weiteren Lernaufgaben wichtig sind. Die zweite Aufgabe stellt einfache Thermotransferanalysen dar.

3.1 Einführung

Mit Design-Simulation können mechanische Aufgaben der Strukturmechanik gelöst werden. D.h., die betrachteten Körper sind flexibler Natur und können daher deformieren. Dieses Gebiet wird Strukturmechanik genannt und wird üblicherweise mit FEM-Programmen (Finite-Elemente-Methode) berechnet. Statt flexiblen Körpern wird eher allgemein von Strukturen gesprochen. Damit kann auch die in Design-Simulation mögliche Analyse von stationären Temperaturfeldern in diese Klasse eingeordnet werden.

Unterteilung der Mechanik in drei Teile

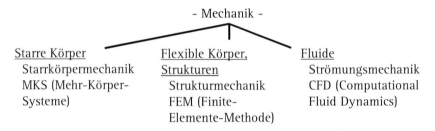

Innerhalb der Strukturmechanik können mit Design-Simulation Aufgaben zu linearer Statik, Eigenfrequenzen, Thermotransfer und linearem Beulen gelöst werden.

Klassifikation der Möglichkeiten

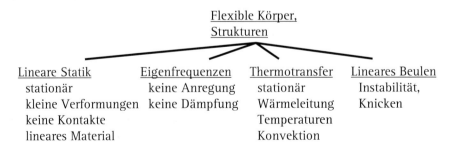

Nachfolgend werden die vier Typen in eigenen Unterkapiteln erläutert. Weil linear statische Analysen zu den wichtigsten Aufgaben bei CAD-integrierten FEM-Berechnungen gehören, soll hierauf insbesondere eingegangen werden.

3.1.1 Lineare Statik

Kennzeichen der Statik ist, dass Bauteile eingespannt und mit Kräften, Drücken, Momenten, aufgezwungenen Verformungen oder Temperaturlasten beaufschlagt werden. Berechnet werden die Verformungen, Dehnungen und Spannungen, wobei es sich stets um den ruhenden, d.h. von der Zeit unabhängigen Zustand, handelt.

Lineare Statik dagegen lässt sich dadurch charakterisieren, dass während der Berechnung keine Änderungen an den Randbedingungen und an der Steifigkeit des Teils auftreten dürfen. Was dies genau bedeutet, wird in den weiteren Ausführungen dieses Kapitels noch genauer erklärt. Im Fall der linearen Statik kann immer das Superpositionsprinzip angewandt werden. D.h., die Ergebnisse von verschiedenen Lastfällen lassen sich überlagern.

Kennzeichen der Statik und der linearen Statik

Das Vorgehen bei der Lösung von linear statischen Aufgaben mit einem FEM-Programm ist üblicherweise das folgende:

- Nachdem die 3D-Geometrie in dem CAD-System erstellt wurde, ist der nächste Schritt die

- *Idealisierung*, d.h. die Entfernung von unrelevanten Formelementen oder die Unterteilung von Flächen für spätere Randbedingungen. Im nachfolgenden Schritt erfolgen die

- *Vernetzung* der Geometrie mit finiten Elementen und die Zuordnung von Materialeigenschaften. Die Zuordnung von Materialeigenschaften kann jedoch auch schon bei der reinen Geometrie erfolgen. Weitere Schritte betreffen die

- Definition der *Einspannbedingungen* und der *Lasten*.

- Damit ist das Modell aufgebaut und kann *gelöst* werden.

- Abschließend werden die *Ergebnisse* ausgewertet, gegebenenfalls wird die Konstruktion geändert und erneut analysiert.

Prozess der FEM

Geometrie erstellen ⟩⟩ Geometrie idealisieren ⟩⟩ Vernetzen, Material zuordnen ⟩⟩ Einspann-bedingung, Lasten ⟩⟩ Lösen ⟩⟩ Auswerten der Ergebnisse

Programmintern werden die finiten Elemente gemeinsam mit den Einspannbedingungen zu einem Steifigkeitsmodell des Körpers verarbeitet. Dies wird erreicht, weil die Einzelsteifigkeitseigenschaften eines finiten Elements theoretisch vorliegen. Ein einfachstes Element, das sich zur Anschauung eignet, ist ein Federelement, das durch einen einzigen Steifigkeitswert k beschrieben wird. Die Gleichung $k \cdot u = F$ dient dann zur Berechnung der unbekannten Verschiebung u aus der Steifigkeit k und der Knotenkraft F.

$k\,u = F$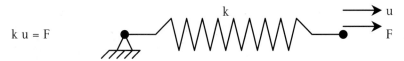

Prinzip der linearen FEM

Einzelsteifigkeiten finiter Elemente können mit Hilfe entsprechender Algorithmen zur Gesamtsteifigkeit des Bauteils zusammengesetzt werden. Dabei stellen die Verschiebungen der Knoten der finiten Elemente die gesuchten Freiheitsgrade u_1, u_2 … dar. Die Steifigkeit wird daher in Form einer Matrix, der Steifigkeitsmatrix dargestellt.

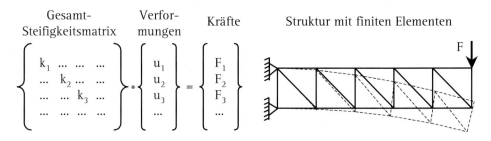

Reale Einspannbedingungen werden in Knotenfreiheitsgrade übersetzt.

Einspannbedingungen werden immer an den Knoten der finiten Elemente vorgegeben. Reale Randbedingungen der Wirklichkeit müssen dabei vom Anwender in Freiheitsgrade der Knoten übersetzt werden. Eine fixe Einspannung an einer Fläche beispielsweise hält alle Freiheitsgrade an den Knoten der Fläche fest. Eine gleitende Randbedingung dagegen hält die Knoten nur in der Richtung senkrecht zur Fläche fest.

Lasten werden auf die Knoten verteilt.

Wie auch die Einspannbedingungen müssen auch die realen Lasten der Wirklichkeit in Knotenlasten der finiten Elemente übersetzt werden. Beispielsweise wird eine Flächenlast von 50 N in viele einzelne Kräfte an den beteiligten Knoten der Fläche unterteilt, die gemeinsam in 50 N resultieren. Entsprechend wird eine Gravitationslast oder Fliehkraft derart in Einzelkräfte aufgeteilt, dass jeder Knoten des ganzen Bauteils einen Anteil davon bekommt.

Also ergeben sich eine Steifigkeitsmatrix, ein Kraftvektor mit den Knotenkräften und ein Vektor mit den unbekannten Knotenverschiebungen. Diese drei Komponenten bilden ein lineares Gleichungssystem, das aufgelöst werden kann, und daher ergeben sich als primäre Ergebnisgrößen der linearen FEM die Verschiebungs- bzw. Verformungswerte an jedem Knoten.

Wenn die Verformungen an dem Bauteil bekannt sind, kann über den Zwischenschritt der Dehnungen auf die vorliegenden Spannungen geschlossen werden. Dehnung ist als Änderung der Länge geteilt durch die originale Länge definiert und lässt sich daher aus den Verformungsgrößen an jedem Punkt ermitteln. Aus den Dehnungen wird mit Hilfe eines Materialgesetzes auf die Spannungen geschlossen. Bei der linearen FEM wird immer das Hook'sche Gesetz verwendet, das einen linearen Zusammenhang zwischen Dehnung und Spannung vorsieht. Auf diese Weise können schließlich die Spannungen an jedem Punkt ermittelt werden.

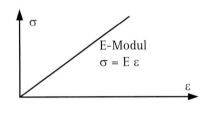

Die lineare FEM verwendet das Hook'sche Gesetz.

Wichtigstes Kennzeichen der linearen FEM ist, dass die Steifigkeit der Struktur auf Basis der unverformten Geometrie ermittelt und unveränderlich in der Steifigkeitsmatrix eingetragen wird. Die lineare Methode hat den Vorteil der Einfachheit und Schnelligkeit, und in sehr vielen Fällen lassen sich damit geeignete Ergebnisse erzielen.

Lineare Berechnungen führen zwangsläufig zu einem Ergebnis, nichtlineare Berechnungen nicht unbedingt, die können instabil werden, das Ergebnis muss iterativ ermittelt werden und kann dabei divergieren. Inzwischen gibt es allerdings nichtlineare Berechnungsmethoden, die sehr stabil funktionieren, und der Berechner braucht sich nicht um die Stabilisierung des Iterationsprozesses zu kümmern.

3.1.1.1 Nichtlineare Effekte

Es ergeben sich jedoch klare Grenzen der linearen FEM, die auf dem erwähnten Kennzeichen beruhen. Es handelt sich um die Grenzen zu nichtlinearen Aufgabenstellungen, die nicht vernachlässigt oder missverstanden werden dürfen, daher werden sie nachfolgend erläutert.

Die technisch wichtigsten Grenzen der linearen FEM lassen sich in die drei Klassen nichtlinearer Kontakt, nichtlineares Material und große Verformungen unterteilen.

Es gibt drei Klassen von Nichtlinearitäten.

Kontakt-Nichtlinearität

Charakteristisch für Kontakt-Nichtlinearitäten ist, dass sich bei unterschiedlicher Verformung unterschiedliche Lagerbedingungen ergeben. Als Folge ändert sich die Steifigkeit des realen Bauteils während der Verformung sehr abrupt.

Wenn sich während der Verformung die Randbedingungen ändern, liegt nichtlineares Verhalten vor. Dies passiert bei Kontakten.

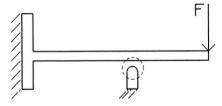

Die lineare FEM kann dies nicht berücksichtigen, weil immer die Steifigkeit der ursprünglichen Geometrie verwandt wird. Diese Einschränkung der linearen FEM führt bei vielen Aufgabenstellungen mit Baugruppen zu erheblichen Schwierigkeiten. Solche Kontakte lassen sich in Design-Simulation nicht berechnen, wohl aber in der weiterführenden Advanced-Simulation.

Nichtlineares Material

Wenn das Hook'sche Gesetz nicht gilt, liegt nichtlineares Material vor.

Wenn die Spannungen nicht proportional mit den Dehnungen anwachsen, liegt nichtlineares Materialverhalten vor. Dies kommt beispielsweise bei Stahl vor, wenn die Spannungen in den plastischen Bereich reichen. Die lineare FEM kann lediglich elastische Spannungen berechnen. In den meisten Fällen reicht dies jedoch aus, weil plastische Verformungen meist unerwünscht sind und in der linearen FEM daran erkannt werden können, dass die Spannungen über die elastische Grenze des Materials hinausgehen. Jedoch gibt es auch Materialien, beispielsweise manche Kunststoffe, die vor allem auch im elastischen Bereich nichtlineares Spannungs-Dehnungsverhalten zeigen. Solche Werkstoffe lassen sich ebenfalls nur in Advanced-Simulation berechnen.

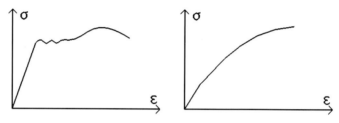

Große Verformungen

Wenn das verformte Bauteil unterschiedliche Steifigkeit hat, liegen nichtlineare, große Verformungen vor.

Wenn die Verformungen des Bauteils so groß werden, dass sich die Steifigkeitsmatrix und der Verformungsvektor in der verformten Lage erheblich von den Größen des unverformten Modells unterscheiden, wird von großen Verformungen gesprochen. Die lineare FEM, die ja mit den Größen des unverformten Modells arbeitet, wird dann fehlerbehaftet sein.

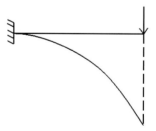

3.1.1.2 Einfluss der Netzfeinheit

Neben nichtlinearen Effekten, Lasten und Einspannbedingungen hat insbesondere die Netzfeinheit einen entscheidenden Einfluss auf die Ergebnisgenauigkeit einer FE-Analyse. Bei einem bestimmten zugrunde liegenden FE-Netz ist der Abstand des ermittelten zum exakten Ergebnis in der Regel unbekannt. Einige Programmsysteme bieten daher die Möglichkeit, quasi auf Knopfdruck das Netz doppelt so fein zu machen. Wird dann bei einer erneuten Rechnung festgestellt, dass es nur noch geringe Änderungen zur vorausgegangenen Rechnung gibt, so kann das erste Ergebnis quasi als ausreichende Näherung angesehen werden. Eine andere Möglichkeit besteht darin, eine höherwertige Ansatzfunktion für die Elemente zu verwenden.

Die Netzfeinheit beeinflusst das Ergebnis erheblich.

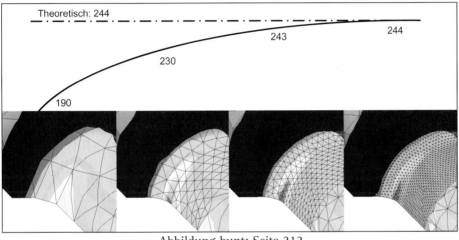

Abbildung bunt: Seite 313

Die Prüfung der Konvergenz hilft bei der Beurteilung der Genauigkeit.

In der Abbildung ist der Konvergenzverlauf dargestellt, der erhalten wird, wenn eine Vernetzung schrittweise verfeinert wird. In diesem Fall ist das exakte Spannungsergebnis aus einer analytischen Rechnung bekannt. Es können zwei Regeln bezüglich der Netzfeinheit und Spannungsergebnissen angegeben werden:

Regel 1: Mit feinerer Vernetzung werden Spannungsspitzen feiner aufgelöst. Daher steigen die FE-Spannungsergebnisse bei kleineren Elementgrößen an[3].

Regel 2: Die Spannungswerte nähern sich asymptotisch dem exakten Ergebnis an. Dieser Effekt wird als Konvergenz bezeichnet.

Daher ist es eine gängige Methode zur Verifikation der Genauigkeit einer FE-Analyse, den Unterschied der errechneten Spannungswerte zu vergleichen, der sich bei verschieden feiner Vernetzung aus der FE-Rechnung ergibt. Ein kleiner Unterschied deutet auf genaue Ergebnisse hin.

---

[3] Übrigens steigen die Spannungen immer von unten an, d.h., die FE-Struktur ist immer zu weich, mit steigender Netzfeinheit wird die FE-Struktur steifer, jedoch nie steifer als das exakte Ergebnis.

3.1.1.3 Singularitäten

Singularitäten sind Störungen des Kraftflusses am FE-Modell. Dies kommt in der Realität nicht vor. Daher verfälscht es die Ergebnisse.

In Zusammenhang mit der Genauigkeit und dem Konvergenzverhalten von FE-Berechnungen muss auch der Effekt von singulären Stellen beachtet werden. Singuläre Stellen sind Stellen, an denen der reale Kraftfluss im FE-Modell nicht korrekt abgebildet wird. Oftmals treten diese Stellen an Radien oder Kerben auf, die im CAD- und FE-Modell der Einfachheit halber weggelassen wurden. Wird so eine Kerbe unter Zug belastet, so ist der Kraftfluss gestört. Dies macht sich bei FE-Analysen dadurch bemerkbar, dass an dieser Stelle unrealistische Spannungsergebnisse berechnet werden.

In der Realität gibt es dieses Problem nicht. Perfekt scharfe Ecken bekommt der beste Schlossermeister nicht in das Werkstück hinein. Es gibt immer einen – wenn auch noch so kleinen – Radius. Außerdem werden örtlich begrenzte Spannungsspitzen durch mikroskopisch kleine plastische Verformungen sofort abgebaut. Dann würde aus einer hypothetischen, perfekt scharfen Ecke auch sofort ein Radius werden. Wir reden also über etwas, was es in Wirklichkeit gar nicht gibt, sondern nur an einem vereinfachten Modell der Realität, dem CAD- bzw. FEM-Modell.

Die Spannungsergebnisse steigen in so einem Fall mit feinerer Vernetzung immer weiter an, und die Konvergenz kann an dieser Stelle nicht nachgewiesen werden.

Einspannungen und Lasteinleitungen führen oft zu Störungen des Kraftflusses.

Ein weiterer wichtiger Fall von Störungen des Kraftflusses sind Einspannungen, die nicht realistisch abgebildet sind. Auch hier ist keine Konvergenz zu erreichen, und es wird von Singularitäten gesprochen.

Solche singulären Stellen sind in der Praxis meist nicht zu vermeiden. Der Anwender muss deswegen wissen, welcher Einfluss von ihnen ausgeht und wie sie zu beurteilen sind. Die Regel ist: Genau an der singulären Stelle dürfen keine Spannungsaussagen gemacht werden, an allen anderen Stellen schon.

3.1.2 Eigenfrequenzen

Mit Eigenfrequenzanalysen werden dynamisch beanspruchte Systeme untersucht. Sie geben dem Anwender die Möglichkeit, sich ein Bild von dem zu erwartenden Schwingungsverhalten zu machen.

Der Einmassenschwinger ist ein plausibles Beispiel für eine freie Schwingung.

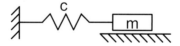

Ausgangspunkt ist die ungedämpfte Schwingungsdifferentialgleichung für freie Schwingungen. Der Parameter M beschreibt dabei die Masseneigenschaften, der Parameter K die Steifigkeitseigenschaften und u die Verschiebung:

$$\mathbf{M\ddot{u} + Ku = 0}$$

Am Beispiel des Einmassenschwingers mit der Steifigkeit c und der Masse m ergibt sich eine Eigenkreisfrequenz von:

$$\omega = \sqrt{\frac{c}{m}}$$

Die Kreisfrequenz ω ist dabei mit der Frequenz f über $\omega = 2\pi f$ verknüpft.

Das Ergebnis der Eigenfrequenzanalyse sind also die Frequenzen, bei denen eine Struktur ohne Einfluss von außen frei ausschwingt, nachdem sie kurz angestoßen wurde, z.B. ein klingendes Weinglas oder eine Stimmgabel.

Außerdem wird auch die Form der entstehenden Schwingung ermittelt. Da die Anregung gar nicht berücksichtigt wird, kann jedoch die Amplitude der Schwingung nicht ausgerechnet werden.

Aus der Gleichung können übrigens sofort Schlüsse für die Konstruktion gezogen werden: Oft ist es schwer, eine Eigenfrequenz an einem Bauteil zu verändern, denn sobald irgendwo Material weggenommen wird, verringert sich dort meist auch die Steifigkeit. Die Eigenfrequenz ändert sich dann kaum, weil, entsprechend der Gleichung, die Steifigkeit mit der Masse im Verhältnis steht. Die Kunst ist es also, die Steifigkeit ohne die Masse zu ändern oder umgekehrt. Dies erreicht man beispielsweise durch den Einsatz von zusätzlichen lokalen Massenpunkten.

Auch ein klingendes Glas oder eine Stimmgabel sind Beispiele für freie Schwingungen.

3.1.3 Thermotransfer

Bei Wärmetransportproblemen ist es die Aufgabe, die Verteilung der skalaren Temperatur T in einem Körper zu ermitteln. Aus dem Gradienten der Temperatur ergibt sich der Wärmestrom[4], der Übergang von Wärmeenergie vom wärmeren Ort zum kälteren. Diese Größe ist also für den „Wärmestau" verantwortlich und daher auch von Interesse für den Konstrukteur.

Berechnung der Temperaturverteilung im Bauteil

Die beschreibende Differentialgleichung ergibt sich aus einer Gleichung für die Beschreibung des Wärmeleitungseffekts, der Energiegleichung sowie einigen Annahmen zur Vereinfachung.

Als Materialgleichung für den Wärmestromvektor, bzw. den Effekt der Wärmeleitung wird das Fourier'sche Gesetz für isotrope Materialien eingesetzt:

$$h_i = -\kappa \frac{\partial T}{\partial x_i}$$

Demnach ist der Wärmestrom h proportional zum Temperaturgradient. Der Proportionalitätsfaktor ist die Wärmeleitfähigkeit κ.

---

[4] Man spricht auch von Wärmefluss.

Design-Simulation kann, im Gegensatz zu Advanced-Simulation, nur einfache Wärmeeffekte berücksichtigen.

In NX Design-Simulation wird von stationärem Wärmetransport ausgegangen. In Advanced-Simulation können dagegen auch komplexere Temperaturaufgaben gelöst werden. Unter Berücksichtigung der Energieerhaltungsgleichung, bei Annahme einer konstanten spezifischen Wärmekapazität c_p, sowie Vernachlässigung der Arbeit, die durch Druck und Reibungskräfte geleistet wird, ergibt sich mit q als Wärmequelle oder -senke die beschreibende Differentialgleichung:

$$\rho q + \frac{\partial}{\partial x_i}\left(\kappa\,\frac{\partial T}{\partial x_i}\right) = 0$$

Übliche Randbedingungen sind:

Randbedingungen bei einfachen thermischen Analysen

- Vorgabe der Temperatur T

- Vorgabe des Wärmestroms h

- Der Wärmestrom wird proportional zum lokalen Wärmetransport angenommen. Diese Randbedingung wird genutzt, um konvektiven Wärmeübergang zu beschreiben. Der Parameter α ist dabei der Wärmeübergangskoeffizient:

$$\kappa\,\frac{\partial T}{\partial x_i}\,n_i = \alpha\left(T_s - T\right)$$

Nach dem Lösen der Differentialgleichung mittels FEM sind die Temperaturen und Wärmeströme an allen Punkten ermittelt.

3.1.4 Lineares Beulen

Mit Hilfe der linearen Beulanalyse werden Knick- bzw. Beullasten sowie die zugehörigen Beulformen ermittelt. Eine Beullast ist die kritische Last, bei der eine Struktur instabil wird, und eine Beulform ist die zugehörige Form.

Beulen ist die Ursache für das Versagen von Bauteilen unter Drucklast, unter Zuglast macht eine solche Berechnung keinen Sinn. Würde man eine Struktur, die auf Druck beansprucht ist, nur statisch linear berechnen, bekäme man ein falsches Bild über die Festigkeit. Erst eine Beulanalyse zeigt, ob diese Struktur versagt oder nicht.

Beulgefahr besteht bei druckbeanspruchten Bauteilen.

In einer linear statischen Analyse wird angenommen, dass sich eine Struktur im stabilen Gleichgewicht befindet. Bei ansteigender Belastung geht die Verformung proportional hoch. Falls die Belastung entfernt wird, geht die Struktur dann immer wieder in die ursprüngliche Form zurück. Wenn eine Struktur instabil wird, bedeutet dies, dass die Verformung der Struktur zunimmt, ohne dass die Belastung weiter ansteigt. Die Belastung, ab der dieser Effekt auftritt, wird kritische Beullast genannt.

Wenn man einen instabilen Druckzustand mit einer linear statischen Analyse berechnet, wird die Instabilität nicht sichtbar, und die Ergebnisse führen zu falschen Schlüssen. Das Fehlen von Instabilität kann nur durch eine vorherige Beulanalyse sichergestellt werden.

Eine lineare Beulanalyse findet die Lastbedingungen, die eine Struktur instabil machen. Dies geschieht auf Basis einer Eigenwertanalyse. Dafür wird die Nastran-Lösungsmethode 105 verwendet.

3.2   Lernaufgaben lineare Analyse

3.2.1   Kerbspannung am Lenkhebel (Sol101)

Dieses erste Beispiel ist von grundlegendem Charakter und sollte daher von allen Lesern durchgearbeitet werden, die einen Einstieg in FEM-Berechnungen mit dem NX-System suchen. Dies gilt auch für Anwender, die später mit der weiterführenden „Advanced-Simulation" arbeiten werden. Diese Lernaufgabe zeigt die wesentlichen Schritte für eine FE-Analyse mit dem NX-System. Insbesondere aber wird auch die Bewertung behandelt, also die Frage, wie gut und wie genau die Ergebnisse einzuschätzen sind.

Dieses Grundlagenbeispiel sollte von allen späteren Anwendern durchgearbeitet werden.

Um die Genauigkeit der Ergebnisse zu beurteilen, werden in dieser ersten Analyse theoretische Werte herangezogen, die sich aus der DIN ergeben. Diese Vorgehensweise zur Bewertung ist selbstverständlich nur bei ausgesuchten Aufgabenstellungen möglich, beispielsweise bei Kerbspannungen einfacher Geometrien unter ganz klaren äußeren Lasten. Normalerweise ist in der Praxis das theoretische Ergebnis unbekannt, sonst wäre ja die FEM-Rechnung überflüssig. Für den Einsteiger in FEM soll dieser Vergleich Theorie/FEM dazu dienen, dass er Erfahrungen bzgl. der zu erwartenden Genauigkeit seiner späteren FE-Analysen entwickelt.

Für die Bewertung der Genauigkeit werden theoretisch exakte Ergebnisse herangezogen.

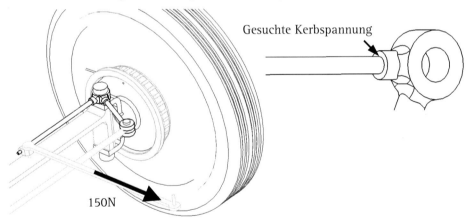

Gesuchte Kerbspannung

150N

Solche Erfahrungen lassen sich in vielen Fällen auf andere ähnliche Analysefälle übertragen, die durchaus komplexe Geometrien haben können. Sehr oft müssen z.B. Gussteile unter statischer Last analysiert werden. Die gefährlichen Spannungen treten dort meist in den Verrundungen auf. Mit den Erkenntnissen aus dieser Lernaufgabe kann abgeschätzt werden, wie die Vernetzung hier aussehen muss, damit die Fehler des FE-Ergebnisses beispielsweise kleiner 10% liegen werden.

Auf ähnliche Weise kann bei vielen anderen Aufgaben vorgegangen werden.

Außerdem wird in diesem Beispiel auf die wichtigen sonstigen Fehlerquellen hingewiesen, die bei linear statischen FE-Analysen auftreten können und die der FE-Anwender kennen und abschätzen können sollte.

Damit knüpft die Lernaufgabe auch an die vorher dargestellten theoretischen Prinzipien an und verdeutlicht sie an einem Beispiel, das aus dem Leben gegriffen ist.

3.2.1.1 Aufgabenstellung

In dieser Lernaufgabe wird der Lenkhebel des Vorderrads vom Rak2 analysiert (siehe Abbildung), der durch die Biegelast der Lenkstange beansprucht wird. Besonders gefährlich wäre z.B. die Situation, wenn das Rad festgehalten (z.B. liegt es am Bordstein an) und jetzt das Lenkrad eingeschlagen würde. Insbesondere an einem Absatz ist die Achse durch Kerbwirkung gefährdet, daher sollen hier die Spannungen gezielt berechnet werden.

Die Zugkraft von der Lenkstange wird für dieses Beispiel mit 150 N angenommen.

3.2.1.2 Laden und Vorbereiten der Baugruppe

↳ Laden Sie zunächst die Baugruppe „Opel_Rak2.prt", und verschaffen Sie sich einen Überblick über das Gesamtsystem, sowie die Struktur der Unterbaugruppen.

Der Lenkhebel, der uns interessiert, befindet sich in der Baugruppenstruktur an folgender Position:

OPEL_Rak2 → vr_lenkung → vr_lenkhebel_re.

Bei großen Baugruppen sollte eine geeignete Unterbaugruppe für die FEM-Analyse gewählt werden.

Sie könnten nun die Komponente „vr_lenkhebel_re" zum dargestellten Teil machen bzw. von vornherein nur dieses Bauteil laden und dann mit der FE-Analyse beginnen. In diesem Fall hätten Sie jedoch keine Zugriffsmöglichkeit auf Nachbarteile, wie z.B. das Lager. Evtl. brauchen Sie aber auch diese Nachbarteile in der Analyse, um z.B. deren Positionen für Randbedingungen zu übernehmen.

Der sicherste Weg ist es daher, von der obersten Baugruppe aus die Analyse durchzuführen, was jedoch dazu führt, dass stets die gesamte Baugruppe im Speicher des Rechners gehalten werden muss. Sie sollten daher als sinnvollen Kompromiss eine Unterbaugruppe zum dargestellten Teil machen, die einerseits alle evtl. benötigten Nachbarbauteile einschließt und andererseits möglichst klein ist.

In unserem Beispiel werden voraussichtlich keine Nachbarteile benötigt.

🖊 Daher machen Sie nun die Komponente „vr_lenkhebel_re.prt" zum dargestellten Teil.

🖊 Nach Belieben können Sie nun die restlichen Teile der Baugruppe schließen. Auf diese Weise entlasten Sie den Speicher Ihres Rechners.

3.2.1.3 Starten der FE-Anwendung und Erstellen der Dateistruktur

🖊 Zum Start der Anwendung wählen Sie „FEM – Finite-Elemente-Methode" 🏃 (Design-Simulation). Diese Anwendung finden Sie unter „Start, Alle Anwendungen" (Start, All Applications).

Auf diese Weise wird die FEM-Anwendung gestartet.

🖊 Es erscheint das Menü „New FEM and Simulation", das Sie zur Erzeugung einer neuen Simulation auffordert.

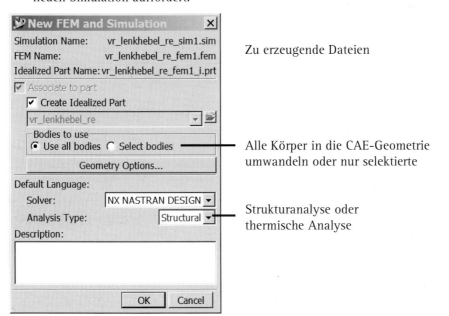

Zu erzeugende Dateien

Voreinstellungen, die in vielen Fällen akzeptiert werden können

Alle Körper in die CAE-Geometrie umwandeln oder nur selektierte

Strukturanalyse oder thermische Analyse

Eigens für FEM-Berechnungen erstellt das NX-System eine besondere Dateistruktur aus drei zusätzlichen Dateien. Bevor der Aufbau des Berechnungsmodells fortgesetzt wird, sollen einige Erläuterungen bzgl. dieser Datenhaltung gegeben werden.

Für FEM-Analysen wird eine Dateistruktur erstellt, die kompatibel zu Advanced-Simulation ist.

Dateistruktur bei Design- und Advanced-Simulation

Die nachfolgende Erklärung bzgl. der Dateistruktur ist bei den beiden Modulen „Design-Simulation" und „Advanced-Simulation" identisch. Simulationsdaten werden immer in drei separaten, aber miteinander assoziierten Dateien gehalten. Dazu kommt noch die Masterdatei, die das originale Bauteil enthält. Die Kennzeichnung der Dateien geschieht über die Endung.

Falls schon Simulationsdateien für dieses Master-Modell vorhanden sind (wahrscheinlich sind die originalen Lösungsdateien von der CD schon vorhanden), so benennt das System die neu zu erstellenden Dateien mit einem neuen Index. D.h., z.B. aus ...sim1 wird sim2.

Eine Datei ist für Veränderungen des Master-Modells, eine für die Vernetzung und eine für Randbedingungen und Lösungen.

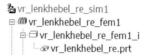

- Die Datei *vr_lenkhebel_re*.prt enthält das Masterpart. Hier wird die nicht modifizierte Partgeometrie gehalten. Das Masterpart wird niemals geändert, alle Geometrievereinfachungen werden dem idealisierten Part zugefügt. In der Anwendung „Advanced-Simulation" ist das Masterpart optional.

- Die Datei *vr_lenkhebel_re*_fem1_i.prt enthält das idealisierte Part. Das Masterpart ist mit dem idealisierten Part über eine Baugruppenstruktur verbunden. Im idealisierten Part können Geometrieabstraktionen des CAD-Modells vorgenommen werden. Das Masterpart wird in das idealisierte Part angehoben (promoted), sobald Änderungen am idealisierten vorgenommen werden.

- Die FEM-Datei *vr_lenkhebel_re*_fem1.fem enthält das FEM-Netz, also Knoten, Elemente, physikalische Eigenschaften sowie evtl. Materialeigenschaften. Alle Geometrien in der FEM-Datei (CAE-Geometrie) sind besonderer Art, es handelt sich um facettierte oder tesselierte Polygongeometrien der originalen Körper. FE-Vernetzungen und auch weitere Geometrievereinfachungen werden hier immer nur auf der Polygongeometrie vorgenommen. Dies bringt Vorteile in der Leistungsfähigkeit. Die FEM-Datei ist zu dem idealisierten Part assoziiert. Es können mehrere FEM-Dateien zu dem gleichen idealisierten Part vorgenommen werden.

- Die Simulationsdatei *vr_lenkhebel_re*_sim1.sim enthält schließlich alle weiteren Daten, die für die Simulation anfallen, wie Lasten, Randbedingungen, Lösungen, Lösungsschritte und weitere. Es können mehrere Simulationsdateien zu dem gleichen FEM-Part zugefügt werden.

Nun zurück zum aktuellen Menü „Neue FEM und Simulation" (New FEM and Simulation): Die Einstellungen „Analysetyp" und „Solver" sind Voreinstellungen für die später zu erzeugende Lösungsmethode. Die relevante Einstellung der eigentlichen Lösungsmethode erfolgt erst im nächsten Abschnitt.

↳ Daher bestätigen Sie nun mit „OK".

Das System erzeugt nun ein idealisiertes Part, eine FEM-Datei und eine Simulationsdatei. Dieser Vorgang dauert eine Weile, besonders dann, wenn komplexe Geometrien oder Baugruppen im Spiel sind, weil die Erstellung der Polygongeometrien aufwändig wird.

Die Simulationsdatei ist zunächst aktiv und fordert Sie auf, eine Lösungsmethode zu wählen, wie im nächsten Abschnitt erläutert wird.

3.2.1.4 Wählen der Lösungsmethode

Das nachfolgend erscheinende Menü „Lösung erzeugen" (Create Solution) beinhaltet grundlegende Einstellungen für die geplante Simulation. Der verfügbare Solver in der Design-Simulation-Anwendung ist der „NX Nastran Design", der lediglich solche FEM-Funktionalitäten enthält, die in der Konstruktion und konstruktionsnahen Umgebung sinnvoll eingesetzt werden können.

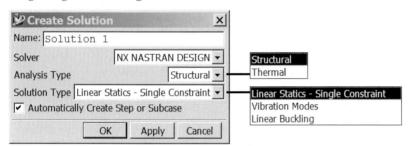

Die Lösungsmethode wird zu Beginn gewählt.

Diese Funktionalitäten können unter „Analysis Type" und „Solution Type" ausgewählt werden. Bei der Strukturanalyse gibt es

- die lineare Statik, d.h. die Berechnung von Spannungen und Verformungen aufgrund von Einspannungen und Lasten,

- die Eigenfrequenzanalyse (Vibration Modes) und

- die lineare Beulanalyse (Linear Buckling).

Bei dem thermischen Analysetyp gibt es keine weiteren Unterteilungen. Hier handelt es sich um die lineare Berechnung von stationären Temperaturfeldern. Vorgegeben werden Konvektionseigenschaften, vorgegebene Temperaturen oder Wärmeströme. Berechnet werden das ausgeglichene Temperaturfeld sowie der daraus resultierende Wärmestrom.

↳ Im Fall unseres Beispiels bestätigen Sie die Voreinstellung, d.h. lineare Statik, lediglich mit „OK".

3.2.1.5 Umgang mit dem Simulation-Navigator

Der Simulation-Navigator erscheint nun an oberster Stelle der Palettenleiste. Er bietet Optionen zum Erzeugen, Bearbeiten und Löschen von Simulationen sowie zum Wechseln zwischen ihnen. Darüber hinaus gibt es weitere Funktionen zum Erzeugen von FE-Features. Am einfachsten finden Sie die Möglichkeiten heraus, wenn Sie das Kontextmenü der jeweiligen Knoten betrachten. Nachfolgend werden die wichtigsten Funktionen der einzelnen Kontextmenüs erläutert.

Ein Navigator stellt die Struktur der Features und Dateien dar.

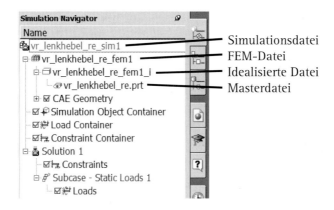

Simulationsdatei
FEM-Datei
Idealisierte Datei
Masterdatei

Navigation in der Dateistruktur

Jeder Knoten verfügt über ein Kontextmenü mit zugehörigen Funktionen.

Die vier obersten Knoten im Navigator stellen die vorher beschriebene Dateistruktur dar. Am Masterknoten, dem idealisierten Part sowie der FEM-Datei ist jeweils lediglich die Funktion „zum dargestellten Teil machen" (Make Displayed Part) verfügbar. Falls an der Mastergeometrie gearbeitet werden soll, wechseln Sie über diese Funktion in den Master, falls an der Geometrieidealisierung oder der Vernetzung gearbeitet werden soll, wechseln Sie in das entsprechende Part. Nachdem die Änderungen erfolgt sind, wechseln Sie wieder in die oberste Simulationsdatei. Das Wechseln zwischen den vier Dateien wird durch die „Simulationsdateiansicht" (Simulation File View) erleichtert, die im Navigator weiter unten verfügbar ist. Dies ist in der Abbildung dargestellt.

Im unteren Bereich des Navigators kann die Dateistruktur nochmals dargestellt werden. („Simulation File View")

Beispiel:
Arbeiten am
idealisierten Part.

Zugriffsmöglichkeit
auf die weiteren
Dateien.

Die „Simulationsdateiansicht" (Simulation File View) dient der einfachen Übersicht und bietet Zugriff auf die weiteren Dateien. Mit Doppelklick auf einen der Knoten wird dieser zum dargestellten Teil gemacht.

Der Knoten der Simulationsdatei

Der oberste Knoten zeigt die Simulationsdatei. Hier findet man die Möglichkeiten zum Erzeugen einer neuen Lösung (New Solution), zum Importieren einer Lösung (Import Results), zum Erzeugen eines Lösungsprozesses (New Solution Process) d.h. eine adaptive Lösung (Adaptivity), eine Ermüdungslösung (Durability) oder eine Parameteroptimierung (Optimization).

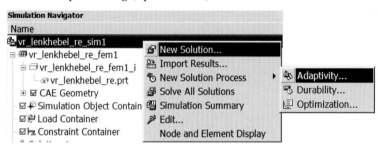

Am Simulationsknoten kann z.B. eine neue Lösung eingefügt werden.

Wichtig ist die Funktion zum Erzeugen einer neuen Lösung (New Solution). Sie erlaubt es in einer Simulationsdatei mehrere Lösungen zu verwalten, die beispielsweise mit der gleichen Geometrie bzw. Vernetzung, aber mit verschiedenen Lasten, Randbedingungen oder Lösungsmethoden durchgeführt wurden. Beispielsweise kann ein Bauteil zunächst statisch und dann thermisch berechnet werden. Natürlich kann dies auch unter Zuhilfenahme von zwei Simulationsdateien erreicht werden.

Der Knoten CAE Geometry

Dieser Knoten verfügt nicht über ein Kontextmenü. Er dient lediglich zur Ansicht der Polygongeometrien, d.h. also die Geometrien, die für die Vernetzung verfügbar sind. In unserem Beispielfall existiert hier lediglich ein solcher Polygonkörper, weil die Simulation von einem Einzelteil gestartet wurde.

Bei einer Baugruppe können hier auch viele Geometrien entstehen. Die Erzeugung dieser Polygonkörper kann recht lange dauern, daher sollte bei einer Baugruppe nicht jeder Körper in einen Polygonkörper umgewandelt werden. Dies erreichen Sie, indem Sie im vorher beschriebenen Menü nur die gewünschten Körper selektieren.

Geometrien werden durch Polygonkörper dargestellt. Diese können ein- und ausgeblendet werden.

Der Knoten „Simulation Object Container"

Dieser Knoten enthält besondere Simulationsobjekte wie nichtlineare Kontakte (Surf to Surf Contact) oder besondere Randbedingungen für thermische oder Strömungsanalysen. Die Verfügbarkeit dieser Simulationsobjekte hängt von den Möglichkeiten des aktiven Solvers ab. Der in der Anwendung „Design-Simulation" eingesetzte Solver verfügt über keine dieser Möglichkeiten, daher ist im Fall unseres Beispiels keine Funktion im zugehörigen Kontextmenü dieses Knotens verfügbar.

Besondere Simulationsobjekte werden in einer eigenen Gruppe zusammengefasst.

Die Knoten "Load Container" und "Constraint Container"

Weiterhin gibt es jeweils einen „Container"–Knoten für Lasten (Load) und Randbedingungen (Constraint). Entsprechend sind von den Kontextmenüs der beiden Knoten Funktionen verfügbar, die entweder die Erzeugung von neuen Lasten oder neuen Randbedingungen ermöglichen.

Load- und Constraint-Container fassen alle benötigten Randbedingungen zusammen.

Diese Containerknoten sind quasi als Vorratsbehälter zu verstehen, in denen beliebig viele verschiedene Lasten und Randbedingungen zunächst erzeugt und abgelegt werden. Welche der Lasten bzw. Randbedingungen dann für eine Analyse wirklich zum Einsatz kommen, stellen Sie in der jeweiligen Solution (Lösung) ein, die nachfolgend beschrieben wird.

Der Knoten Solution

- Der Knoten Solution bzw. Lösung enthält die Funktion zum Erzeugen eines Lastschritts (Create Subcase). Lastschritte oder -fälle sind als Lastsituationen zu verstehen, die mit gleicher Geometrie und Vernetzung, gleichen Randbedingungen und gleicher Lösungsmethode, aber unterschiedlichen Lasten berechnet werden. Solche Lastfälle lassen sich bei linearer FE-Analyse miteinander kombinieren, beispielsweise kann ein Lastfall für Torsionsbelastung mit einem weiteren für Querbelastung kombiniert werden. Man erspart sich dadurch oftmals das wiederholte Durchrechnen eines FE-Modells, wenn sich der gewünschte Lastfall durch eine Kombination von bereits bestehenden ergibt.

Eine Simulationsdatei kann mehrere Lösungsknoten haben.

- Die Funktionen „Solution Attributes" und „Solver Parameters" lassen Änderungen einiger Eigenschaften der Lösung oder des Solvers zu.

- Weiter gibt es hier die Funktionen zum Umbenennen (Rename), Löschen (Delete) und Klonen (Clone) einer Lösung, wobei das Klonen zum Verdoppeln einer Lösung genutzt wird, um dann durch Veränderung eine Lösungsvariante zu erzeugen.

- Mit „Comprehensive Check" am Solution-Knoten findet man grobe Fehler des FE-Modells, beispielsweise wenn das Material nicht angegeben wurde.

- Die „Solve"–Funktion schließlich führt die FEM-Berechnung durch.

- Abschließend kann mit der Funktion „Create Report" ein automatischer Bericht erstellt werden, der alle bereits definierten Features beschreibt.

Der Knoten „Constraints" unterhalb der Solution enthält später die wirklich für diese Lösung eingesetzten Randbedingungen. Entsprechend enthält der Knoten „Loads" die eingesetzten Lasten. Lasten und Randbedingungen können entweder direkt hier oder zunächst „auf Vorrat" im Container-Knoten erstellt und dann per Drag and Drop in die Knoten der jeweiligen Lösung hineingezogen werden.

3.2.1.6 Überblick über die Lösungsschritte

Nachdem Sie die Dateistruktur der Simulation erzeugt haben, sind besonders grundlegende Informationen schon festgelegt. Das System weiß, dass eine statische Strukturanalyse mit dem Solver NX Nastran Designer durchgeführt werden soll. Die weiter erforderlichen Schritte betreffen

Weitere Schritte ...

- die Angabe von Materialeigenschaften,

- die Definition von Lasten und Randbedingungen,

- die Vernetzung und

- die Durchführung der Lösung.

Die Reihenfolge der Abarbeitung dieser vier Punkte ist zunächst beliebig. Nur in speziellen Fällen ist die Einhaltung einer Reihenfolge von Bedeutung. Solche Fälle wollen wir in späteren Beispielen behandeln.

Nachfolgend werden die Lösungsschritte behandelt.

3.2.1.7 Materialeigenschaften definieren

Materialeigenschaften können im Masterpart, aber auch im idealisierten oder in der FEM-Datei definiert werden. Einmal definierte Materialeigenschaften werden in der Struktur von unten nach oben weitervererbt, solange sie nicht an einer anderen Stelle der Struktur überschrieben werden. Damit ist es möglich, beispielsweise dem Masterpart ein Material zuzuordnen und dieses in der FEM-Datei zu überschreiben. Dies entspricht einer „Was-wäre-wenn"–Studie. Normalerweise empfiehlt es sich, die Materialeigenschaften im Masterpart zuzuordnen, weil dann alle nachfolgenden Anwendungen, beispielsweise die Motion-Simulation, darauf zugreifen können.

Sinnvollerweise sollten bereits dem Masterteil Materialeigenschaften zugewiesen werden. Diese können dann in Folgeprozessen wie FEM genutzt werden.

Materialeigenschaften können entweder manuell definiert oder aus der Bibliothek ausgewählt werden. Um Materialeigenschaften manuell zu definieren und sie dem Körper im Masterpart zuzuordnen, gehen Sie folgendermaßen vor:

- Wählen Sie im Kontextmenü des Masterparts die Funktion „zum Dargestellten Teil machen" (Make Displayed Part).

- Wählen Sie nun die Funktion Materialeigenschaften ⬚ (Material Properties).

- Im Feld „Name" tragen Sie den Materialnamen (Stahl) ein.

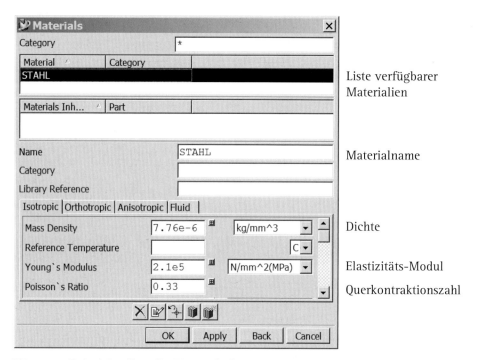

Liste verfügbarer
Materialien

Materialname

Dichte

Elastizitäts-Modul

Querkontraktionszahl

Für unser Beispiel sollen die Eigenschaften von gängigem Stahl eingesetzt werden. Die folgenden Größen müssen für eine linear statische Analyse in dem Dialog definiert werden:

Wesentliche Eigenschaften für FEM sind der E-Modul und die Querkontraktionszahl.

Eine Auswertung der Dichte (Mass Density) des Materials geschieht lediglich, wenn Beschleunigungslasten wie Eigengewicht aufgebracht werden. Daher wird in unserem Beispiel keine Dichte gebraucht. Trotzdem erlaubt das NX-System nicht die Erzeugung eines Materials ohne Dichteeigenschaft.

- Für unser Beispiel setzen Sie für die Dichte daher den Wert 7,76e-6[Kg/mm³] ein.

- Der Elastizitätsmodul (Young's Modulus) des Materials. Sie setzen die Größe 2,1e5 [N/mm²] ein.

- Die Querkontraktionszahl (Poisson's Ratio) des Materials. Sie setzen hierfür 0,33 ein.

- Daraufhin kann das Material mit Apply erzeugt werden. Es fehlt jedoch noch die Zuordnung zum Körper.

- Für die Zuordnung selektieren Sie das neu erzeugte Material oben in der Liste, sowie den Körper im Grafikfenster und bestätigen mit „OK".

In der Statuszeile erscheint: „Material wurde erfolgreich erzeugt/geändert".

Zum Nachprüfen von vergebenden Materialeigenschaften eines Körpers sollte man in der Funktion Materialeigenschaften [Symbol] (Material-Properties) den Körper selektieren. In der Statuszeile erscheint die Information über das zugeordnete Material. Alternativ kann auch das Material des Körpers mit der Funktion „Objekt" des Menüpunktes „Information" nachgeprüft werden.

Alternativ kann auch ein Material aus der Materialbibliothek ausgewählt werden.

Im Menü „Materialeigenschaften" wählen Sie „Bibliothek" [Symbol] und dann evtl. eine Kategorie aus. Nach dem Bestätigen mit „OK" wählen Sie ein Material aus der erscheinenden Liste und bestätigen wieder mit „OK". Daraufhin ist das Bibliotheksmaterial in der Liste der verfügbaren Materialien sichtbar.

Falls Sie kein Material definieren, so wird UG zunächst nachsehen, ob das Bauteil schon eine Materialdefinition aus dem Master-Modell hat. Wenn keine Materialdefinition vorliegt, wird eine Fehlermeldung beim Aufrufen des Solvers angezeigt.

↳ Nachdem Sie die Materialdefinition vorgenommen haben, machen Sie den obersten Knoten, d.h. die Simulationsdatei, wieder zum dargestellten Teil. Nutzen Sie dafür am einfachsten die „Simulationsdateiansicht" (Simulation File View).

3.2.1.8 Vorbereitungen der Geometrie

Eine Vorbereitung der CAD-Geometrie für das Berechnungsmodell ist in den meisten Fällen erforderlich, weil Konstruktion und Berechnung in der Regel unterschiedliche Anforderungen an die Geometrie stellen. Aktuell liegt das Modell so vor, wie es in der Konstruktion üblicherweise erstellt wird. Dabei sind z.B. die Verrundungen weggelassen worden, an denen nun Spannungen berechnet werden sollen. Nachfolgend werden zunächst allgemeine Erfordernisse der Berechnung erläutert, die an das CAD-Modell gestellt werden. Einige dieser Erfordernisse treten in unserem Beispiel schon auf und werden dann umgesetzt. Dabei wird eine Reihe von Spezialfunktionen aus dem NX System eingesetzt und dargestellt.

Meistens müssen CAD-Modelle für FEM-Analysen vereinfacht werden.

Erfordernisse an die CAD-Geometrie

Aus folgenden Gründen werden CAD-Geometrien speziell für die FEM-Berechnungen vorbereitet:

- *Ausblenden von Nachbarbauteilen*: Um bei FE-Analysen den Aufwand zu begrenzen, wird gewöhnlich nur der interessierende Teil einer Maschine aus seiner Umgebung herausgeschnitten. An den Schnittstellen werden später entsprechende FE-Randbedingungen gesetzt. Diese Methode ist zulässig, wenn die aufzubringenden FE-Randbedingungen die weggelassene Umgebung exakt oder zumindest näherungsweise nachbilden können.

- *Vergröberungen der Geometrie*: Geometrieelemente, die offenbar keinen Einfluss auf das gewünschte Ergebnis haben, jedoch zu wesentlich mehr FE-Elementen führen würden, sollten entfernt werden. Hierzu gehören meist kleine

Features, d.h. Fasen, Verrundungen und Bohrungen. Manchmal kann dies jedoch auch dazu führen, dass z.B. eine Verrundung, an der gefährliche Spannungen vorliegen, gar nicht bemerkt wird, weil sie entfernt wurde. Mehr dazu erläutert der nächste Punkt. Im NX-System gibt es die Funktion „Geometrie optimieren" (Idealize Geometry), die bei der Vergröberung hilft. In unserem Beispiel soll die zweite Achse des Lenkhebels vergröbert bzw. entfernt werden.

In manchen Fällen ist auch eine Verfeinerung der CAD-Geometrie erforderlich.

- *Verfeinerungen der Geometrie*: An den interessierenden und gefährdeten Stellen soll das Modell möglichst wirklichkeitsgetreu dargestellt sein. Hierzu gehören z.B. Schweißnähte, Kerben und eben solche Geometrien, an denen lokal Spannungs- oder Dehnungsergebnisse ermittelt werden sollen. In vielen Fällen jedoch werden CAD-Modelle der Einfachheit halber an solchen Stellen nicht wirklichkeitsgetreu modelliert, z.B. werden kleine Verrundungen an Gussteilen weggelassen. Es gilt hier stets, einen sinnvollen Kompromiss zu finden, weil ein detailliertes CAD-Modell die Anzahl der FE-Elemente in die Höhe treibt, andererseits ein grobes CAD-Modell keine lokalen Aussagen zulässt. Ideal ist ein Modell, das an den kritischen Stellen detailliert und den restlichen Bereichen grob ist. Leider weiß man oft nicht von vornherein, wo die kritischen Stellen sind. Eine Möglichkeit besteht darin, mit einem groben Modell zu beginnen, nach einer ersten Analyse die kritischen Stellen zu erkennen und dann in einer zweiten Analyse diese Bereiche zu detaillieren. In unserem Beispiel wird die Kerbe, in der die Spannung ermittelt werden soll, detaillierter modelliert.

- *Nutzung symmetrischer Eigenschaften*: Falls die Geometrie und die Belastung des zu analysierenden Bauteils symmetrisch sind, so sollte dies in den meisten Fällen ausgenutzt werden, um FE-Elemente zu sparen. Im Fall von Spiegelsymmetrie muss das CAD-Modell an der Symmetrieebene geschnitten werden, im Fall von Achsensymmetrie muss es derart geschnitten werden, dass ein Halbschnitt entsteht. An den Schnittstellen müssen entsprechende Randbedingungen gesetzt werden, die dafür sorgen, dass nur symmetrische Verformungen möglich sind.

Für spätere Randbedingungen sind oftmals Flächenunterteilungen erforderlich.

- *Flächenunterteilungen für FE-Randbedingungen*: FE-Randbedingungen werden üblicherweise assoziativ mit den topologischen Elementen des CAD-Modells (Volumenkörper, Flächen, Kanten oder Eckpunkte) verknüpft. Beispielsweise wird eine Schwerkraft mit einem Volumenkörper und eine Druckbeaufschlagung mit einer Fläche verknüpft. Weil die Flächen des CAD-Modells jedoch oft nicht mit den gewünschten Bereichen der Randbedingungen übereinstimmen, müssen die Flächen der CAD-Modelle an diesen Stellen unterteilt werden. Erst dann können hier gezielte FE-Randbedingungen angebracht werden. In „Design-Simulation" gibt es dafür die Funktion „Fläche unterteilen" (Subdivide Face), in „Advanced-Simulation" darüber hinaus noch die Funktion „Fläche teilen" (Split Face), die auf der Polygongeometrie arbeitet.

- *Zusammenfügen von CAD-Flächen*: Wenn die CAD-Geometrie aus sehr vielen kleinen oder spitzen Flächen besteht, haben FE-Vernetzer meist Schwierigkeiten, hochwertige Netze zu erstellen. Oftmals kann dann auch überhaupt kein Netz erstellt werden. Das liegt daran, dass beim Vernetzungsvorgang zunächst alle Eckpunkte und Kanten des CAD-Modells mit Knoten versehen werden. Zu eng beieinander liegende Punkte und Kanten machen dann Schwierigkeiten. In solchen Fällen ist ein Zusammenfügen von problematischen Flächenbereichen in Flächenverbunde erforderlich. In „Advanced-Simulation" gibt es dafür die Funktion „Fläche vereinigen" ✖ (Merge Face), die auf der Polygongeometrie arbeitet.

> Flächenbereiche mit unnötig vielen Kanten stören die Vernetzung.

Voraussetzungen für Geometrieänderungen in der FE-Umgebung

Eine direkte Änderung der Geometrie in den Simulationsdateien ist nicht ohne weiteres möglich, weil die Simulationsdateien wie Baugruppen fungieren und von hier aus die Mastergeometrie zwar gesehen, jedoch nicht geändert werden kann. Für solche Änderungen der Geometrie gibt es verschiedene Methoden:

> Die Geometrievorbereitung soll nicht das Master-Modell verändern.

Die einfachste Methode zur Änderung der Geometrie für eine FE-Analyse ist die direkte Modifikation der Mastergeometrie. Hierbei können Operationen wie Unterdrücken von Formelementen, Trimmen, Verrunden oder die Funktion „Simplify..." (Vereinfachen) genutzt werden. Nachteil dieser Methode ist, dass gewöhnlich die Mastergeometrie auch für andere Folgeprozesse, wie z.B. die Zeichnungserstellung, gebraucht wird. Daher widerspricht eine Modifikation der Mastergeometrie dem Master-Model-Concept.

Es ist also eine Trennung der Geometrie für das Berechnungsmodell von der Mastergeometrie erforderlich. So eine Trennung kann erfolgen, indem eine Kopie der Mastergeometrie erzeugt und alle gewünschten Modifikationen an dieser Kopie vorgenommen werden. Im optimalen Fall wären die Kopie und alle Modifikationen assoziativ zur Ausgangsgeometrie im Master-Modell, dann können bei Änderungen am Master-Modell das Berechnungsmodell sowie evtl. die Zeichnung und alle sonstigen Ableitungen automatisch aktualisiert werden.

> Eine assoziative Kopie des Master-Modells ist also erforderlich.

Im NX-System gibt es zwei Funktionen, die den genannten Anforderungen gerecht werden, es handelt sich um den Wave-Geometrie-Linker und die Anhebefunktion (Promotion). Beide Funktionen erzeugen assoziative Kopien von Volumenkörpern oder Flächenkörpern, und beide Funktionen können für die Trennung des Master-Modells vom Berechnungsmodell genutzt werden. Gegenüber der Anhebefunktion (Promotion) hat jedoch die Wave-Funktion in unserem speziellen Zusammenhang zwei Nachteile:

> Bei Nutzung der Wave-Funktion erscheint der kopierte Körper zusätzlich zum originalen Körper. Es sind dann zwei Geometrien vorhanden, die genau übereinander liegen. Der Nachteil liegt darin, dass es dem unvorsichtigen Anwender leicht passieren kann, dass FE-Features, wie Lasten, Einspannungen oder Ver-

netzungen, unkontrolliert auf beide Körper verteilt werden. Beispielsweise werden die Lasten mit dem ersten, die Randbedingungen mit dem zweiten Körper verknüpft. In so einem Fall kann die nachfolgende FE-Berechnung nicht funktionieren.

- Falls es Ihnen erst später auffällt, dass Geometriemodifikationen erforderlich sind, haben Sie vermutlich schon FE-Features erzeugt, ohne vorher einen Wave-Link bzw. Anhebe(Promotion)-Feature zu erzeugen. Wenn Sie nun nachträglich einen Wave-Link erzeugen, so bleiben die vorhandenen FE-Features mit dem alten Körper verbunden, d.h., Sie müssen alle FE-Features löschen und sie auf dem neuen Körper neu erzeugen. Falls Sie das Anhebe(Promotion)-Feature nutzen, haben Sie den Vorteil, dass die vorhandenen FE-Features sofort mit dem neuen Körper verbunden sind.

Aus diesen Gründen wird der Einsatz der Anhebe (Promotion)-Funktion in diesem Zusammenhang empfohlen.

Anheben (Promotion) des Bauteils

Die Promotionfunktion erzeugt eine assoziative Kopie des Master-Modells. Diese Methode wird empfohlen.

↳ Zunächst machen Sie über den Simulationsnavigator das idealisierte Teil zum dargestellten Teil, denn CAD-Geometrievorbereitungen müssen an diesem Teil erfolgen.

Nun sind die zugehörigen Funktionen 🗐, 🗐, 🗐, 🗐 aus der Funktionsgruppe für CAD-Geometrievorbereitungen verfügbar.

Es gibt manuelle und automatische Methoden, um ein Anhebe(Promotion)-Feature zu erzeugen. Die automatische Methode besteht darin, dass Sie eine beliebige Funktion aus der Funktionsleiste der Geometrievorbereitung nutzen. In diesem Fall wird im Hintergrund automatisch ein Anhebe(Promotion)-Feature erzeugt, die Anhebe (Promotion)-Funktion ist also jeweils den Funktionen zur Geometrievorbereitung vorgeschaltet. Dies beschleunigt den Arbeitsprozess, und in vielen Fällen merkt der Anwender gar nichts von der Anhebe(Promotion)-Funktion im Hintergrund. Nebenbei bemerkt funktioniert diese Methode auch dann, wenn die Anhebe (Promote)-Funktion in den Anwenderstandards deaktiviert ist. Um das Anhebe(Promotion)-Feature sichtbar zu machen, können Sie den Teile(Part)-Navigator öffnen, hier ist das Feature sichtbar und kann z.B. umbenannt oder auch gelöscht werden.

Im Part-Navigator wird ein Promotion-Feature dargestellt.

Part Navigator

Name △
⊞ 🕸 Model Views
⊟ 🗁 Model History
  └ ☑️ Promotion (1)

Darüber hinaus wird auch schon ein Anhebe(Promotion)-Feature erzeugt, wenn die Funktion aus der Geometrievorbereitung gar nicht vollständig ausgeführt wird. Versuchen Sie einmal Folgendes:

↳ Öffnen Sie den „Teile-Navigator" 🗐 (Part-Navigator), damit Sie sehen, ob ein Anhebe(Promotion)-Feature entsteht.

⮱ Wählen Sie nun die Funktion „Fläche unterteilen" (Subdivide Face) 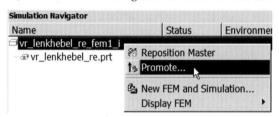 aus der Menüleiste der Geometrievorbeitung, und

⮱ selektieren Sie eine beliebige Fläche des Volumenkörpers.

Im Teile-Navigator erkennen Sie, dass schon jetzt ein Anhebe(Promotion)-Feature erzeugt worden ist.

Die Funktionen der Modellvorbereitung erzeugen automatisch ein Promotion-Feature.

⮱ Nun verlassen Sie die Funktion „Fläche unterteilen" (Subdivide Face) wieder, indem Sie den Knopf „Cancel" wählen.

Die Funktion wird also gar nicht ausgeführt, das Anhebe(Promotion)-Feature jedoch bleibt. Dies ist eine beliebte Methode zum einfachen Vorbereiten eines einzelnen Körpers, der später geändert werden soll.

Die manuelle Methode besteht im expliziten Aufruf der Funktion Anheben (Promote) im Simulationsnavigator auf dem Knoten „FE Model".

Die Promotion-Funktion kann auch explizit aufgerufen werden.

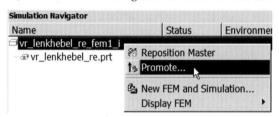

Allerdings funktioniert diese Methode nur, wenn die Anhebefunktion in den Anwenderstandards aktiviert ist, ansonsten erscheint eine entsprechende Meldung.

Nachfolgend können an dem Hebel problemlos Änderungen durchgeführt werden, die sich nicht auf das Master-Modell auswirken. Umgekehrt werden aber Änderungen am Master-Modell an das Berechnungsmodell weitergegeben.

Symmetrieschnitt am Hebel

Eine Ausnutzung von Spiegelsymmetrie ist immer dann möglich, wenn sowohl die Geometrie als auch die Belastung auf gleiche Weise symmetrisch sind. In unserem Fall des Lenkhebels liegt Spiegelsymmetrie um die Mittelebene vor, daher werden wir dies ausnutzen. Für die Ausnutzung der Spiegelsymmetrie wird nur eine Hälfte der symmetrischen Geometrie betrachtet. Weiterhin ist zu beachten, dass in so einem Falle auch nur die Hälfte der Last aufgebracht werden darf.

Symmetrie vereinfacht die Berechnung.

Symmetrie muss nicht ausgenutzt werden, es empfiehlt sich aber, weil auf diese Weise FE-Elemente und damit Rechenzeit und Datenvolumen gespart werden. Allerdings erfordert das Nutzen der Symmetrie meist etwas kompliziertere Randbedingungen, und es können sich daher beim unerfahrenen Anwender auch leichter Fehler einschleichen. Auf der anderen Seite gibt es auch Fälle, bei denen erst durch Nutzung von Symmetrie geeignete Randbedingungen möglich sind. An einer so einfachen Geometrie, wie bei unserem Hebel, könnte man jedoch auch ohne Nutzung der Symmetrie erfolgreich arbeiten. Trotzdem wollen wir die Methodik hier durchführen:

Um mit einer Hälfte der Geometrie weiterzuarbeiten, ist ein Schnitt des Hebels erforderlich. Das im idealisierten Part bereits vorhandene Anhebe-Feature des Hebels ist Voraussetzung dafür, dass der Hebel im idealisierten Part geschnitten werden kann. Allerdings steht die dafür benötigte CAD-Funktion „Trimmen" ⬜ unter den Funktionen zur Geometrievorbereitung nicht zur Verfügung. In so einem Fall dürfen Sie problemlos in die Konstruktionsanwendung von NX wechseln, die Ihnen alle Funktionen zur CAD-Konstruktion zur Verfügung stellt.

Bei Bedarf kann auf die volle Funktionalität der Konstruktionsanwendung des NX-Systems zugegriffen werden.

- ↳ Im idealisierten Part starten Sie daher nun die Anwendung „Konstruktion" 💻 (Modeling).
- ↳ Erstellen Sie eine „Referenzebene" 🟦 (Datum-Plane) in der Mitte des Hebels.
- ↳ Wählen Sie die Trim-Funktion ⬜ zum Beschneiden des Hebels an der Referenzebene.

Eine Datum-Plane, die im Master-Modell schon vorhanden ist, kann hier nicht für das Trimmen genutzt werden, es muss eine neue Datum-Plane im idealisierten Part erzeugt werden.

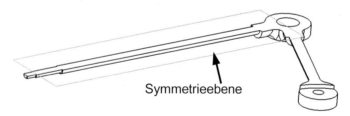

Symmetrieebene

Wenn die erforderlichen Operationen aus der Konstruktionsanwendung nun erledigt wären, würden Sie wieder in die FEM-Umgebung 🔷 „Design-Simulation" schalten. Da im nächsten Abschnitt jedoch weitere Funktionen aus der Konstruktionsanwendung genutzt werden, bleiben Sie zunächst noch hier.

Freischnitt unrelevanter Geometrieteile

Bei FE-Analysen muss schon bei der Vorbereitung der Geometrie über die aufzubringenden Randbedingungen nachgedacht werden. Der interessierende Teil der Geometrie sollte so weit wie möglich isoliert betrachtet werden. Als Regel gilt, dass Geometrieteile immer dann abgeschnitten werden sollten, wenn es möglich ist, statt der beschnittenen Geometrie eine entsprechende FE-Randbedingung zu setzen. Als einfache Randbedingungen gibt es auf der einen Seite Lasten, also Kräfte, Drücke, Momente, Temperaturdehnungen, und auf der anderen Seite Einspannungen wie feste oder in beliebige Richtung verschiebbare Lagerungen. Randbedingungen werden später genauer erläutert.

Ein erstes Freischneiden unrelevanter Teile hat bereits durch die Auswahl des Einzelteils aus der Baugruppe stattgefunden. Die Wirkung der angrenzenden Teile muss später durch FE-Randbedingungen nachgebildet werden.

Die Abbildung zeigt vier verschiedene Möglichkeiten, nach denen Beschnitte der Geometrie in Verbindung mit FE-Randbedingungen möglich wären.

- Die erste Variante enthält gar keine Beschnitte. Lediglich an den Grenzen zu den Nachbarteilen werden Bedingungen aufgebracht. Es handelt sich um die Zugkraft von 150N, die von der Lenkstange übertragen wird, die drehbare Lagerung an der Verbindung zum Querträger und die Einspannung am Angriffspunkt des zweiten Hebelarms.

- An der Einspannung des zweiten Hebelarms kann problemlos ein Stück abgeschnitten werden, wie es in der zweiten Variante dargestellt ist. Damit wird sich zwar die Verformung des gesamten Teils verändern, jedoch hat diese Maßnahme keinen Einfluss auf die Beanspruchung am gefragten Absatz.

- Die dritte Variante zeigt eine noch weitergehende Vereinfachung. Hier wird der zweite Hebel komplett entfernt, und auch die eigentlich drehbare Lagerung wird durch simple Einspannung abgebildet. Da die gefragte Kerbe weit genug entfernt ist, sollte dies jedoch keinen Einfluss auf deren Beanspruchung haben. Daher ist diese Variante ebenfalls möglich.

- Die letzte Variante ersetzt die Zugkraft mit ihrem Hebelarm durch ein entsprechendes Biegemoment. Eine solche Vereinfachung berücksichtigt zwar das Biegemoment, das von der Kraft erzeugt wird, aber nicht die Querkraftbeanspruchung. Bei langen Balken kann dies in der Regel hingenommen werden, weil die Momentwirkung wesentlich größer als die Querkraftwirkung ist.

Allen vier Varianten gemeinsam ist, dass eine Symmetrierandbedingung an der Symmetrieschnittstelle erforderlich ist.

Alle vier Varianten wären möglich und würden ungefähr die gleichen Ergebnisse in der Kerbe liefern. Wir entschließen uns aus didaktischen Gründen für die zweite Variante, an der die interessante Randbedingung „drehbare Lagerung" sowie ein Teil des zweiten Hebelarms mitbetrachtet werden.

Das Modell sollte für die FE-Analyse so weit wie möglich vereinfacht werden. Dabei dürfen die relevanten Eigenschaften jedoch nicht verändert werden.

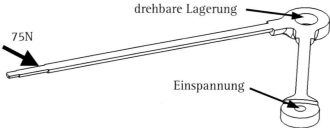

Verschiedene Möglichkei-
ten für die Vereinfachung
der Geometrie

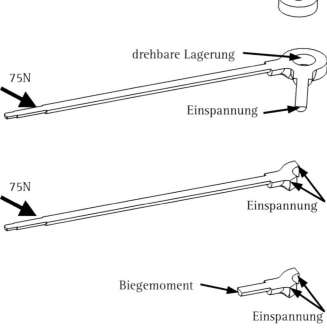

Um nun den Körperschnitt vorzunehmen, gehen Sie nun beispielsweise folgendermaßen vor:

- ↳ Erzeugen Sie in der Konstruktionsanwendung eine Skizze ⊞ auf der vorher erstellten Symmetrieebene des Hebels, und

- ↳ zeichnen Sie ein Rechteck zum Beschneiden des Hebels. Die Maße sind nicht besonders relevant.

- ↳ Verlassen Sie den Skizzierer ⚑.

↳ Extrudieren ⊞ Sie das Rechteck in die Tiefe, und wählen Sie in der Extrusionsfunktion bereits die Option Subtrahieren ⬮.

Detaillierung im Bereich der Kerbe

Da im Bereich der Kerbe genaue Spannungen ermittelt werden sollen, muss hier dafür gesorgt werden, dass die Geometrie möglichst genau die Realität wiedergibt. Insbesondere muss gewährleistet sein, dass der Kraftfluss des realen Bauteils im Modell nachgebildet wird.

Eine Absatzkante wie in diesem Beispiel wird in vielen Fällen der Einfachheit halber am CAD-Modell ohne Radius dargestellt. Für das FE-Modell bedeutet so eine scharfe Kante eine Störung des Kraftflusses. Dies führt dazu, dass falsche Kerbspannungen berechnet werden. In unserem Beispiel soll gerade diese Kerbspannung berechnet werden, daher muss der korrekte Radius unbedingt eingefügt werden. Dieser Radius soll für unser Beispiel mit 2 mm angenommen werden. Daher fügen Sie nun innerhalb der Konstruktionsanwendung eine Verrundung ▰ ein.

> Wenn in einer Kerbe Spannungen ermittelt werden sollen, muss hier die Geometrie genau nachgebildet werden.

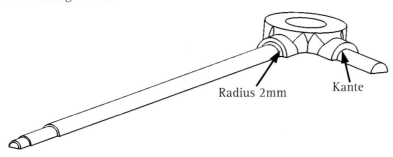

Radius 2mm   Kante

Am zweiten Hebel, den wir ja aus didaktischen Gründen teilweise mitbetrachten, existiert der gleiche Absatz, und daher herrscht hier das gleiche Problem. Wir wollen aber an diesem zweiten Hebelabsatz keine Verrundung einfügen, weil wir uns erstens nicht für die Spannung hier interessieren und zweitens sehen wollen, wie sich eine solche Störung des Kraftflusses auswirkt.

Vergröbern der Geometrie

In unserem Fall ist die Geometrie bereits recht einfach, ein weiteres Vergröbern ist daher kaum erforderlich. Komplexe Geometrien wie z.B. Gussteile müssen jedoch in der Regel umfangreich vergröbert werden. In unserem Beispiel soll einzig eine kleine Fase am Ende des langen Hebelarms entfernt werden. Dazu nutzen Sie eine einfache Funktion, die speziell für das Entfernen einzelner Flächen bei FE-Analysen konzipiert ist.

↳ Sie starten nun wieder die Anwendung „FEM" ⊩ (Design-Simulation).

⤷ Sie rufen die Funktion „Defeature Geometry" ⊞ auf, selektieren die Fläche der Fase und bestätigen.

Die Fase wird entfernt. Diese Operation arbeitet geometriebasiert und nicht featurebasiert, d.h., sie kann auch auf Modelle angewandt werden, die keine Feature-Historie haben.

Das NX-System verfügt über viele Möglichkeiten für die Vereinfachung von CAD-Modellen für FEM.

Zum Test können Sie über den Simulationsnavigator auf das Master-Modell runterschalten, um zu sehen, dass sich die Geometrievorbereitungen hier nicht ausgewirkt haben.

⤷ Machen Sie nun über den Simulationsnavigator die FEM-Datei zum dargestellten Teil.

Sie werden feststellen, dass sich das Polygonmodell, das ja in der FEM-Datei gehalten wird, aktualisiert. Außerdem erhalten Sie nun zwei Polygonkörper: Einmal den vereinfachten Hebel und einmal den Abzugsquader.

⤷ Das Polygonmodell des Abzugsquaders können Sie über den Simulationsnavigator ausblenden, indem Sie den roten Haken am entsprechenden Knoten ausschalten.

⤷ Es ist nun zu empfehlen, das bisher aufgebaute Modell zu speichern ⊟.

3.2.1.9 Allgemeines zur Vernetzung

Die geeignete Erstellung der Vernetzung ist neben der korrekten Wahl von Randbedingungen die wichtigste, aber auch schwierigste Aufgabe des FEM-Anwenders. Der Grund dafür ist, dass Vernetzung und Randbedingungen in hohem Maße das Ergebnis (Spannungen und Verformungen) beeinflussen. Dies wird an dieser Lernaufgabe, aber auch an allen weiteren Aufgaben deutlich, wenn Versuche mit unterschiedlichen Vernetzungen oder Randbedingungen unternommen werden. Der Neuling wird erstaunt darüber sein, wie stark Ergebnisse voneinander abweichen können, bei denen die Eingaben nur geringfügig abweichen.

Wichtige Aspekte bzgl. der Vernetzung von Volumenbauteilen

Die wichtigsten Punkte, die bei der Vernetzung mit Volumenelementen beachtet werden müssen, sind die

- *Feinheit* der Vernetzung,

- die *Form der Elemente* und das

- Auftreten von *Singularitäten*.

Für die Behandlung dieser Punkte wird in unserer Lernaufgabe die erforderliche Methodik vermittelt.

Eine geeignete Vernetzung zu finden ist meist abhängig von dem betrachteten Bauteil oder sogar dem Formelement, an dem Ergebnisse gefragt sind. Oftmals gehen Erfahrungswerte ein, die sich ergeben, wenn immer wieder ähnliche Bauteile analysiert werden. Dann können sehr genaue Regeln angegeben werden, nach denen die

Vernetzung erstellt werden muss, um präzise Ergebnisse zu erhalten. Daher sind Konstrukteure im Vorteil, die immer wieder ähnliche Komponenten entwickeln. Im Nachteil sind dagegen solche Berechner, die immer neue Bauteile analysieren, denn hier müssen immer neue Erfahrungen gewonnen werden.

Die Empfindlichkeit der Ergebnisse hängt insbesondere auch davon ab, welche Auswertung der FE-Ergebnisse gebraucht wird. Die reine FE-Berechnung liefert ja zunächst nur Verformungen. Alle anderen Größen werden davon abgeleitet. Anhand einfacher Prinzipformeln (siehe Abbildung) können wichtige Zusammenhänge erklärt werden, die sich auch auf die erforderliche Vernetzung auswirken:

- Bei *Eigenfrequenzberechnungen* beeinflusst die Vernetzung in relativ geringem Maße die Ergebnisse, weil die Steifigkeit k (und dies wird ja durch die Vernetzung repräsentiert) unter der Wurzel steht. Veränderungen (d.h. auch Fehler) von k wirken sich also gar nicht so sehr auf das Ergebnis w aus. Dieser Effekt kann leicht an einem Beispiel gezeigt werden. Daher reicht bereits ein grobes Netz für die Berechnung von Eigenfrequenzen.

- Bei *Verformungsberechnungen* steht die Steifigkeit k linear mit dem Ergebnis (F: Reaktionskraft oder u: Verformung) in Zusammenhang. Daher wirken sich Fehler in der Vernetzung stärker aus. Trotzdem ist noch kein dramatischer Effekt zu erwarten, wenn sich Ungenauigkeiten in der Vernetzung einschleichen sollten. Es kann daher auch grob vernetzt werden.

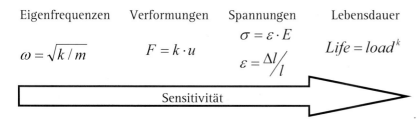

Eigenfrequenzen   Verformungen   Spannungen   Lebensdauer

$$\omega = \sqrt{k/m} \qquad F = k \cdot u \qquad \begin{array}{c} \sigma = \varepsilon \cdot E \\ \varepsilon = \Delta l / l \end{array} \qquad Life = load^k$$

Sensitivität

Spannungsanalysen erfordern bessere und feinere Netze als Verformungsanalysen.

- *Spannungsanalysen* erfordern, dass zunächst die Verformungen in Dehnungen umgerechnet werden. Da Dehnungen an jedem Ort lokal berechnet werden, gehen hier bereits kleine Fehler der Elemente drastisch ein. Beispielsweise an grob vernetzten Kerben sind die Verformungswerte problemlos, jedoch die Dehnungswerte abhängig von dem jeweiligen FE-Element in der Kerbe. Daher erfordern Spannungsanalysen feine Vernetzungen insbesondere an den interessierenden Stellen.

- Falls sogar *Lebensdauer* berechnet werden soll, geht die Vernetzungsqualität dramatisch in das Ergebnis ein, denn es hängt in der Potenz davon ab. Lebensdaueraussagen sollten daher nur mit großer Vorsicht unternommen werden.

3.2.1.10 Standardvernetzung erzeugen

Eine Standardvernetzung bedeutet eine Vernetzung, die „auf Knopfdruck" erzeugt wird, ohne dass Sie sich über weitere Details Gedanken machen. Von einer solchen Vernetzung kann man keine große Genauigkeit der Ergebnisse erwarten, sie dient zum schnellen, qualitativen Betrachen. Oftmals nutzt man diese Art, um zu prüfen, ob sich die Randbedingungen so verhalten, wie es erwartet wurde. Falls ausschließlich Verformungen berechnet werden sollen, reicht allerdings in vielen Fällen eine solche Grobvernetzung aus, weil Verformungsanalysen viel weniger Ansprüche an die Vernetzung stellen als Spannungsanalysen.

Für die ersten groben Tests reicht eine Vernetzung „auf Knopfdruck".

Gehen Sie folgendermaßen vor:

- Wechseln Sie über den Simulationsnavigator in das FEM-Part. Nun sind die Funktionen zur Vernetzung aktiv. Vorher waren sie ausgegraut.

- Für die Erstellung dieser Grobvernetzung wählen Sie die Funktion „3D Tetraeder Gitter" (3D Tetrahedral Mesh),

- selektieren den zu vernetzenden Solid und

- nutzen die Funktion zum automatischen Vorschlag einer geeigneten Elementgröße.

Das System berechnet nun aufgrund der Größe des Bauteils und weiterer geometrischer Eigenschaften einen Vorschlag für die Gesamtelementgröße (Overall Element Size), also die ungefähre Größe der zu erzeugenden finiten Elemente. Wir empfehlen, für die Erstellung einer Grobvernetzung immer den hier vorgeschlagenen Wert zu akzeptieren.

Es sollten immer Elemente mit Mittelknoten eingesetzt werden.

- Daher bestätigen Sie nun mit „OK", und das Netz wird erstellt.

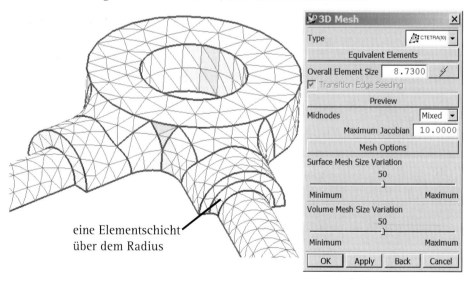

eine Elementschicht
über dem Radius

Der vom System voreingestellte Elementtyp steht auf „Tetra10", d.h., es werden tetraederförmige Elemente erzeugt, die auf jeder Kante einen Mittelknoten besitzen. Diese Voreinstellung ist unbedingt zu empfehlen, und man sollte hier nichts verändern. Unter „Gitteroptionen" (Mesh Options) gibt es noch einige Einstellungen, die zunächst jedoch nicht genutzt werden.

Die Abbildung zeigt das grobe Netz, das auf diese Weise erstellt worden ist. Es ist zu bemerken, dass die automatische Vernetzung eine einzige Elementschicht über dem gefragten Radius erzeugt hat.

3.2.1.11 Erzeugen der Last

Lasten und Randbedingungen sind Objekte, die in das Simulationspart gehören. Daher muss für deren Erzeugung dieses Part dargestellt werden.

↳ Machen Sie nun die Simulationsdatei zum dargestellten Teil.

Statt der echten Zugkraft durch das Lenkgetriebe erzeugen Sie nun eine Kraft auf die betroffene Fläche. Die angenommene Kraft von 150 N wird aufgrund des Halbmodells (Symmetrie) ebenfalls auf die Hälfte reduziert. Eine detaillierte Modellierung der Krafteinleitung ist nicht erforderlich, weil die Krafteinleitung weit von dem interessierenden Bereich entfernt ist. Es muss nur darauf geachtet werden, dass der Hebelarm, die Richtung und der Betrag der Kraft korrekt angegeben werden. Daher kann aus der Funktionsgruppe ein einfacher Krafttyp ausgewählt werden. Ein Überblick über weitere Lasttypen wird im nächsten Abschnitt gegeben.

↳ Sie finden die Funktion für die Erzeugung einer einfachen Kraft unter der Funktionsgruppe für Lasten 🗲 mit dem Symbol „Kraft" 🗲 (Force). Rufen Sie nun diese Funktion auf.

↳ Im erscheinenden Menü wählen Sie unter „Type" die erste Option „Größe und Richtungskraft" 🗲 (Magnitude and Direction Force).

↳ Mit dem ersten Selektionsschritt wählen Sie entsprechend der Abbildung die zu beaufschlagende Fläche.

↳ Im zweiten Selektionsschritt wählen Sie eine Kante, die in die gewünschte Richtung zeigt.

↳ Tragen Sie nun die Größe 75 N ein.

↳ Bestätigen Sie mit „OK".

Die Kraft erscheint als Symbol im Grafikfenster und als Feature im Simulationsnavigator.

Lasten und Einspannungen werden in der Simulationsdatei erzeugt.

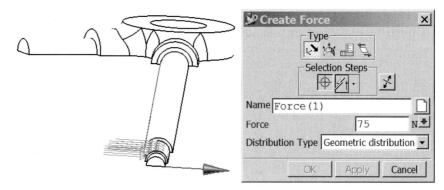

Die Kraft wird an der Stelle und in Richtung des Lenkhebels erzeugt.

Die erzeugte Kraft wird vom NX-System gleichmäßig auf der selektierten Fläche verteilt. Zunächst wird die Kraft mit der CAD-Fläche verknüpft, später wird sie jedoch mit den jeweiligen FE-Knoten, die mit der Fläche verbunden sind, verknüpft und an den Solver übergeben.

Dieses geometriebasierte Konzept gilt für alle Arten von Randbedingungen und auch für weitere Informationen wie das Material. Alle diese Informationen werden mit der Geometrie verknüpft und erst am Ende automatisch an die zugehörigen FE-Knoten und Elemente übergeben. Vorteil dieser Methode ist, dass Sie jedes dieser erzeugten Features gemeinsam bearbeiten können, ohne dass ein anderes Feature betroffen ist. Beispielsweise kann eine Vernetzung gelöscht und neu erzeugt werden, ohne dass Randbedingungen dabei verloren gehen.

3.2.1.12 Überblick über weitere Lasttypen

In diesem Abschnitt wird ein Überblick über die übrigen verfügbaren Lasttypen der Anwendungen Design, und Advanced-Simulation gegeben. Detailliertere Informationen finden sich in der Online-Hilfe.

Alle Lasttypen auf einen Blick

-   „Kraft" (Force): Eine Kraft wird gleichmäßig auf eine Fläche, Kante oder einen Punkt verteilt. Es gibt eine Reihe von Möglichkeiten, wie die Richtung angegeben werden kann: anhand einer Richtungsangabe, senkrecht zur Fläche oder anhand des Koordinatensystems.

-   „Moment": Ein solches Moment kann auf zylindrischen Flächen (z.B. Bohrungen) oder Kreiskanten erzeugt werden. Die Drehachse des Moments ist immer die Achse der zylindrischen Fläche.

-   „Lager" (Bearing): Dieses Feature erzeugt eine Kraft, die ungefähr einer Lagerbelastung (z.B. Welle in Bohrung oder Lagersitz) entspricht, bei der eine parabolische oder sinusförmige Verteilung der Kraft auftritt.

-   „Drehmoment" (Torque): Dieses Moment kann nur in der Advanced-Simulation-Anwendung erzeugt werden. Es erlaubt die Erzeugung von Drehmomenten auf den Kanten oder Eckpunkten von Schalen- oder Balkenelementen. Auf Volumenelementen hat dieses Moment keine Wirkung.

- "*Druck*" (Pressure): Mit dieser Funktion können Drucklasten auf Flächen oder Kanten erzeugt werden, die senkrecht gerichtet sind.

- "*Hydrostatischer Druck*" (Hydrostatic Pressure): Damit wird der Druck beschrieben, der durch eine Flüssigkeit in einer gewissen Tiefe auf eine Fläche ausgeübt wird.

- "*Erdanziehungskraft*" (Gravity): Diese Kraft beschreibt eine Beschleunigungskraft, die auf das ganze vernetzte Teil ausgeübt wird. Falls so eine Kraft verwendet wird, ist es von großer Bedeutung, welche Dichte einer vernetzten Geometrie zugeordnet wurde, weil sich dementsprechend die Beschleunigungskraft bestimmt. Voreingestellt ist die Größe der Erdbeschleunigung, d.h., in diesem Falle ergibt sich gerade die eigene Gewichtskraft.

Alle Lasttypen auf einen Blick

- "*Zentrifugalkraft*" (Centrifugal): Zentrifugalkräfte entstehen, wenn sich ein Teil um eine Achse dreht. Dieses Feature erwartet die Angabe der Drehachse und der Drehgeschwindigkeit. Daraus berechnet sich die Kraft für jeden Knoten am vernetzten Bauteil.

- "*Temperaturlast*" (Temperature Load): Mit dieser Funktion können Temperaturen auf Körper oder Flächen aufgebracht werden. Die betroffenen Knoten werden dann, entsprechend der Materialangabe "Thermischer Ausdehnungskoeffizient" (Thermal Expansion Coefficient), ausgedehnt oder geschrumpft. Außerdem werden anhand dieser Angabe auch evtl. vorgegebene temperaturabhängige Materialeigenschaften entsprechend angewandt. Darüber hinaus gibt es noch einen anderen Weg, um Temperaturen vorzugeben: Temperaturen können als "Vorlast" (Pre-Load) einem Lösungsschritt (Solution Step) zugefügt werden. Solche Temperaturen müssen durch eine vorherige Temperaturanalyse berechnet worden sein.

3.2.1.13 Erzeugen der fixen Einspannung

Eine fixe Einspannung bedeutet bei volumenvernetzten Bauteilen (Tetraeder oder Hexaeder), dass alle drei Translationsfreiheitsgrade festgehalten werden. Damit wird bei einer Fläche jede Bewegung unmöglich, bei einer geraden Kante dagegen wäre noch eine Drehung um die eigene Achse möglich, bei einem Punkt wären noch alle drei Drehfreiheitsgrade frei.

Einspannungen beziehen sich immer auf die betroffenen Knoten.

- Für unser Beispiel wählen Sie aus der Funktionsgruppe "Randbedingungsarten" (Constraint Type) die Funktion "Feste Randbedingung" (Fixed Constraint) und

- selektieren entsprechend der Abbildung die gewünschte Fläche.

↳ Sie bestätigen mit „OK", und die Randbedingung wird als Symbol an der Geometrie und auch im Simulationsnavigator dargestellt.

Eine fixe Einspannung einer Fläche verhindert jede Bewegung.

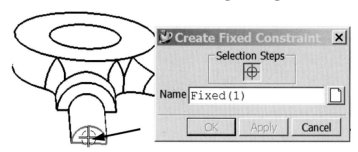

3.2.1.14 Erzeugen der drehbaren Lagerung

Bei einer Drehlagerung verwendet das System intern Zylinderkoordinaten.

Eine drehbare Lagerung wird programmintern durch den Einsatz eines zylindrischen Koordinatensystems realisiert, das in der Drehachse positioniert wird. Die zu lagernde Fläche wird dann in der radialen Richtung festgehalten und in der tangentialen freigelassen. Für kleine Verformungen entspricht diese Methode gerade der Drehung. In NX gibt es hierfür die Funktionen:

- „Verstiftete Randbedingung" 🔘 (Pinned Constraint) (Hierbei wird zusätzlich noch die axiale Richtung festgehalten) und

- „Zylindrische Randbedingung" 🔧 (Cylindrical Constraint) (Hierbei werden alle drei Freiheitsgrade getrennt angegeben)

Weil wir die axiale Verschiebungsmöglichkeit erhalten möchten, werden wir für dieses Beispiel die zylindrische Bedingung nutzen.

↳ Wählen Sie also aus der Funktionsgruppe Randbedingungsarten 🔧 (Constraint Type) die Funktion „Zylindrische Randbedingung" 🔧 (Cylindrical Constraint).

↳ und selektieren die innere Zylinderfläche, weil wir hier die drehbare Lagerung vorgeben wollen.

Jeder Freiheitsgrad im Zylinderkoordinatensystem kann eingestellt werden.

↳ Stellen Sie entsprechend der Abbildung die
  o radiale Richtung (Radial Growth) auf „Fixed", die
  o axiale Drehung (Axial Rotation) auf „Free" und
  o Verschiebung (Axial Growth) ebenfalls auf „Free".

↳ Bestätigen Sie mit „OK".

Die Randbedingung wird im Grafikfenster und im Simulationsnavigator dargestellt.

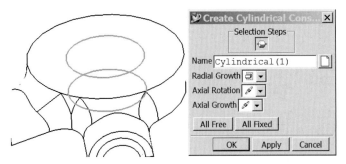

Die innere Fläche ist drehbar gelagert.

Alternativ zu den vorgefertigten Randbedingungen könnte auch eine anwenderdefinierbare Randbedingung (User Defined Constraint) genutzt werden. Um den gewünschten Effekt zu erzielen, müsste, entsprechend der Abbildung, das Koordinatensystem auf „Cylindrical" geschaltet und im zweiten Selektionsschritt die Kreiskante als Richtung selektiert werden. Nun werden die Richtungen der Freiheitsgrade in Zylinderkoordinaten angegeben. Die radiale Richtung „Tr" müsste fixiert werden, die tangentiale „Tr" und die z-Richtung „Tz" müssten frei bleiben.

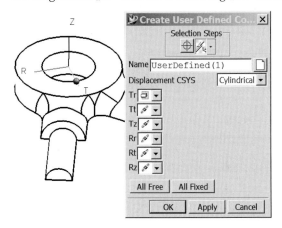

Die anwenderdefinierbare Randbedingung kann alternativ auch eingesetzt werden. Das Ergebnis ist das gleiche.

3.2.1.15 Erzeugen der Bedingung für Spiegelsymmetrie

Eine Bedingung für Spiegelsymmetrie bei volumenvernetzten Bauteilen bedeutet, dass jede Verformung senkrecht zur Symmetrieebene unterbunden wird, Verformungen in den Querrichtungen müssen dagegen möglich sein.

↳ Eine Symmetriebedingung wird daher mit der Funktion „Symmetric Constraint" aus der Funktionsgruppe für „Randbedingungsarten" (Constraint Type) erzeugt, die Sie nun bitte aufrufen.

↳ Selektieren Sie nun die Symmetrieschnittfläche des Bauteils, und

↳ bestätigen Sie mit „OK".

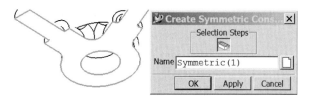

An der Schnittebene wird eine Symmetriebedingung erzeugt.

Alternativ kann eine solche Symmetriebedingung auch mit der Funktion „User Defined Constraint" ⚙ erzeugt werden, bei der jeder Freiheitsgrad getrennt manuell eingestellt werden kann.

3.2.1.16 Vollständigkeit der Einspannung prüfen

Eine statische FE-Analyse erfordert, dass ein Satz von Randbedingungsarten vorliegt, der das FE-Modell statisch korrekt lagert. Damit ist gemeint, dass die Lagerung nicht unterbestimmt sein darf. Das Modell darf also nicht die Möglichkeit haben, sich in irgendeine Richtung frei zu bewegen oder um eine Achse zu drehen.

Statische FE-Analysen erfordern, dass jedes Bauteil vollständig gelagert ist. Überbestimmungen sind jedoch erlaubt.

Diese korrekte Einspannung muss durch Randbedingungen 🔧 erreicht worden sein, es reicht nicht aus, dass Lasten aufgebracht werden, die miteinander im Gleichgewicht sind.

Falls eine solche Unbestimmtheit vorliegt, spricht man von Starrkörperbewegung und das System kann die Berechnung in der Regel nicht durchführen. Es kommt dann, je nach eingesetztem Solver, zu Fehlermeldungen, die auf eine singuläre Matrix hinweisen.

Eine Überbestimmung der Lagerung, beispielsweise durch mehrmalige Fixierung eines Freiheitsgrades an verschiedenen Stellen, kann dagegen problemlos mit FEM berechnet werden. Dies ist sogar dann möglich, wenn Vorverschiebungen aufgebracht werden.

3.2.1.17 Überblick über weitere Randbedingungen

In diesem Abschnitt wird ein Überblick über die übrigen verfügbaren Randbedingungsarten der Anwendungen Design- und Advanced-Simulation gegeben.

Alle Einspannbedingungen auf einen Blick

- 🖥 „*Feste Randbedingung*" (Fixed Constraint): Diese Bedingung fixiert alle Freiheitsgrade, die von den späteren finiten Elementen unterstützt werden. Dabei ist zu bemerken, dass bei Volumenelementen nur die drei Translationsfreiheitsgrade eingestellt zu werden brauchen, während bei Schalen- und Balkenelemente (Advanced-Simulation) alle sechs Freiheitsgrade eingestellt werden können. (Z.B. für die Biegeübertragung zwischen zwei Balkenelementen.)

- 🖥 „*Feste Verschiebungsrandbedingung*" (Fixed Translation Constraint): Diese Randbedingung hält lediglich die Verschiebungsfreiheitsgrade fest und lässt die

Drehfreiheitsgrade frei. Daher ergibt sich bei volumenvernetzten Bauteilen kein Unterschied zwischen dieser und der ersten Bedingung.

- „*Feste Rotationsrandbedingung*" (Fixed Rotation Constraint): Entsprechend werden hierbei nur die Drehfreiheitsgrade festgehalten. Diese Funktion macht keinen Sinn, wenn lediglich Volumenelemente vorliegen, daher ist sie in „Design-Simulation" nicht verfügbar.

- „*Erzwungene Verschiebungsrandbedingung*" (Enforced Displacement Constraint): Hiermit wird eine vorgegebene Verschiebung auf eine Fläche, Kante oder Punkt aufgezwungen. Damit lassen sich z.B. manche Arten von Vorspannungen realisieren.

- "*Einfach unterstützte Randbedingung*" (Simply Supported Constraint): Hier kann sich das Bauteil in eine Richtung nicht mehr bewegen. Es entspricht also etwa einer Auflage, wobei das Teil auch nicht von der Auflage abheben kann.

- „*Verstiftet*" (Pinned Constraint): Diese Bedingung kann auf Zylinderflächen erzeugt werden. Es wird dann die Axialbewegung festgehalten und die Drehbewegung der Fläche frei gelassen.

- „*Zylindrische Randbedingung*" (Cylindrical Constraint): Hierbei werden zylindrische Koordinaten angewandt, die sich auf die selektierte Zylinderfläche beziehen. Zunächst werden alle Freiheitsgrade fest eingestellt. Der Anwender kann jedoch frei wählen, welchen der drei er frei beweglich haben möchte.

Alle Einspannbedingungen auf einen Blick

- „*Schiebereglerrandbedingung*" (Slider Constraint): Hierbei wird nur eine Verschieberichtung frei gelassen. Diese wird vom Anwender vorgegeben.

- „*Rollenrandbedingung*" (Roller Constraint): Hierbei erlaubt man einer Fläche, dass sie sich um eine Achse drehen oder entlang der Achse verschieben kann. Die Achse kann frei vorgegeben werden.

- „*Symmetrische Randbedingung*" (Symmetric Constraint): Bei einer Fläche, die zu einem volumenvernetzten Bauteil gehört, wird hier die Normalenrichtung der Fläche gesperrt. Bei volumenvernetzten Bauteilen genügt dies. Bei Schalen- oder Balkenelementen (Advanced-Simulation) ist die Symmetrie aufwändiger.

- „*Antisymmetrische Randbedingung*" (Anti-Symmetric Constraint): In manchen Fällen liegt ein symmetrisches Bauteil vor, die Lasten sind auch symmetrisch, jedoch umgekehrt bzgl. der Symmetrieebene. In so einem Fall wäre eine antisymmetrische Bedingung sinnvoll.

- „*Anwenderdefinierte Randbedingung*" (User Defined Constraint): Mit dieser Bedingung lassen sich alle sechs Freiheitsgrade getrennt einstellen. Die Einstellung kann fest, frei oder mit Vorverschiebung vorgenommen werden.

Weil nun alle Informationen für das FEM-Modell zugefügt worden sind, kann als nächstes eine erste Analyse durchgeführt werden.

3.2.1.18 Ergebnisse berechnen

Nachdem das Modell aufgebaut wurde, d.h., Material, Lasten, Randbedingungen und die Vernetzung erzeugt worden sind, kann der Berechnungsjob an den Solver übergeben werden. Gehen Sie dazu folgendermaßen vor:

Das Berechnungsmodell wird an den Solver übergeben.

- ↳ Machen Sie über den Simulationsnavigator das Simulations-Part zum dargestellten Teil. Nun sind die zum Lösen zugehörigen Funktionen verfügbar.
- ↳ Selektieren Sie im Simulationsnavigator den Knoten „Solution 1", und wählen Sie im zugehörigen Kontextmenü die Funktion „Lösen" 🗒 (Solve).
- ↳ Im folgenden Fenster bestätigen Sie mit „OK".

Evtl. erscheint noch eine Frage, die den iterativen Solver für diese Berechnung vorschlägt. Dies können Sie akzeptieren oder auch ablehnen. Der iterative Solver ist in der Regel schneller als der direkte. Besonders bei Tetraederelementen, die wir ja einsetzen, ist der iterative Solver zu empfehlen.

Der „Job Monitor" zeigt das Ende der Berechnung an.

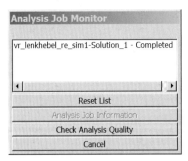

Ein kleines Fenster mit dem „Job-Monitor" zeigt den Lauf und später das Ende der Berechnung mit „Completed" an. Die vorliegenden Ergebnisse können im Simulationsnavigator anhand des Symbols „Results" erkannt werden. Ein Doppelklick darauf öffnet die Ergebnisse und startet den Postprozessor.

3.2.1.19 Überblick über den Postprozessor

Im Postprozessor werden die Ergebnisse dargestellt.

Bevor die Ergebnisse dieses Jobs erläutert werden, soll in diesem Abschnitt ein Überblick über die Funktionen des Postprozessors gegeben werden.

- ↳ Nachdem der Analyse-Job beendet ist, wählen Sie die Funktion „Postprocessing neu eingeben" 📝 (Reenter Post Processing), also den Postprozessor zum Darstellen und Auswerten der Ergebnisse.

Die Steuerung des Postprozessors geschieht auf der einen Seite über die entsprechende Toolbar „PP-Kontrolle" (Post Control) und auf der anderen Seite über den Simulationsnavigator. Die Toolbar bietet im Wesentlichen die Funktionen zum

- Beenden des Postprozessors,

- Optionen für die Darstellungsart des jeweiligen Ergebnisses, zum

- Abfragen von Ergebnissen an bestimmten Bereichen, zum

- Einstellen von Layouts mit mehreren Ergebnisfenstern und zum

- Animieren eines Ergebnisses.

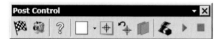

Mit Hilfe des Simulationsnavigators wird der Typ des darzustellenden Ergebnisses eingestellt. Dazu wird der Knoten „Results" im Navigator aufgeklappt.

Hier sind alle verfügbaren Ergebnisse zu finden, also im wesentlichen Verformungen („Displacement"), Spannungen („Stress"), Dehnungen („Strain") und die Reaktionskräfte („Reaction Force"). Unterhalb des Knotens mit dem Ergebnistyp finden sich seine Komponenten oder auch Verknüpfungen von Komponenten.

Der Navigator erlaubt den Zugriff auf die verschiedenen Ergebnisse.

Z.B. sind bei dem Ergebnistyp Verformung die richtungsbezogenen Verformungen X, Y und Z sowie als Verknüpfung der Betrag („Magnitude") der drei Komponenten zu finden.

Der Ergebnistyp Spannung („Stress – Element Nodal") enthält die drei Spannungen in x, y und z-Richtung („XX", „YY" und „ZZ") und weiter die Schubspannungen in den entsprechenden Ebenen und Richtungen („XY", „YZ" und „ZX"). Dies sind zunächst die reinen Ergebniskomponenten aus der FE-Rechnung. Darüber hinaus sind die wichtigen Verknüpfungen: größte Hauptspannung („Maximum Principal"), kleinste Hauptspannung („Minimum Principal"), Maximale Schubspannung („Maximum Shear") sowie die in den meisten Fällen zunächst betrachtete Vergleichsspannung nach von-Mises bzw. Gestaltänderungsenergiehypothese („Von Mises") verfügbar.

Verformungen, Dehnungen und Spannungen

Zwischen den verschiedenen Ergebnissen kann umgeschaltet werden, indem der kleine Haken des entsprechenden Knotens aktiviert wird. Alternativ kann auch in der Funktion „PP-Ansicht" (PostView) zwischen den Ergebnissen umgeschaltet werden.

Unterhalb der Knoten „Verformung" und „Spannung" finden sich die jeweiligen Komponenten.

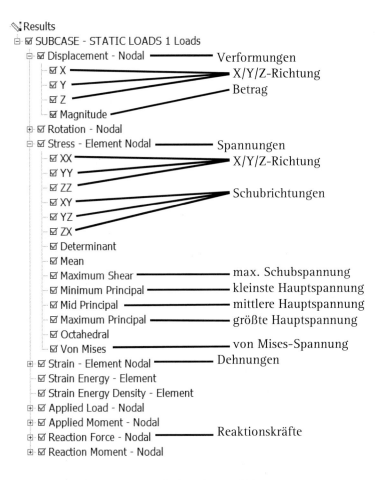

3.2.1.20 Verformungsergebnisse beurteilen

↳ Um die Verformungen darzustellen, aktivieren Sie im Simulationsnavigator den Knoten „Displacement - Nodal".

Nach Voreinstellung wird in diesem Fall immer der Betrag der Verformungen, also der Unterknoten „Magnitude", dargestellt.

Zuerst sollten die Verformungen kontrolliert werden.

Ihr Ergebnis sollte etwa wie in der Abbildung gezeigt aussehen.

Bei jeder FE-Analyse sollte zuerst anhand der Verformungsdarstellung festgestellt werden, ob das Ergebnis plausibel ist und ob die Randbedingungen sich wie erwartet verhalten.

↳ Um die Plausibilität zu beurteilen, ist es oftmals sinnvoll, die Animation des Ergebnisses zu betrachten, dazu ist die Funktion 🔧 auszuführen.

Die Animation eines Ergebnisses simuliert ein langsames Ansteigen der Last von null bis auf den Maximalwert. Dies hilft, um ein Verständnis für die Charakteristik der Belastung zu erlangen.

Die Animation der Verformung hilft für das Verständnis.

Abbildung bunt: Seite 314

Die Ergebnisplausibilität der Verformung ist gegeben, weil sich die ermittelte Bauteildurchbiegung wie erwartet einstellt. Nun wird der Betrag der Verformung abgelesen und ebenfalls auf Plausibilität geprüft: Maximale Verformung tritt an dem roten Bereich auf. Der Maximalwert liegt bei ca. 5,7 mm, was bei einer Gesamtgröße des Bauteils von ca. 450 mm durchaus plausibel erscheint.

Es folgt die Beurteilung, ob es sich bei den Verformungen noch um „kleine" Verformungen im Sinne der linearen Theorie oder etwa um solche handelt, die mit der linearen Methode nicht mehr ohne weiteres behandelt werden sollten.

↳ Dazu muss zunächst die Verformung ohne Über- oder Untertreibung dargestellt werden, eben so, wie sie wirklich berechnet worden ist. Dies erreichen Sie, indem Sie die Funktion „PP-Ansicht" ▣ (Post View) aufrufen und hier unter dem Register Anzeige (Display) die Option „Verformte Ergebnisse" (Deformed Results) auswählen.

Die lineare Theorie erfordert „kleine" Verformungen.

Unter den Optionen (Options) sehen Sie, dass die Methode für die Übertreibung der Darstellung auf 10% der Modellgröße voreingestellt ist. Es ist also gleichgültig, ob die berechnete Verformung sehr groß oder auch sehr klein ist, die Darstellung der Verformung richtet sich immer nur nach der Größe des Bauteils. Damit wird erreicht, dass immer eine erhebliche Verformung dargestellt wird, die zum qualitativen Beurteilen meist geeignet ist.

Verformungen werden üblicherweise übertrieben dargestellt.

↳ Um nun die echte Verformung, also die 5,7 mm, darzustellen, schalten Sie von „% des Modells" (% of Model) auf „X-Ergebnis" (X Result) und wählen die Größe „1" beim Maßstab (Scale).

↳ Außerdem sollten Sie den Schalter „Nicht deformiert zeigen" (Show Undeformed) einschalten, damit zum Vergleich die unverformte Geometrie mit angezeigt wird.

Das Ergebnis sollte nun wie in der Abbildung gezeigt aussehen.

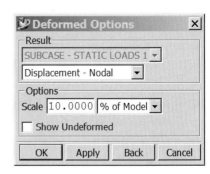

Die nicht übertriebene Darstellung der Verformung zeigt, dass es sich um kleine Verformungen handelt.

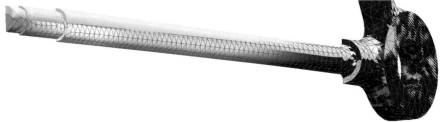

Abbildung bunt: Seite 314

Die Entscheidung über kleine oder große Verformungen bzw. die Gültigkeit der linearen Theorie sollte nach folgendem Gesichtspunkt vorgenommen werden: Betrachten Sie dazu die neu entstandene und die alte Geometrie. Die entscheidende Frage ist: Hat das Bauteil mit der neuen Geometrie eine nennenswert andere Steifigkeit als das Bauteil mit der alten Geometrie? Wenn Sie also die neue Geometrie modelliert hätten und nun hiermit die gleiche FE-Analyse durchführen würden: Würden die nun berechneten Verformungen sich von den ca. 5,7 mm der Originalgeometrie unterscheiden? Die Antwort ist: Die Formänderung von der alten zur neuen Geometrie ist so klein, dass beide Geometrien etwa die gleichen Steifigkeitseigenschaften haben. Daher ist die Voraussetzung der „kleinen Verformungen" in diesem Fall problemlos gegeben.

3.2.1.21 Vorläufige Spannungsergebnisse ablesen

Die Spannungen werden bei FE-Analysen aus den Verformungen abgeleitet. Dabei werden aus den Verformungen zuerst Dehnungen abgeleitet und hieraus, unter Ausnutzung der Spannungs-Dehnungsbeziehung des Materials, die Spannungswerte ermittelt. Zunächst ergeben sich dabei die sechs Komponenten des Spannungstensors. Für die Beurteilung der Festigkeit wird meist eine Vergleichsspannungshypothese herangezogen, mit deren Hilfe sich diese sechs Komponenten auf eine Vergleichsspannung reduzieren lassen. Diese Vergleichsspannung kann dann mit Materialkennwerten, wie z.B. der Fließgrenze, verglichen werden.

Die Auswahl einer geeigneten Vergleichsspannungshypothese hat in der Regel mit den Materialeigenschaften zu tun, die für den Bruch relevant sind. Als einfache Regel gilt:

- Bei zähen Materialien wie Stahl haben Schub- und Zugspannungen Einfluss auf den Bruch. Daher wird hier die Vergleichsspannungshypothese nach v. Mises angewandt.

- Bei spröden Materialien wie Grauguss sind die Schubspannungen weniger relevant, es zählen die reinen Zugspannungen. Daher nutzt man die Zughauptspannung (größte Hauptspannung) als Vergleichsspannung.

Da es sich in diesem Beispiel um Stahl handelt, werden wir die von-Mises-Spannung nutzen. Beachten Sie dabei bitte, dass die von-Mises-Spannung nicht anzeigt, ob es sich um Zug oder Druck handelt. Lediglich große oder kleine Belastung wird gezeigt. Für den späteren Vergleich mit theoretisch exakt berechneten Spannungswerten wollen wir auch die Zughauptspannung ablesen.

↳ Um die Spannungen anzuzeigen, schalten Sie nun bitte im Simulationsnavigator auf „Stress – Element Nodal".

Nach Voreinstellung wird nun die von-Mises Vergleichsspannung angezeigt. Dies ist der üblichste Weg für die Darstellung von Spannungsergebnissen.

> Bei zähem Material wird die von-Mises-Spannung bewertet. Bei sprödem die maximale Hauptspannung.

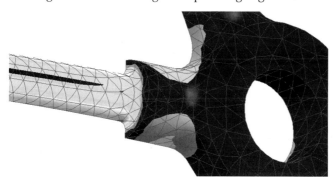

Abbildung bunt: Seite 315

> Von-Mises Spannungen am interessierenden Bereich. Die Qualität der Ergebnisse ist plausibel.

Um den gesuchten Kerbspannungswert abzulesen, kann man nun die Farbskala verwenden. Sie sollten jedoch nicht einfach den Maximalwert ablesen, der in der Skala auftritt, denn dieser Wert kann auch an einer anderen Stelle des Modells auftreten.

↳ Nutzen Sie zum gezielten Ablesen eines Wertes z.B. auf einer Fläche die Funktion Identifizieren ❓ (Identify).

↳ Die Funktion ist für die manuelle Auswahl einzelner Knoten voreingestellt. Günstiger in diesem Fall ist es, den „Pick"-Filter von „Einzeln" (Singel) auf

„Feature Edge" zu stellen und eine ganze Kante der Verrundung gleichzeitig auszulesen.

In dem Ausgabefenster der „Identifizieren"-Funktion wird Ihnen unter anderem der Maximalwert aller Knoten der Fläche angezeigt.

Die Vernetzung ist zu grob.

Die Werte, die Sie nachfolgend ablesen, können aufgrund der sehr groben Vernetzung noch erheblich von den hier angegebenen Werten abweichen. Während Verformungsergebnisse schon bei grober Vernetzung recht genau sind, müssen Vernetzungen für Spannungsergebnisse höheren Anforderungen genügen. Dem Leser ein Verständnis hierfür zu vermitteln, gehört zu den Zielen dieses Grundlagenbeispiels.

Lesen Sie nun auf der zugbeanspruchten Seite der Verrundung einen von-Mises-Kerbspannungswert ab, der ungefähr bei 168 N/mm^2 und einen Hauptspannungswert, der etwa bei 198 N/mm^2 liegen sollte. Beachten Sie bitte, dass diese Werte aufgrund von Fehlereinflüssen nur sehr vorläufigen Charakter haben. Solche Fehlereinflüsse, die bei allen FE-Analysen zu berücksichtigen sind, sollen nachfolgend diskutiert werden.

3.2.1.22 Vergleich der FE-Ergebnisse mit der Theorie

Unser Grundlagenbeispiel des Lenkhebels ist nun mit FEM berechnet worden, wobei noch keine Bemühungen für die Erreichung einer besonderen Genauigkeit unternommen worden sind. Bevor die Genauigkeit nun verbessert wird, soll zunächst das theoretisch exakte Ergebnis für einen solchen Lastfall ermittelt werden, damit dieses als Vergleich dienen kann. Die Ermittlung des theoretisch exakten Ergebnisses ist in diesem Fall möglich, weil eine Norm zur Verfügung steht, die diese Geometrie und ungefähr diesen Lastfall angibt. Es handelt sich um die DIN 743-2, mit deren Hilfe die Zughauptspannung von gekerbten, abgesetzten Wellen unter Biegemomentbelastung theoretisch exakt berechnet werden kann.

DIN 743-2 für die analytische Berechnung von Kerbspannungen

Dabei ist anzumerken, dass diese Norm von reiner Biegemomentbelastung ausgeht, in unserem Fall jedoch eine Kombinationslast aus Biegemoment und Querkraft auftritt. Bei langen Balken kann jedoch der Querkraftanteil vernachlässigt werden, weil dieser im Verhältnis zur Biegebelastung verschwindend klein wird. Für unser Beispiel ist die Annahme eines langen Balkens gerechtfertigt. In der FE-Analyse wird jedoch der genaue Lastfall bestehend aus Biegung und darüber hinaus geringer Querkraftwirkung berechnet, was dazu führt, dass bei genauer Berechnung tendenziell leicht höhere Spannungswerte erreicht werden als in der Norm.

Die Kerbspannung σ_{maxK} ergibt sich aus dem Produkt aus der Nennspannung der ungekerbten Welle σ_n und einem Kerbfaktor α_σ, der sich nach unten genannter Formel aus den geometrischen Maßen des Absatzes und des Kerbradius' ergibt.

$$\sigma_{\max K} = \sigma_n \cdot \alpha_\sigma$$

Die Kerbspannungen lassen sich in diesem Fall exakt aus der DIN 743-2 berechnen.

$$\sigma_n = \frac{M_b}{\pi \cdot d^3 / 32}$$

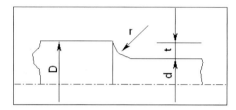

$$\alpha_\sigma = 1 + \frac{1}{\sqrt{0{,}62 \cdot \dfrac{r}{t} + 11{,}6 \cdot \dfrac{r}{d} \cdot \left(1 + 2 \cdot \dfrac{r}{d}\right)^2 + 0{,}2 \cdot \left(\dfrac{r}{t}\right)^3 \cdot \dfrac{d}{D}}}$$

Berechnung des Kerbfaktors

Das Biegemoment M_b ergibt sich aus dem wirksamen Hebelarm von 359,5 mm und der Biegekraft von 150 N zu 53925 Nmm.

Mit D=25 mm, d=15 mm, t=5 mm und r=2 mm ergibt sich dann für die Nennspannung σ_n=162,7 N/mm^2 und für den Kerbfaktor α_σ=1,723.

Somit erhalten wir eine theoretische Zugspannung in der Kerbe von 280 N/mm^2.

Das Ergebnis aus der FEM-Berechnung zeigt einen Wert von 198 N/mm^2 für die größte Zugspannung (Maximum Principal), der relative Fehler beträgt also ca. 30%.

Diese Ergebnisse zeigen nun als erste Erfahrungswerte, dass bei FE-Analysen durchaus mit derartigen Fehlern gerechnet werden muss, wenn keine besonderen Anforderungen an die Vernetzung gestellt werden. Wie im Folgenden gezeigt wird, resultieren diese 30% Fehler allein aus der Vernetzung. Die Randbedingungen oder Lasten üben in diesem Fall keinen Fehlereinfluss auf die ermittelte Kerbspannung aus.

Der Fehler bei der ersten Analyse beträgt ca. 30%.

3.2.1.23 Beurteilung der FE-Netzgüte

Die Qualität der Spannungsergebnisse von FE-Analysen hängt entscheidend von der Güte der Vernetzung ab, die zum Einsatz kommt. Auf der einen Seite ist dabei der gewählte Elementtyp entscheidend und auf der anderen Seite die Größe und Form der jeweiligen Elemente.

Als Elementtyp haben wir zehnknotige Tetraederelemente (Tet10) gewählt, was in den meisten Fällen der richtige und einfachste Weg ist. vierknotige Tetraeder führen zu sehr viel schlechterer Genauigkeit und haben ihre Daseinsberechtigung nur für besondere Spezialfälle beispielsweise nichtlineare Analysen mit Berücksichtigung von großen Verformungen.

Tetraeder mit Mittelknoten liefern viel genauere Ergebnisse als solche ohne Mittelknoten.

Hexaederelemente 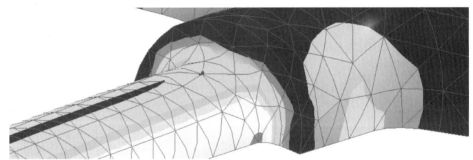 sind von der Genauigkeit noch höherwertig als Tet10-Elemente einzustufen, jedoch haben sie den Nachteil, dass sie nur bei sehr einfachen Geometrien automatisch erzeugt werden können.

Daher wird in den allermeisten Fällen von voluminösen Bauteilen komplexer Gestalt das Tet10-Element Einsatz finden. Nachfolgend werden wir daher nur noch von diesem Elementtyp sprechen. In der Anwendung „Design-Simulation" ist dies der einzig verfügbare Elementtyp. In späteren Lernaufgaben werden auch andere Elementtypen behandelt, sofern sie zweckmäßig sind.

Visuelle Kontrolle

In vielen Fällen ist die visuelle Kontrolle des FE-Netzes schon ausreichend, um die Qualität zu beurteilen. Insbesondere an Bereichen, an denen Sie die Spannung (oder Dehnung, nicht jedoch Verformung) interessiert, sollten die nachfolgenden vier Kriterien geprüft werden.

An den kritischen Bereichen sollte das Netz optisch kontrolliert werden.

Abbildung bunt: Seite 315

- *Ort der Spannung*: Vorsicht ist geboten, wenn Orte, an denen Sie Spannungen erwarten würden, in der FE-Analyse keine besonderen Spannungen zeigen. Zwei Gründe können insbesondere zu diesem Effekt führen:

Kriterien für die optische Kontrolle

  o Wie wir später in diesem Beispiel darstellen werden, zeigen Elemente mit größerer Gestalt oftmals kleinere Spannungen als solche mit kleiner Gestalt. Daher kann es sein, dass ein Ort, der eigentlich erhebliche Spannung trägt, nur grob vernetzt ist und in einer FE-Analyse kaum auffällt. Also prüfen Sie zunächst immer, ob solche Bereiche in Ihrem Ergebnis vorkommen. In unserem Beispiel ist dies nicht der Fall, der Kerbbereich zeigt die erwartete Spannungskonzentration.

  o Darüber hinaus kann es auch vorkommen, dass ein Radius, der an sich hoch beansprucht wird, gar nicht im CAD-Modell erzeugt worden ist. In diesem Fall würden evtl. auch keine besonderen Spannungen hier angezeigt werden.

- *Spannungsabbildung*: Große Spannungsgradienten müssen durch mehrere Elementschichten abgebildet werden, weil jedes Element für sich nur einen relativ einfachen Übergang verarbeiten kann. Dieses Kriterium ist meist das wichtigste. In unserem Beispiel deckt im Bereich der Spannungskonzentration nur eine Elementschicht den Großteil der Spannung ab. Hier ist mit erheblichen Ungenauigkeiten zu rechnen.

- *Elementform*: Es sollten keine stark verzerrten Elemente an interessierenden Stellen vorliegen. Im optimalen Fall haben die Elemente die Form von gleichseitigen und gleichwinkligen Tetraedern. Spitze Elemente im kritischen Bereich führen zu ungenauen Ergebnissen. Im Fall unseres Beispiels sind die Elementformen im Radius durchaus akzeptabel.

- *Geometrieabbildung*: An interessierenden Stellen soll die reale Bauteilgeometrie von den Elementen möglichst genau abgebildet werden. Zu grobe Elemente können dies oft nicht leisten. In unserem Beispiel deckt beispielsweise nur eine Elementschicht den gefragten Radius ab, daher wird die Kante nicht als Kreis, sondern lediglich als gerade Linie abgebildet. Daraus folgt ein erheblicher Genauigkeitsverlust.

Kontrolle durch automatische Prüfung der Elementformen

Eine automatische Prüfung der Elementformen hilft Ihnen, alternativ zur visuellen Kontrolle schnell einen Überblick über die Elemente mit der schlechtesten Form zu gewinnen. Dies ist in vielen Fällen erforderlich, weil einige Solver, beispielsweise Nastran, sehr hohe Ansprüche an die Elementform stellen. Falls nur ein einziges Element ein Qualitätskriterium nicht besteht, so bricht der Solver den Job ab. Wenn Sie die automatische Prüfung nutzen, sollten Sie die visuelle Kontrolle der Vernetzung trotzdem durchführen, weil neben der Elementform auch andere Kriterien, z.B. die Elementgröße von Bedeutung sind.

Kontrolle durch Hilfe des NX-Systems

- Die automatische Prüfung wird im FEM-Part durchgeführt. Machen Sie daher zunächst dieses zum dargestellten Teil.

- Wählen Sie nun im Simulationsnavigator den Knoten des 3D-Netzes und führen in dessen Kontextmenü die Option „Prüfen, Elementformen" ✓ (Check, Element Shapes) aus.

Das Ergebnis sollte ähnlich dem in der Abbildung sein.

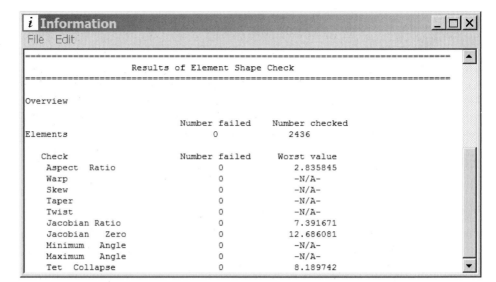

Bei diesem Check sind keine Elemente durchgefallen.

Dabei sollte die „Number failed" auf Null stehen, d.h., alle Elemente haben die voreingestellten Prüfkriterien bestanden. Ein solches Netz sollte problemlos von allen Solvern verarbeitet werden können.

3.2.1.24 Möglichkeiten zur Verbesserung des FE-Netzes

Eine Verfeinerung der finiten Elemente führt in der Regel automatisch zu einer Verbesserung der Netzgüte, weil alle beschriebenen Kriterien zur visuellen Kontrolle dadurch begünstigt werden. Nachfolgend werden drei Methoden beschrieben, die zur Verfeinerung genutzt werden können. Die dritte Methode wird dann für dieses Beispiel eingesetzt.

Eine Verfeinerung der Elemente führt zu einem genaueren Ergebnis.

Verringerung der Gesamtelementgröße

Im einfachsten Fall kann daher eine globale Verringerung der Elementgröße durchgeführt werden, um bessere Ergebnisse zu erhalten.

Da sich diese Methode jedoch auf das ganze Bauteil auswirkt, führt es zu einem erheblichen Anstieg der Knoten- und Elementanzahl. Je nachdem, wie leistungsfähig die eingesetzte Hardware ist, kann aber durchaus zielführend auf diese Weise gearbeitet werden. Allerdings steigt mit der Anzahl der Elemente auch die Größe der Dateien an, die für die Verarbeitung benötigt werden. Es folgt eine mehr oder weniger starke Verzögerung aller interaktiven Aktionen am Rechner, also Öffnen, Schließen, Zoomen, Drehen usw. Noch viel schlimmer wird es, wenn ein Modell mit nichtlinearen Eigenschaften analysiert wird, weil hier die Analyse iterativ durchgeführt wird und zu einem Vielfachen der Rechendauer führt.

Automatische Verfeinerung an Verrundungen

Eine zweite Methode besteht in der Nutzung einer Funktion zum automatischen Verfeinern an Verrundungsflächen, über die der Vernetzer verfügt. Weil der interessierende Bereich in unserem Beispiel zufälligerweise genau die einzige Verrundungsfläche ist, wäre diese Funktion ideal anzuwenden. In anderen Fällen jedoch entsteht mit dieser Funktion eine oftmals unnötige Verfeinerung aller Radien. Trotzdem soll bemerkt werden, dass mit dieser Funktion oftmals auf Knopfdruck ein brauchbares Netz bei komplexen Gussteilen erstellt werden kann. Die Funktion kann innerhalb des Tetraedervernetzers unter „Gitteroptionen" (Mesh Options) gefunden werden. Dort kann der Schalter „Process Fillets" (Verrundungen verarbeiten) aktiviert und mit weiteren Optionen die gewünschte Verfeinerung definiert werden.

Bei Spannungsanalysen an Kerben müssen diese fein vernetzt werden.

Lokale Verfeinerung an gewünschten Flächen

Eine Verfeinerung lediglich an den interessierenden Bereichen wird oft gewünscht, um einerseits Elemente zu sparen und andererseits genaue Ergebnisse hier zu erhalten. Im Fall unseres Beispiels handelt es sich dabei um den Bereich der Verrundungsfläche des Absatzes. Nachfolgend wird die erforderliche Methodik für eine lokale Netzverfeinerung in diesem Bereich beschrieben.

3.2.1.25 Unterteilung von Flächen am interessierenden Bereich

Das gewünschte FE-Netz sollte im interessierenden Bereich fein sein und im restlichen Bereich grob. Dabei sollte der Übergang von dem feinen zum groben Bereich möglichst sanft sein. Vorgaben über die Netzfeinheit werden in der Regel auf den Flächen des CAD-Modells gemacht, es sind jedoch auch Vorgaben auf den Kanten möglich.

Um den Flächenbereich zu beschreiben, auf dem eine Verfeinerung durchgeführt werden soll, muss der Anwender vorhandene Flächen des CAD-Modells verwenden oder aber Flächen zweckmäßig unterteilen.

Im Fall unseres Beispiels sollen die Verrundungsfläche sowie die beiden angrenzenden Bereiche verfeinert werden. Die angrenzenden Flächen werden mitberücksichtigt, damit im kritischen Bereich kein abrupter Übergang von grob nach fein entsteht.

Auf einer Seite des Absatzes (siehe Abbildung) gibt es schon eine geeignete kleine Planfläche, auf der anderen Seite des langen Hebels gibt es dagegen nur die viel zu große Zylinderfläche. Daher soll hier eine Flächenunterteilung vorgenommen werden. Die Methode der Flächenunterteilung wird sehr oft zur Vorbereitung von FE-Analysen eingesetzt. Nachfolgend wird die Methodik beschrieben.

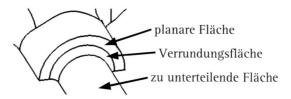

planare Fläche
Verrundungsfläche
zu unterteilende Fläche

Hier wird der interessie-
rende Bereich unterteilt.

✦ Die folgenden Arbeiten müssen am idealisierten Part durchgeführt werden. Machen Sie dieses daher zunächst zum dargestellten Teil.

✦ Sie finden die Funktion zur Flächenunterteilung ✎ (Subdivide Face) unter der Funktionsgruppe für Geometrievorbereitungen. Rufen Sie die Funktion auf, und

✦ selektieren Sie die zu unterteilende Fläche, also die lange Zylinderfläche des Hebels.

✦ Schalten Sie dann im Menü der Funktion auf den zweiten Selektionsschritt „Geometrie unterteilen" (Subdividing Geometry).

Diese Funktion hilft bei
der Flächenunterteilung.

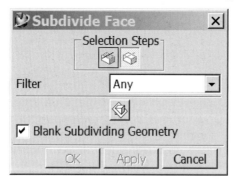

Nun müssen Sie eine Geometrie angeben, an der die Fläche aufgeteilt werden soll. Es kann sich dabei um eine Kurve, Skizze oder Ebene handeln, wie Sie in den Optionen für den Filter nachsehen können. In unserem Fall wäre es sinnvoll, eine Referenzebene (Datum Plane) zu nutzen, die als Abstandsebene von der planen Absatzfläche mit beispielsweise 10 mm erzeugt wird.

✦ So eine Referenzebene können Sie innerhalb des Menüs mit dem Knopf „Bezugsebene erzeugen" ▨ (Create Datum Plane) erzeugen, der Sie auf den entsprechenden Dialog führt.

✦ Erzeugen Sie nun, entsprechend der Abbildung, eine Ebene.

✦ Nachdem Sie die Abstandsebene erzeugt haben, kommen Sie wieder in den Dialog zur Flächenunterteilung zurück. Hier bestätigen Sie mit „OK", und die gewünschte Unterteilung wird an der Ebene durchgeführt.

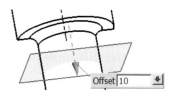

Damit ist der interessierende Bereich geeignet unterteilt worden, und es kann, wie in den nächsten Abschnitten erklärt, mit der Verbesserung der Polygongeometrie sowie Attributen für die Vernetzung weitergearbeitet werden.

3.2.1.26 Verbesserung der Polygongeometrie

Die Überführung des CAD-Modells des Hebels in eine Polygongeometrie bringt einen Genauigkeitsnachteil mit sich, der bei präzisen Spannungsberechnungen, wie wir sie für diese Lernaufgabe nun brauchen, relevant wird. Bei genauem Betrachten des Modells in der FEM-Datei können die zugrunde liegenden Dreiecke erkannt werden, die den Körper beschreiben. Dies kann noch erleichtert werden, wenn die

Funktion „Facettenkanten" ⬙ (Facet Edges) aus der Ansichtswerkzeugleiste eingeschaltet wird (siehe Abbildung).

Für die Vernetzung wird automatisch ein Polygonmodell der CAD-Geometrie erstellt.

Weil die Vernetzung auf der Facettengeometrie aufbaut, berechnen wir den Hebel nicht in seiner exakten Geometrie, sondern leider nur in Form eines solchen leicht kantigen Körpers. Daher können auch die Ergebnisse hiermit niemals exakt werden, selbst nicht bei hochwertigster Vernetzung. Bevor wir in den nachfolgenden Schritten die Vernetzung verbessern, soll daher zuerst eine Methode angegeben werden, um das Polygonmodell im interessierenden Bereich der Kerbe zu verbessern.

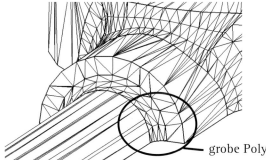

grobe Polygongeometrie

Das Polygonmodell ist an den Radien zu grob für eine Berechnung exakter Spannungen.

Die hier angegebene Methode ist jedoch nur als Workaround zu verstehen, da es zum gegenwärtigen Zeitpunkt in der NX4 (zu Redaktionsschluss im März 2006 lag die Version NX4.0.0.25 vor) noch keine offizielle Methode zur Verbesserung des Polygonmodells gibt. Das Problem ist jedoch der NX-Entwicklung bekannt, und diese hat eine zusätzliche Funktion angekündigt, mit der das Polygonmodell angepasst werden kann. Diese Funktion soll in der Version NX4.0.1 verfügbar sein. Bis dahin muss in solchen Fällen mit dem folgenden Workaround gearbeitet werden, der leider nur in Zusammenhang mit einer Funktion aus „Advanced-Simulation" möglich ist:

↳ Wechseln Sie in das idealisierte Teil.

↳ Schalten Sie in die Anwendung „Konstruktion".

- Erzeugen Sie einen Satz von Referenzebenen, die den interessierenden Bereich der Kerbe (der Bereich, an dem Zugspannungen auftreten) mehrfach unterteilen.
- Wechseln Sie in die Anwendung „Design-Simulation".
- Unterteilen Sie die Flächen in dem interessierenden Bereich an den Referenzebenen mit der Funktion zur Flächenunterteilung ⬙ (Subdivide Face). Dies kann in einer Operation durchgeführt werden, denn es können gleichzeitig mehrere Flächen und Ebenen angewählt werden.

Das Ergebnis sollte ungefähr wie in der Abbildung aussehen.

Flächenunterteilungen
am CAD-Modell ...

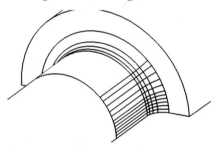

Wechseln Sie in die FEM-Datei, und bemerken Sie die nun feinere Auflösung des Polygonmodells in diesem Bereich.

... machen das Polygon-
modell genauer.

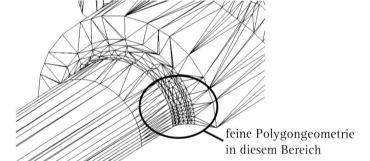

feine Polygongeometrie
in diesem Bereich

Nun haben Sie erreicht, dass in diesem Bereich eine sehr genaue Polygongeometrie erstellt wurde. Allerdings würden die vielen dicht beieinander liegenden Kanten bei der Vernetzung erheblich stören. Daher müssen die vielen kleinen Flächen nun am Polygonmodell wieder zusammengefügt werden. Dies geschieht folgendermaßen:

Schließlich werden am
Polygonmodell die vielen
Flächenstücke wieder
vereinigt.

- Wechseln Sie in die Anwendung „Advanced-Simulation" ▣.
- Rufen Sie unter der Funktionsgruppe zur Bearbeitung des Polygongeometrie die Funktion „Fläche vereinigen" ✗ (Merge Face) auf.
- Selektieren Sie die Zwischenkanten, die Sie vorher eingefügt haben. Und bestätigen Sie.

↳ Wechseln Sie zurück in die Anwendung „Design-Simulation".

Damit haben Sie die gewünschte feine Polygongeometrie erreicht und trotzdem keine überflüssigen Kanten. Es kann nun mit der Verbesserung des FE-Netzes begonnen werden.

3.2.1.27 Flächenattribute zur Netzsteuerung definieren

Das lokale Verfeinern geschieht durch Vergabe des Attributs „Flächendichte" (Face Density) auf den entsprechenden drei Oberflächen des 3D-Körpers. Das Attribut steuert lokal die Elementgröße und wird so eingestellt, wie das 3D-Netz an diesem Bereich gewünscht wird. Die Vergabe solcher Attribute geschieht durch den „Attribute Editor".

↳ Für die anschließende Erzeugung dieser Netzsteuerung machen Sie nun das FEM-Part wieder zum dargestellten Teil.

↳ Wählen Sie dann die Funktion „Attribute Editor", und

↳ selektieren Sie die Verrundungsfläche z.B. als erste der drei Flächen.

↳ Tragen Sie im Attribute Editor unter „Flächendichte" (Face Density) einen Wert von beispielsweise 2 -3 ein.

↳ Bestätigen Sie mit „Apply".

↳ Führen Sie dies auch für die beiden angrenzenden Flächen durch.

↳ Aktualisieren Sie das Netz mit den neuen Eigenschaften.

Versuchen Sie, ein Netz zu erreichen, das etwa zwei Elementschichten, entsprechend der Abbildung, hat. Variieren Sie dazu nach eigenem Ermessen die Parameter.

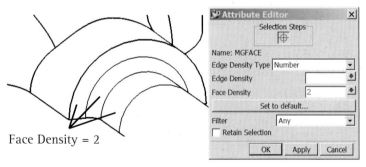

Face Density = 2

An den interessierenden Flächen wird die Elementdichte erhöht.

↳ Als Nächstes berechnen Sie die Ergebnisse erneut .

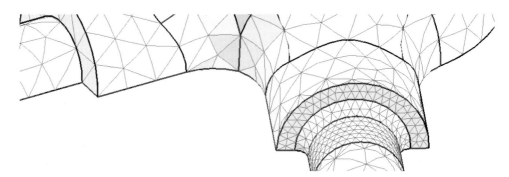

Es ergibt sich dann ein lokal verfeinertes Netz.

Nachdem die neue FE-Analyse durchgeführt wurde, öffnen Sie die Ergebnisse und lesen wieder die Zughauptspannung in der Kerbe ab. Es ergibt sich ein Wert von ca. 220 N/mm^2. Der Fehler zum theoretischen Wert beträgt jetzt noch ca. 20%.

3.2.1.28 Weitere Verfeinerungen bis zur Konvergenz

Um einen Konvergenznachweis zu erbringen ist es erforderlich zu zeigen, dass sich die Ergebnisse einer FE-Analyse kaum noch ändern, wenn die Vernetzung weiter verfeinert wird. Erst durch den Nachweis dieser Eigenschaft ist die Sicherheit gegeben, dass die ermittelten Ergebnisse nahe am theoretisch exakten Wert sind bzw. dass der Fehler durch die FE-Analyse nur noch klein ist.

Der Leser sollte die Konvergenz an seiner Aufgabe selbst nachweisen.

- Daher sollten Sie als Nächstes eine Vernetzung erstellen, die beispielsweise ungefähr vier Elementschichten über der Verrundung hat (dies ergibt sich mit einer „Flächendichte" von ca. 1,5), und

- danach eine weitere mit ca. acht Schichten (dies ergibt sich mit einer „Flächendichte" von ca. 0,5).

- Berechnen Sie jedes Mal die Spannungen, und notieren Sie das Ergebnis.

3.2.1.29 Gegenüberstellung der Ergebnisse und Bewertung

Werden die vier FE-Analysen mit zunehmender Netzfeinheit gegenübergestellt, so kann das charakteristische asymptotische Verhalten festgestellt werden. Es gelten die drei Regeln:

1. Die Spannungsergebnisse aus FEM sind in der Regel kleiner als die theoretisch exakten.

2. Mit zunehmender Netzfeinheit steigen die Spannungsergebnisse an.

3. Die Spannungen nähern sich asymptotisch an den theoretisch exakten Wert an.

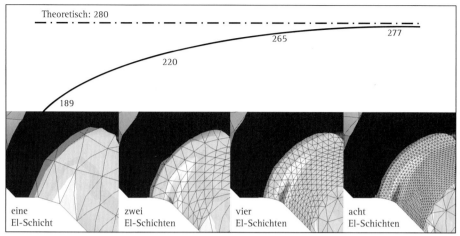

Theoretisch: 280

277

265

220

189

| eine El-Schicht | zwei El-Schichten | vier El-Schichten | acht El-Schichten |

Abbildung bunt: Seite 313

Ein gelungener Konvergenznachweis

Es soll noch darauf hingewiesen werden, dass der Konvergenzverlauf nicht immer derart sauber nachgewiesen werden kann, wie es hier dargestellt ist. In vielen Fällen ergeben sich größere oder kleinere Schwankungen gegenüber der asymptotischen Kurve, denn die Ergebnisse hängen ja von der Qualität der jeweiligen Elemente ab, die in der Kerbe liegen.

Außerdem muss auch darauf hingewiesen werden, dass die Elemente nicht zu sehr verkleinert werden dürfen, weil sonst der numerische Fehler (Rundungsfehler) an Bedeutung gewinnt. Also soll nicht unnötig stark verfeinert werden.

Bei zu kleinen Elementen wächst der numerische Fehler erheblich.

Mit den Erkenntnissen aus diesem Beispiel haben Sie als neuer FE-Anwender nun erste sehr wichtige Erfahrungen gesammelt, denn Sie haben gesehen, wie die Genauigkeit von FE-Ergebnissen von der Art der Vernetzung abhängt. Vorteil ist, dass sich die hier erlangten Erkenntnisse auch auf andere Beispiele übertragen lassen. D.h., Sie können bei zukünftigen Aufgaben die Genauigkeit einer FE-Analyse abschätzen, wenn Sie die Art der Vernetzung vergleichen. Es ist dabei zu beachten, dass eine Übertragung der hier gewonnenen Erkenntnisse insbesondere dann erfolgreich ist, wenn es sich um ein ähnliches Formelement und einen ähnlichen Belastungszustand handelt, z.B. ist das bei Gussteilen der Fall, bei denen in den Verrundungen gefährliche Kerbspannungen auftreten. Bauteile mit Verrundungen, die unter Zugbelastung stehen, sollten daher für genaue Spannungsergebnisse mit mindestens vier Elementschichten über dem Radius vernetzt sein. Grobe Aussagen sind aber auch schon mit nur einer Schicht möglich.

Noch einmal sei jedoch darauf hingewiesen, dass in diesem Beispiel der reine Fehler durch die FE-Methode betrachtet wird. Dieser Fehler kann also nahezu bis auf null reduziert werden, wenn auf die gezeigte Weise vorgegangen wird. In der Praxis werden wahrscheinlich andere Fehlereinflüsse eine größere Rolle spielen. Beispiele für wichtige Fehlereinflüsse sind:

- Unsicherheiten bzgl. der Lasten. Die äußeren Belastungen sind meist sehr ungewiss. Daher können in vielen Fällen nur grobe Annahmen darüber getroffen werden.

Weitere Fehlereinflüsse neben der Vernetzung

- Unsicherheiten bzgl. der Lagerung oder Einspannung. Die reale Situation kann oft nur angenähert wiedergegeben werden.

- Vorspannungen des Bauteils aus der Montage oder aus Temperatureinflüssen. Diese Einflüsse können nur über Toleranzanalysen berücksichtigt werden.

- Unsicherheiten über die genaue Geometrie. Beispielsweise bei Gussradien oder Schweißnähten ist die genaue Form unbekannt. Daher können hier auch keine genauen Spannungen ermittelt werden. Wenn ein Vergleich Rechnung / Messung fehlschlägt, kann das auch darauf hindeuten, dass das Bauteil in seinen Abmessungen nicht mit der Zeichnung übereinstimmt, nach der das Bauteil erstellt wurde, oder dass sich im Inneren des Bauteils Fehlerstellen befinden (Guss-Lunker). Abhilfe verschafft hier ein Wiegen des Bauteils und Vergleich mit den Gewichtsdaten aus dem CAD-System. Wenn die Masse nicht übereinstimmt, ist so ein Fehler sehr wahrscheinlich.

- Inhomogenitäten des Materials. Beispielsweise durch Oberflächenbehandlungen oder den Entstehungsprozess hervorgerufene Verfestigungen. Diese Größen können in der FE-Analyse nur schwer berücksichtigt werden.

- Schließlich muss auch noch auf den numerischen Fehler hingewiesen werden, der bei Computerberechnungen aufgrund von Rundungseffekten entsteht. Dieser Fehler wird insbesondere dann relevant, wenn die Elemente zu klein werden. Daher darf die Vernetzung auch nicht zu sehr verfeinert werden.

Alle diese Unsicherheiten müssen am realen Praxisfall vom Anwender beachtet werden und in die Bewertung des Ergebnisses einbezogen werden. Daher ist für die Festigkeitsbeurteilung in vielen Fällen der Versuch einzubeziehen. Für A-B-Vergleiche unter gleichen Bedingungen jedoch ist die FE-Analyse hervorragend geeignet.

3.2.1.30 Der Effekt von Singularitäten

Singularitäten sind Störungen des Kraftflusses am FE-Modell.

Hier dürfen Spannungen nicht abgelesen werden.

Während die Geometrie realer Bauteile stets klar und korrekt vorliegt, haben wir es bei CAD- oder FE-Modellen mit Nachbildungen der realen Geometrie zu tun. Dabei treten Fehler auf, beispielsweise werden bei Gussmodellen keine Lunker modelliert. Auch Rauhigkeiten realer Oberflächen werden in CAD als glatte Flächen dargestellt. Beim Übergang vom CAD- zum FE-Modell werden diese Ungenauigkeiten übernommen und oftmals noch verstärkt, weil viele kleine Formelemente des CAD-Modells im FE-Modell unerwünscht sind.

In manchen Fällen führen solche Vereinfachungen der realen Geometrie dazu, dass der Kraftfluss des realen Bauteils im FE-Modell nicht mehr korrekt dargestellt werden kann. Sehr oft tritt dieser Effekt beispielsweise auf, wenn Verrundungen am realen Bauteil im FE-Modell unterdrückt bzw. gar nicht vorhanden sind, die in Realität unter Zugspannung stehen. An solchen Stellen können am FE-Modell die realen Kraftlinien nicht nachgebildet werden, und man spricht in diesem Fall von Singularitäten. Eine Singularität wirkt sich so aus, dass im Bereich dieser Störung keine korrekten Spannungen oder Dehnungen ermittelt werden können. Die lokale Stelle ist nicht bestimmbar. In einer gewissen Entfernung von dieser Stelle, wenn die Kraftlinien am FE-Modell wieder korrekt ausgebildet sind, wirkt dieser Effekt nicht mehr, und die angezeigten Werte sind wieder ernst zu nehmen.

Zu singulären Stellen zählen neben zugbeanspruchten Kanten oft auch Lasteinleitungen, die einen Flächenbereich abrupt belasten. Auch an so einer Stelle werden die Kraftlinien gestört, denn in Realität wird eine Flächenbelastung immer erst langsam ansteigen, bis sie den vollen Wert erreicht hat.

Scharfe Kerben, Einspannungen und Lasteinleitungen führen oft zu Singularitäten.

Außerdem gehören auch Einspannbedingungen oft zu den singulären Stellen, an denen Spannungswerte nicht bewertet werden dürfen. Der Grund liegt darin, dass reale Einspannungen immer eine mehr oder weniger große Nachgiebigkeit haben, die im FE-Modell meist durch eine fixe Bedingung abgebildet wird. Die starre Einspannung am FE-Modell führt wieder zu einer Störung der realen Kraftlinien, und daher können in diesen Bereichen Spannungen und Dehnungen nicht korrekt ermittelt werden.

Ein kleines Experiment am FE-Modell des Lenkhebels soll den Effekt von Singularitäten verdeutlichen. Es soll gezeigt werden, wie sich die Spannung in einer singulären Kerbe verhält, wenn die Vernetzung grob bzw. immer feiner wird. Gehen Sie dabei wie folgt vor:

- Löschen Sie die Verrundung, die wir im idealisierten Modell erzeugt haben.

- Nachdem Sie die Verrundung gelöscht haben, müssen Sie das FE-Modell aktualisieren und

- prüfen, ob die Randbedingungen noch mit den korrekten Flächen verbunden sind. Dies erledigen Sie in der Simulationsdatei.

- Vernetzen Sie nun das Bauteil zunächst grob und dann in dem Bereich der gelöschten Verrundung jedes Mal feiner. Steuern Sie die Verfeinerungen durch Flächenattribute auf den beiden Flächen des Bereichs. Lassen Sie die Ergebnisse berechnen, und ermitteln Sie die maximal auftretende Spannung auf den beiden Flächen.

Das Ergebnis könnte ungefähr wie in der Abbildung dargestellt aussehen, wobei die Zahlenwerte auch deutlich abweichen können.

An einer Singularität
steigt die Spannung bei
feinerer Vernetzung
immer weiter an.

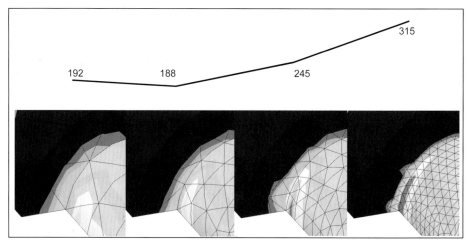

Abbildung bunt: Seite 313

Die Ergebnisse zeigen, dass der vorher kennen gelernte asymptotische Verlauf nicht erkennbar ist. Vielmehr steigen die Spannungen mit feiner werdender Vernetzung immer weiter an. Dieses Verhalten ist typisch für Störungen am Kraftfluss bzw. Singularitäten. In so einem Fall darf die Spannung an dieser Stelle nicht ausgewertet werden, da ihre Größe nur von der Vernetzungsfeinheit abhängt.

In der Praxis kommen solche oder ähnliche Singularitäten an fast jedem FE-Modell vor. Meist lassen sie sich gar nicht oder nur mit erheblichen Aufwand beheben oder entfernen. Der Anwender muss daher diesen Effekt kennen und darf auf keinen Fall den Fehler machen, dass Spannungsergebnisse an solchen Störungsbereichen ausgewertet werden. In einer kleinen Entfernung von der Singularität dagegen ist der störende Effekte schon abgeklungen. Daher darf an allen anderen Stellen ruhig bewertet werden, nur eben in der Kerbe selbst nicht.

3.2.2   Temperaturfeld in einer Rakete (Sol153)

Der Rak2 wurde von einem Raketenmagazin mit 24 einzelnen Raketen angetrieben. Eine Rakete besteht aus einem Rohr, das auf einer Seite verschlossen ist und auf der anderen Seite eine Düse hat. Im Rohr wird der Brennstoff gelagert. Für dessen Zündung ist ein Zündgeber vorgesehen, der vom Fahrer bedient wird.

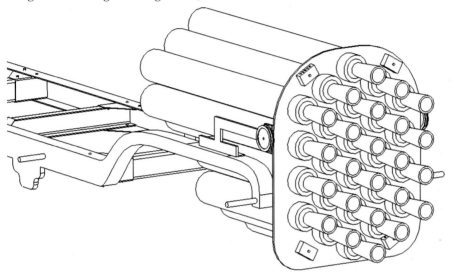

Das Raketenmagazin des Opel Rak2.

Sie lernen an dieser Aufgabe die Durchführung, die Möglichkeiten und Grenzen einer Temperaturfeldanalyse in der Anwendung „Design-Analysis" des NX-Systems. Außerdem werden Vorgehensweisen für die Behandlung achsensymmetrischer Probleme behandelt, die in der Praxis häufig vorkommen. Auch die Behandlung von Netzverbindungen, beispielsweise für Bauteilverbindungen, wird in diesem Beispiel erklärt. Darüber hinaus wird dargestellt, wie mehrere Lösungen in einer Simulationsdatei behandelt werden.

3.2.2.1   Aufgabenstellung

Die reale thermische Situation am Raketenantrieb des Rak2 ist von komplexer Natur. Dies rührt zum einen daher, dass die auftretenden physikalischen Effekte, z.B. die Verbrennung, komplex sind. Zum anderen bestehen große Unsicherheiten bzgl. der real auftretenden Randbedingungen, beispielsweise der Temperaturen und Konvektionseigenschaften.

Bei der Temperaturfeldanalyse in Design-Simulation werden Annahmen getroffen.

Eine thermische Berechnung mit linearer FEM muss Annahmen voraussetzen, die schwer abschätzbare Fehlereinflüsse zulassen. Daher ist die hier gezeigte Methodik nicht geeignet, den realen Raketenantrieb des Rak2 zu berechnen, vielmehr soll die Methodik Möglichkeiten und Grenzen der Temperaturfeldanalyse im NX-System mit der Anwendung „Design-Simulation" verdeutlichen. Die Aufgabenstellung wird deshalb sehr stark vereinfacht.

Eine Rakete und die angenommenen Randbedingungen

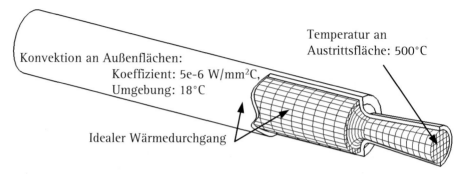

Konvektion an Außenflächen:
  Koeffizient: 5e-6 W/mm^{2}C,
  Umgebung: 18°C

Temperatur an
Austrittsfläche: 500°C

Idealer Wärmedurchgang

Es soll in dieser Aufgabe das Temperaturfeld in einer der Antriebsraketen berechnet werden, wenn die folgenden Randbedingungen herrschen: An der Austrittsfläche der Düse herrscht eine Temperatur von 500°C. Auf allen Außenflächen des Raketenrohrs findet konvektiver Wärmeaustausch mit der Umgebungsluft statt, die eine Temperatur von 18°C habe. Zwischen dem Brennstoff und dem Raketenrohr sei ein idealer Wärmedurchgang angenommen.

Der Wärmeübergangskoeffizient zwischen dem Rohr und der Umgebungsluft betrage 0,5e-5 W/mm^{2}C. Das Rohr sei aus einem Werkstoff mit der Wärmeleitfähigkeit von 0,052 W/mm C, der Brennstoff habe dagegen nur 0,026 W/mm C.

Gesucht ist der Temperaturverlauf im Rohr. Insbesondere interessiert uns, wie weit das Rohr im hinteren Bereich abkühlen wird.

3.2.2.2 Laden der Teile

Das zu berechnende Raketenrohr finden Sie im Verzeichnis des Rak2 unter der Benennung „as_rakete.prt". Dieses Teil beinhaltet ebenfalls die Geometrie für die Brennstofffüllung. Weil offenbar keine weiteren Bauteile aus übergeordneten Baugruppen für die geplante Analyse gebraucht werden, laden Sie dieses Teil nun im NX-System und fahren mit den nächsten Schritten fort.

↳ Laden Sie in NX die Datei „as_rakete.prt".

3.2.2.3 Erzeugen der Dateistruktur

Für die FEM-Analyse wird eine eigene Dateistruktur erzeugt.

↳ Als Nächstes schalten Sie in die Anwendung „Design Analysis" und

↳ wählen im Simulationsnavigator die Funktion zum Erzeugen der Dateistruktur „Neues FEM und Simulation" (New FEM and Simulation). Evtl. startet diese Funktion auch automatisch.

↳ Im nun erscheinenden Menü „Neues FEM und Simulation" (New FEM and Simulation) können die Voreinstellungen für spätere Lösungen angegeben werden. Da Sie eine thermische Analyse durchführen möchten, wählen Sie unter „Analyse Typ" die Option „Thermisch" (Thermal).

↳ Bestätigen Sie mit „OK".

Daraufhin werden Sie vom System nach der Lösung gefragt, die Sie verwenden möchten. Vorher sollte jedoch über die Symmetrieeigenschaften der Aufgabe nachgedacht werden.

3.2.2.4 Überlegungen zu Symmetrie und Lösungstyp

Um Elemente und damit Rechenzeit sowie Datenvolumen zu sparen, sollten evtl. vorhandene symmetrische Eigenschaften meist ausgenutzt werden. Symmetrische Eigenschaften können immer dann ausgenutzt werden, wenn sowohl die Geometrie als auch die Randbedingungen in gleicher Art symmetrisch sind. Im NX-System können Spiegelsymmetrien, Achsensymmetrien und Antisymmetrien ausgenutzt werden, im Fall unseres Beispiels liegt Achsensymmetrie vor.

Auch bei thermischen Aufgaben spielt Symmetrie eine Rolle.

Achsensymmetrische Probleme können in NX auf zwei verschiedene Weisen behandelt werden: Einmal mit der

- volumenbasierten Methode, die ein „Kuchenstück" des Bauteils berechnet, und zum anderen mit der

- ringelementbasierten Methode. Bei dieser Methode wird nur ein Schnitt der Geometrie mit flächenartigen Elementen vernetzt, wobei berechnungsintern jedes Element für sich wie ein Ring in die Analyse eingeht.

Diese ringelementbasierte Methode ist jedoch Nutzern der Anwendung „Advanced-Simulation" vorbehalten, denn sie ist lediglich in Zusammenhang mit dem NX Nastran-Solver verfügbar.

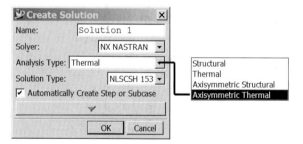

Für ringartige Bauteile gibt es die achsensymmetrische Berechnungsmethode.

Bei der ringelementbasierten Methode muss beim Erzeugen der Lösung der Analysetyp auf „Axisymmetric Structural" oder „Axisymmetric Thermal" geschaltet werden, je nachdem, ob Verformungen oder Temperaturen berechnet werden sollen.

3.2.2.5 Lösung erzeugen

Bei der volumenbasierten Methode zur Symmetrienutzung, die nachfolgend genutzt werden soll, müssen keine besonderen Einstellungen vorgenommen werden, d.h., es wird der Analysetyp „Thermal" verwendet.

Eine andere Möglichkeit zur Symmetrienutzung besteht in der Analyse eines „Kuchenstücks".

⮱ Schalten Sie daher im Menü „Lösung erzeugen" (Create Solution) den Analysetyp auf „Thermal". (Falls Sie vorher schon die Voreinstellung durchgeführt haben, steht die Option bereits auf „Thermisch".)

Mit dieser Option wird im System eine neue Umgebung aktiviert, was zu einer Veränderung der Funktionen führt, die dem Anwender zur Verfügung stehen. Die thermische Umgebung lässt beispielsweise keine Definition von Strukturbedingungen wie Einspannungen oder Kräfte mehr zu, sondern nur noch Temperaturen, Konvektionen und Wärmeflüsse.

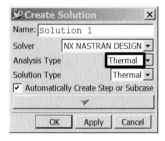

⮱ Bestätigen Sie mit „OK", damit die Lösungsmethode erzeugt wird.

Für die volumenbasierte Symmetrienutzung wird, wie schon vorher erwähnt, ein Kuchenstück der zu analysierenden Bauteile benötigt. An den Schnittflächen werden dann später entsprechende Symmetrierandbedingungen erzeugt. Nachfolgend werden die dafür erforderlichen Geometrievorbereitungen erklärt.

3.2.2.6 Erzeugen von Promotion-Features

In die Analyse gehen die beiden Volumenkörper des Raketenrohrs und des Brennstoffs ein. Daher sollen nun zwei Schnitte durch diese Teile gelegt werden, die das „Kuchenstück" definieren. Dabei besteht wieder die Anforderung, dass der Schnitt nicht an der Mastergeometrie, sondern lediglich am Berechnungsmodell durchgeführt werden soll. Aus diesem Grunde werden zunächst im idealisierten Teil Promotion-Features für die beiden Volumenkörper erzeugt.

Für die Geometrievorbereitung ist eine assoziative Kopie erforderlich.

Diese Erzeugung kann, wie im ersten Beispiel gezeigt, auf verschiedene Weisen erfolgen. Gehen Sie folgendermaßen vor:

⮱ Zunächst machen Sie das idealisierte Teil zum dargestellten Teil.

⮱ Dann wählen Sie die Funktion „Promote" 🔼, im Kontextmenü des Knotens des idealisierten Teils im Simulationsnavigators.

⮱ Selektieren Sie die Solids des Raketenrohrs und des Brennstoffs, und

⮱ bestätigen Sie mit „OK".

⮱ Prüfen Sie evtl. im Part-Navigator, ob wirklich zwei Promotion-Features für die beiden Körper erzeugt worden sind.

Falls die Funktion „Promote" bei Ihnen in den Anwenderstandards deaktiviert ist, erscheint eine entsprechende Meldung. Verwenden Sie dann die Funktion „Fläche unterteilen", um das Promotion-Feature zu erzeugen.

3.2.2.7 Erzeugen der Symmetrieschnitte

↳ Um die Symmetrieschnitte zu erzeugen, wechseln Sie in die Anwendung „Konstruktion" (Modeling), weil die benötigten Funktionen in der FEM-Anwendung nicht zur Verfügung stehen.

↳ Erzeugen Sie zwei Datum-Planes durch die Symmetrieachse der Teile, die in einem Winkel von beispielsweise 30° zueinander stehen.

Die Größe des Kuchenstückwinkels ist willkürlich. Zu empfehlen ist ein kleines Kuchenstück, weil dann weniger Elemente benötigt werden, allerdings führt ein zu kleiner Winkel später zu spitzen Elementen. Daher können Winkel zwischen 15° und 45° für das Kuchensegment empfohlen werden.

↳ Beschneiden Sie die beiden Volumenkörper schließlich mit der Funktion „Trim Body" an den beiden Datum-Planes.

Symmetrieschnitte können in der Konstruktionsumgebung erzeugt werden.

↳ Nachdem nun die Vorbereitungen der Geometrie abgeschlossen sind, schalten Sie wieder in die Anwendung „Design Analysis" zurück.

3.2.2.8 Materialeigenschaften erzeugen und zuordnen

Für die thermische Analyse ist als Werkstoffkennwert lediglich die Wärmeleitfähigkeit erforderlich. Daher sollen nun zwei Materialien für die unterschiedlichen Kennwerte erzeugt und den entsprechenden Körpern zugeordnet werden. Gehen Sie dazu folgendermaßen vor:

↳ Machen Sie das idealisierte Teil zum dargestellten Teil.

↳ Rufen Sie die Funktion „Materialeigenschaften" auf.

↳ Im Feld „Name" tragen Sie den Namen des ersten Materials ein, beispielsweise „Rohrmaterial".

↳ Im Feld „Wärmeleitfähigkeit" (Thermal Conductivity) tragen Sie die Wärmeleitfähigkeit des Rohrs von 0,052 W/mm C ein. Achten Sie darauf, dass die korrekte Einheit eingestellt ist.

Für diese Analyse ist die Angabe der Wärmeleitfähigkeit erforderlich.

Diese Angabe reicht von Seite der FEM aus, um das Material für die thermische

Analyse zu definieren, jedoch erfordert das NX-System bei jedem Material die Angabe einer Dichte. Ohne Angabe der Dichte kann das Material nicht erzeugt werden,

- daher tragen Sie im Feld „Dichte" (Density) beispielsweise den Wert 7,5e-6 Kg/mm^3 ein.

- Bestätigen Sie mit „Apply", damit das Material erzeugt wird.

- Verfahren Sie auf entsprechende Weise für die Definition des zweiten Materials. Benennen Sie es beispielsweise „Brennstoff",

- tragen Sie für die Wärmeleitfähigkeit den Wert 0,026 W/mm C und für die

- Dichte 7,5e-6 Kg/mm^3 ein.

- Bestätigen Sie mit „Apply", damit das zweite Material erzeugt wird.

- Um dem jeweiligen Körper sein Material zuzuordnen, selektieren Sie den Körper, beispielsweise das Rohr. In der Statuszeile von Unigraphics wird angezeigt, ob der Körper schon eine Materialzuordnung erhalten hat.

- Um dem selektierten Körper das neue Material zuzuordnen, wählen Sie das Material in der Liste oben im Menü „Materials" an und bestätigen mit „Apply" oder „OK".

- Ordnen Sie auf diese Weise auch das Material des zweiten Körpers zu.

3.2.2.9 Netzverbindung erzeugen

Die Funktion „Gitterverknüpfungsbedingung" (Mesh Mating Condition) kann genutzt werden, um eine feste Verbindung zweier Netze für eine Strukturanalyse zu definieren. Dabei werden zwei Netze an ihren Flächen bzgl. der Verschiebungen gekoppelt.

Der Wärmedurchgang zwischen zwei unterschiedlichen Bauteilen wird berücksichtigt.

Auf entsprechende Weise kann die Funktion „Gitterverknüpfungsbedingung" in der thermischen Analyse genutzt werden, um zwei Netze bzgl. ihrer Temperaturgrößen zu koppeln. Das Ergebnis einer solchen Kopplung ist daher ein idealer Temperaturdurchgang von einem Körper zum anderen. Dies ist in unserer Aufgabe gefordert.

Gehen Sie für die Erzeugung folgendermaßen vor:

- Netzverbindungen gehören zu FEM-Objekten. Machen Sie daher die FEM-Datei zur dargestellten Datei.

- Wählen Sie dann die Funktion „Gitterverknüpfungsbedingung" (Mesh Mating Condition).

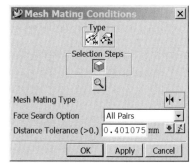

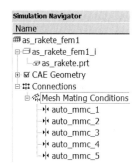

Die Gitterverknüpfungen werden im Navigator angezeigt.

Es sollen alle angrenzenden Flächen verbunden werden, die im Modell vorhanden sind, daher kann die automatische Methode zur Erzeugung genutzt werden.

↳ Setzen Sie also den „Typ" auf „Autom. Erzeugen" (Auto Create).

↳ Zur Sicherheit wählen Sie die Funktion „Vorschau" (Preview) und prüfen nach, dass alle fünf Flächenpaare gefunden worden sind.

↳ Der „Gitterverknüpfungstyp" (Mesh Mating Type) kann auf der Option „Kleben Zusammenfallend" (Glue Coincident) gestellt werden, weil es sich um einfache Geometrie handelt, die problemlos vernetzt werden kann.

Falls die Vernetzung Probleme bereiten würde, könnte der Typ auf „Kleben Nicht-Zusammenfallend" (Glue Non-Coincident) gestellt werden, um die Vernetzung zu erleichtern.

↳ Bestätigen Sie mit „OK", und die fünf Bedingungen werden erzeugt und im Simulationsnavigator dargestellt.

3.2.2.10 Vernetzung erzeugen

Für die Vernetzung reicht eine Grobvernetzung aus, weil Temperaturfeldanalysen (ganz ähnlich den Verformungsanalysen) relativ unkritisch bzgl. der Elementgröße sind. Gehen Sie daher folgendermaßen vor, um die Grobvernetzung zu erzeugen:

Die Vernetzung kann auf grobe Weise erfolgen.

↳ Wählen Sie die Funktion „3D-Tetraedergitter" ,

↳ selektieren Sie den ersten der beiden Körper,

↳ wählen Sie die Funktion zum automatischen Ermitteln einer geeigneten Elementgröße , und

↳ bestätigen Sie mit „OK".

↳ Erzeugen Sie auf die gleiche Weise das zweite Netz.

3.2.2.11 Temperaturrandbedingung erzeugen

↳ Wechseln Sie nun in die Simulationsdatei.

↳ Die Temperaturrandbedingung erzeugen Sie, indem Sie unter der Funktionsgruppe „Randbedingungsarten" ⊟ (Constraint Type) die Funktion „Thermal Constraints" ⅃ aufrufen,

↳ und die Fläche selektieren (siehe Abbildung), die mit der konstanten Temperatur beaufschlagt werden soll.

↳ Tragen Sie unter „Temperature" den Wert 500 ein und achten Sie darauf, dass die Einheit der Temperatur auf „C" steht.

An dieser Stelle wird die Temperatur vorgegeben.

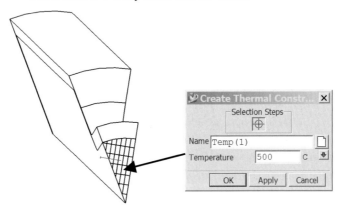

↳ Bestätigen Sie mit „OK", damit die Randbedingung erzeugt wird.

3.2.2.12 Konvektionsrandbedingung erzeugen

↳ Die Konvektionsrandbedingung erzeugen Sie, indem Sie die Funktion „Konvektion erzeugen" ⊞ aufrufen, und

↳ alle Flächen selektieren, an denen die Raketengeometrie mit der äußeren Luft in Berührung ist.

Die äußeren Flächen erhalten eine Konvektionsrandbedingung.

↳ Tragen Sie unter „Konvektionskoeffizient" (Convection Coefficient) den Wert 0,5e-5 in der Einheit W/mm^2 C ein, und

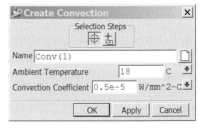

↳ unter „Umgebungstemperatur" (Ambient Temperature) 18 in der Einheit „C".

↳ Bestätigen Sie mit „OK", damit die Randbedingung erzeugt wird.

3.2.2.13 Die thermische Symmetrierandbedingung

Die Symmetriebedingung soll die Eigenschaft haben, dass durch die Schnittflächen des „Kuchenstücks" keine Wärme ausgetauscht wird. D.h., es soll eine perfekte Isolation an den Schnittflächen herrschen. Diese Art von Bedingung wird erreicht, indem gar keine FE-Randbedingung hier vergeben wird. Also brauchen diese Flächen keine Bedingungen zu erhalten.

3.2.2.14 Ergebnisse berechnen und anzeigen

- Nachdem das Modell soweit erstellt worden ist, kann es mit der Funktion „Solve..." ▣ gelöst werden.

- Nach dem Durchlauf des Solvers schalten Sie mit der Funktion „Post Processing eingeben" ▨ (Enter Postprocessing) in die Ergebnisdarstellung.

Temperatur: 500°C   Temperatur: ca. 100°C

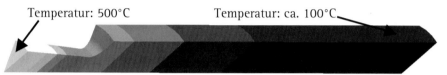

Das Ergebnis ist der Temperaturverlauf in der Rakete.

Abbildung bunt: Seite 316

Als Ergebnis wird zunächst die Temperaturverteilung angezeigt. Im Bereich der vorgegebenen Temperatur am Raketenaustritt sollte genau die Temperatur von 500 Grad angezeigt werden und im hinteren Bereich der Rakete sollte die Temperatur auf ca. 100 Grad abgefallen sein.

Im Simulationsnavigator können bei Bedarf weitere Größen, wie der Temperaturgradient oder der Wärmefluss (Heat Flux), angezeigt werden.

4 Advanced-Simulation (FEM)

Das NX-Modul Advanced-Simulation eröffnet dem Berechnungsingenieur oder auch dem Konstrukteur im FEM-Bereich Möglichkeiten zur Simulation von komplexen mechanischen Effekten. Dabei gehen auf der einen Seite die verfügbaren physikalischen Modelle weit über die lineare FEM hinaus. Beispielsweise können die klassischen Nichtlinearitäten Kontakt, nichtlineares Material und große Verformungen hier berechnet werden, aber auch solche Spezialbereiche wie Chrash und Tiefziehvorgänge. Auf der anderen Seite ist es möglich, wesentlich komplexere Geometrien zu analysieren, als dies in Design-Simulation möglich ist, weil viele Funktionalitäten zur Geometrievorbereitung, Vernetzungssteuerung und Kopplung von Netzen bestehen.

Einsatzszenarien und Nutzen für Motion-Simulationen in der Praxis

In diesem Kapitel wird der Teil von Advanced-Simulation diskutiert, der mit FEM arbeitet. Der CFD-Teil, der Strömungen und komplexe thermische Probleme umfasst, wird im darauf folgenden Hauptkapitel erläutert.

Anwender von Advanced-Simulation-FEM sollten im Umgang mit der 3D-Konstruktion von Einzelteilen und Baugruppen im NX-System vertraut sein. Außerdem sollten Grundlagen im Bereich linearer FEM bestehen, so wie sie im Kapitel Design-Simulation vermittelt werden. Eine vorherige Durcharbeit des Kapitels Design-Simulation (zumindest die Durchsicht des ersten Beispiels) ist auch deswegen sinnvoll, weil die CAE-Dateistruktur und viele Grundfunktionen dieselben sind wie in Advanced-Simulation. Diese grundlegenden Dinge werden daher in diesem Kapitel nicht mehr wiederholt. Weitere Voraussetzungen an Vorkenntnissen bestehen jedoch nicht.

Erforderliche Vorkenntnisse: Advanced-Simulation baut auf Design-Simulation auf.

In der nachfolgend dargestellten Einführung werden die Nastran-Lösungsmethoden erläutert, die in den späteren Beispielen genutzt werden. Dabei wird beschrieben, wie sie funktionieren, was sie leisten können und wo ihre Grenzen liegen.

Inhalt des Kapitels

Daraufhin folgen Lernaufgaben zu den Themen lineare, basic nichtlineare und advanced nichtlineare Analyse. Die Lernaufgaben entstammen wieder alle dem Kontext des Rak2-Raketenwagens.

Bei den Lernaufgaben zur linearen Analyse werden zunächst komplexere Vernetzungen behandelt. Im ersten Beispiel werden Schalenelemente, im zweiten Balkenelemente und im dritten Massenpunkte verwendet. Das vierte Beispiel zeigt schließlich die Kontaktfunktion, die eigentlich in den nichtlinearen Teil gehört. Da diese Funktion jedoch der Lösungsmethode für lineare Statik (Sol 101) zugeordnet ist, soll sie auch in diesem Zusammenhang dargestellt und genutzt werden.

Die Lernaufgaben zu basic nichtlinearer Analyse beschreiben die nichtlinearen Effekte großer Verformungen und nichtlineares Materialverhalten mit Hilfe der Lösungsmethode Sol 106.

Schließlich wird für das Thema der advanced nichtlinearen Analyse die NX-Nastran-Lösungsmethode Sol 601 erläutert, indem ein Schnapphaken unter Berücksichtigung von Kontakt und großen Verformungen analysiert wird.

4.1 Einführung

Mechanische Aufgabenstellungen können in die drei Gebiete starre Körper, flexible Körper und Fluide gegliedert werden. Starrkörpermechanik wird mit Hilfe von MKS-Programmen (Mehrkörpersimulation) berechnet. Im NX-System wird dies mit Hilfe des Moduls Motion-Simulation ermöglicht. Flexible Körper bzw. Strukturmechanik wird mit FEM (Finite-Elemente-Methode) und Strömungsmechanik mit CFD (Computational-Fluid-Dynamics) berechnet.

Advanced-Simulation bietet die Möglichkeit zur Nutzung der Methoden FEM und auch CFD. In diesem Kapitel wird der FEM-Teil betrachtet, der CFD-Teil folgt im nächsten.

Drei grundlegende Unterteilungen der Mechanik

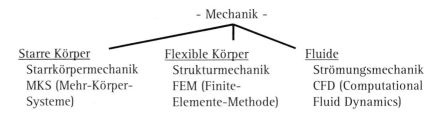

In der Strukturmechanik wird mit Hilfe von linearer und nichtlinearer FEM eine Vielzahl mechanischer Aufgaben gelöst. Das NX-Nastran-System teilt diese Aufgaben in Klassen ein, die mit einer jeweiligen Lösungsmethode angegangen werden können. Die Auswahl einer dieser Lösungsmethoden gehört für den Anwender zu den ersten durchzuführenden Schritten. Dabei ist zu beachten, dass den jeweiligen Lösungsmethoden im NX-System auch Lizenzen zugeordnet sind.

Von der eingestellten Lösungsmethode hängt selbstverständlich ganz entscheidend der weitere Aufbau des Berechnungsmodells ab. Daher werden nachfolgend die Lösungsmethoden vorgestellt, die in den Lernaufgaben später verwandt werden.

Lösungsmethoden von NX Nastran

Die hier vorgestellten Lösungsmethoden sind lediglich ein Extrakt aus den Lösungsmöglichkeiten, die in NX Nastran vorliegen. In diesem Buch werden die Methoden vorgestellt, die im NX-System zur direkten Nutzung vorgesehen sind. Darüber hinaus bietet Nastran noch viele weitere Methoden. Diese weiteren Methoden können auch vom NX-Anwender genutzt werden, allerdings muss dafür die Eingabedatei manuell bearbeitet werden, die vom NX-System an Nastran übergeben wird. Eine umfassende Darstellung findet sich z.B. in [nxn_user].

4.1.1 Sol 101: Lineare Statik und Kontakt

Die Solution 101 behandelt lineare Statik wie auch das einfachere NX-Modul De-sign-Simulation. Besonderheit ist jedoch, dass trotz des linearen Grundcharakters der Lösungsmethode 101 die Funktion zur Berechnung von Kontakt enthalten ist, obwohl dies eigentlich eine nichtlineare Lösung erfordert. Falls also die Kontakt-funktion genutzt wird, läuft programmintern eine nichtlineare Berechnung ab. Der Grund für diese Eigenart ist, dass Kontakte sehr häufig bei Statikanalysen erforder-lich sind. Die Kontaktfunktionalität der Lösung 101 wird in der Lernaufgabe zur Klemmsitzanalyse am Flügelhebel behandelt.

Die am häufigsten einge-setzte Lösungsmethode

4.1.2 Sol 103: Eigenfrequenzen

Die Solution 103 führt die Berechnung von Eigenfrequenzen durch, wie dies auch in Design-Simulation möglich ist. Der Unterschied besteht lediglich darin, dass in Advanced-Simulation komplexere Vernetzungen und weitere Elementtypen genutzt werden können. Außerdem können auch gezielte Massenpunkte erzeugt werden, was besonders zum Beeinflussen von Eigenfrequenzen nützlich ist. Diese Lösungs-methode wird am Beispiel „Eigenfrequenzen des Fahrzeugrahmens" genutzt.

4.1.3 Sol 106: Nichtlineare Statik

Erste nichtlineare Effekte können mit Hilfe der Lösung 106 analysiert werden. Hier sind die Effekte große Verformung und nichtlineares Material berechenbar. Die Methode für nichtlineares Materialverhalten ist aufgrund der verwendeten Algo-rithmen begrenzt. Der Einsatz wird nicht mehr empfohlen, wenn größere Dehnun-gen als ca. 6% vorliegen.

Erste nichtlineare Effekte können mit der Solution 106 berechnet werden.

Der nichtlineare Lösungsvorgang basiert darauf, dass die Lasten iterativ ansteigend aufgebracht werden, wobei jede Iteration einer weiteren linearen FE-Analyse ent-spricht. Neue Knotenpositionen und Randbedingungsrichtungen nach einer Iteration werden in die Steifigkeitsmatrix, den Last- und Verschiebungsvektor eingefügt. Damit wird nichtlineares Verhalten nachgebildet. Z.B. werden auf diese Weise Stei-figkeitsänderungen, wie sie bei großen Verformungen oder nichtlinearem Material entstehen, in der Analyse berücksichtigt. Eine eingehende Beschreibung der ver-wendeten Verfahren ist unter [nonlinear_106] und [nonlinear_106_NXN] verfügbar.

Die Lösung 106 wird an zwei Lernaufgaben erläutert. Bei der Aufgabe der Blattfeder werden große Verformungen und bei der Aufgabe am Bremspedal wird nichtlinea-res Material berücksichtigt.

4.1.4 Sol 601: Advanced Nichtlinear

Die Lösungsmethode 601 basiert auf der Technologie des FEM-Systems ADINA.

Die Lösungsmethode 601 basiert auf der Integration der weithin etablierten Solver-Technologie des FEM-Systems ADINA in NX Nastran und ist auf nichtlineare Problemstellungen fokussiert. Dabei sind die Nichtlinearitäten große Verformung, Material Nichtlinearität und Kontakt gleichzeitig berechenbar. Darüber hinaus sind auch zeitlich veränderliche Lasten und Randbedingungen möglich. Die Lösungsmethode 601 kann daher statische und auch dynamische Aufgabenstellungen lösen.

Das nichtlineare Lösungsverfahren basiert wieder auf iterativ ansteigenden Lasten, damit Steifigkeitsänderungen, die während der Verformung auftreten, aktualisiert werden können. Während jeder Iteration werden Gleichgewichtsbedingungen zwischen äußeren und inneren Kräften oder Energien aufgestellt und bzgl. Konvergenz geprüft.

Bei einer zeitabhängigen Analyse müssen neben den Lastiterationen auch noch Zeitschritte durchgeführt werden. Damit werden auch Massenkräfte, Geschwindigkeiten und Beschleunigungen berücksichtigt.

Neben der festen Vorgabe einer Zeitschrittgröße sind zwei unterschiedliche Verfahren zur automatischen Zeitschrittsteuerung verfügbar. Auf diese Weise wird dafür gesorgt, dass die Zeitschrittgröße möglichst optimal eingestellt wird. Das bedeutet, dass in kritischen Zeitbereichen, beispielsweise bei einem Kontakt, kleine Zeitschritte gemacht werden, während unkritische Zeitbereiche nur grob aufgelöst werden.

Die Steuerung der Lösung, d.h. die Auswahl der Parameter für Solver-Auswahl, Zeitintegration, Konvergenztoleranz, Kontaktoptionen usw. geschieht über sog. Strategieparameter, die in den Attributen des Lösungselements zu finden sind.

Weitere Informationen zur Lösungsmethode 601 können unter [n4_adv_nonlinear] nachgelesen werden.

Die NX Nastran-Lösungsmethode 601 wird an einer Lernaufgabe dargestellt, die einen Schnapphaken analysiert. Hierfür wird ein zeitabhängiger Verfahrweg definiert, und es werden Kontakt sowie große Verformung berücksichtigt.

4.2 Lernaufgaben lineare Analyse und Kontakt (Sol 101/103)

4.2.1 Steifigkeit des Fahrzeugrahmens

Ein wichtiger Anwendungsfall für lineare FEM-Berechnungen sind Steifigkeitsanalysen. Z.B. werden neue Fahrzeugkarosserien für verschiedene Einsatzfälle (Torsion, Biegung, Eigengewicht) umfangreich auf ihre Steifigkeit untersucht und optimiert. In dieser Lernaufgabe soll der Blechrahmen des Opel-Rak2 bzgl. seiner Steifigkeit gegen Durchbiegung untersucht werden. Dies entspricht etwa der Belastung durch das Eigengewicht des Fahrzeugs.

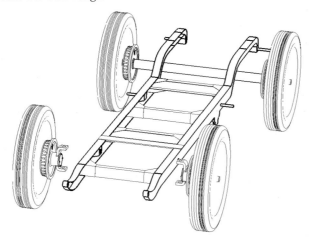

Der Rahmen des Rak2 besteht aus Längs- und Querträgern.

Sie lernen dabei den Umgang mit Schalenelementen, die oft bei dünnwandigen Geometrien (Blechteile, dünne Kunststoffgerippe) einzusetzen sind. Darüber hinaus werden auch wichtige Techniken beschrieben, um z.B. drehbare Einspannsituationen zu definieren. Im zweiten Teil der Lernaufgabe lernen Sie Techniken, mit deren Hilfe Schalenbauteile miteinander verbunden werden können (Nieten, Schweißpunkte). Anhand dieser Techniken werden dann zwei vernietete Rahmenteile im Verbund analysiert. Letztendlich könnte auf diese Weise der komplette Rahmen im Verbund analysiert werden.

Schalenelemente und Netzverbindungen gehören zu den Lerneffekten dieses Beispiels.

Die reale Lastsituation des Rahmens beinhaltet eine ganze Reihe von verbundenen Anbauteilen, die einen mehr oder weniger starken Einfluss ausüben. Auf der einen Seite sind die vier Räder zu nennen, die mittels Blattfedern am Rahmen angebracht sind, und auf der anderen Seite sind die Gewichtskräfte des Fahrers und des Raketenantriebs sowie des Flügels von erheblicher Bedeutung. Des Weiteren ist die Belastung des Rahmens auch entscheidend von der Art und Weise des Fahrens abhängig. Kurvenfahrt, Beschleunigung und Abbremsen sowie Fahren auf verschiedenen Untergründen sind Lastfälle, die zu betrachten wären.

Im Rahmen der Methodikanleitungen dieses Buches sollen die komplexe Last- und Einspannsituation eines solchen Rahmens sowie die Fahrbedingungen stark vereinfacht dargestellt werden, damit die Anzahl der vom Anwender durchzuführenden Lösungsschritte überschaubar bleibt. Erweiterungen können vom Anwender optional durchgeführt werden.

4.2.1.1 Aufgabenstellung Teil 1

Der Rahmen des Rak2 besteht aus mehreren miteinander vernieteten Blechteilen. Bei statischer Belastung durch den Fahrer und das Eigengewicht des Fahrzeugs werden im Wesentlichen die beiden Längsträger durch Biegung belastet.

Um einen Längsträger bzgl. seiner Steifigkeit zu beurteilen, soll er in diesem Beispiel unter dem halben Gesamtgewicht bzgl. seiner Durchbiegung analysiert werden.

Ein Längsträger unter Belastung

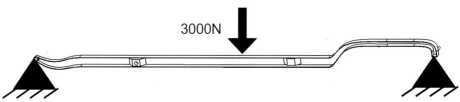

3000N

Dazu soll der Längsträger am Anfang und am Ende drehbar gelagert und in seiner Mitte durch eine Kraft von 3000 N belastet werden.

4.2.1.2 Auswählen der Baugruppe

In der aktuellen Aufgabe soll lediglich das Teil Längsträger betrachtet werden, daher könnten Sie nun das UG-Part „hr_laengstraeger.prt" aus dem Verzeichnis des Rak2 laden. Allerdings ist zum momentanen Zeitpunkt noch ungewiss, ob evtl. später auch Nachbarteile in die Analyse einbezogen werden sollen. Wenn das FE-Modell einmal am Einzelteil begonnen wurde, kann die Arbeit nicht an der Baugruppe fortgesetzt werden, vielmehr müsste die Arbeit dort neu begonnen werden. Daher wollen wir für dieses Beispiel das Simulationsmodell von einer Unterbaugruppe aus erzeugen, die alle evtl. wichtigen Anbauteile enthält. Solch eine Unterbaugruppe ist das Partfile „rh_rahmen.prt".

↳ Laden Sie aus dem Rak2-Verzeichnis die Datei „rh_rahmen.prt".

4.2.1.3 Überlegungen zur Vernetzung

Dünnwandige Teile sollten mit Schalenelementen vernetzt werden.

Die Geometrie des Längsträgers ist durch dünne Wände gekennzeichnet, die miteinander verschweißt sind. Eine Vernetzung mit Tetraederelementen, wie im Grundlagenbeispiel, wäre prinzipiell möglich, jedoch würde sie erfordern, dass über der

Wandstärke der Blechteile genügend viele Elemente angeordnet sind, damit eine ausreichende Genauigkeit erreicht wird. Wegen der großen Abmessungen und dünnen Wände des Teils würden bei einer Tetraedervernetzung so viele Elemente erforderlich sein, dass voraussichtlich die Rechnerkapazität überstiegen wird.

Selbst für Verformungsberechnungen, die ja weniger hochwertige Netze erfordern, würde eine Tetraedervernetzung dieses Bauteils nicht geeignet sein.

Viel zweckmäßiger ist im Fall von solch dünnwandigen Bauteilen die Wahl von Schalenelementen. Mit Schalenelementen wird nur die Mittelfläche eines dünnwandigen Teils vernetzt. Die Elemente haben eine 2D-Geometrie und verarbeiten die Dicke des Bauteils durch ihre interne Steifigkeitsbeschreibung. An jedem Knoten eines Schalenelements werden translatorische und rotatorische Freiheitsgrade verarbeitet. So kann das Biegeverhalten von einem zum nächsten Element übertragen werden. Außerdem können daher auch Momentbelastungen direkt eingeleitet werden. Auf diese Weise können dünnwandige Teile sehr effizient berechnet werden.

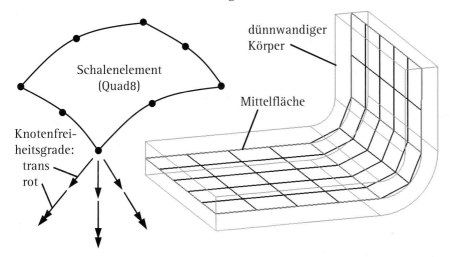

Schalenelemente verarbeiten Translations- und Rotationsfreiheitsgrade an den Knoten. Die Rotationsfreiheitsgrade sind erforderlich, damit die Biegung übertragen werden kann.

Schalenelemente sind etwas schwieriger zu handhaben als Tetraederelemente. Die Gründe liegen auf der einen Seite in der aufwändigeren Vorbereitung der Geometrie, weil eine Mittelfläche extrahiert werden muss. Auf der anderen Seite ist die Ergebnisdarstellung und Bewertung anspruchsvoller. Spannungs- und Dehnungsergebnisse der Schalen werden über der Dicke an den drei Stellen Außen-, Innenseite und Mitte berechnet: Im Postprozessor muss genau beachtet werden, welches der drei Ergebnisse dargestellt wird, leicht kann es zu Verwechslungen kommen.

Denkbar wäre auch eine Vernetzung des Rahmens mit Balkenelementen. Dies würde die reale Geometrie jedoch sehr stark vereinfachen.

4.2.1.4 Erzeugen der Dateistruktur für Schalenelemente-Simulation

Bevor die Dateistruktur mit dem idealisierten Teil, dem FEM-Teil und der Simulationsdatei erzeugt wird, sollte über die benötigte Geometrie für die anschließende Vernetzung nachgedacht werden. Nach Voreinstellung erzeugt das NX-System Polygongeometrien für alle Körper, die in der Masterdatei enthalten sind. In unserem Fall werden jedoch nicht die Solids des Rahmens, sondern entsprechende Mittelflächen benötigt, die mittels einer speziellen Funktion in der idealisierten Datei abgeleitet werden können. Daher wollen wir bei der nachfolgenden Erstellung der Dateistruktur die automatische Erstellung von Polygongeometrien unterdrücken. Nachdem die Mittelflächen in der idealisierten Datei erstellt worden sind, wollen wir deren nachträgliche Überführung in Polygongeometrien durchführen.

Gehen Sie folgendermaßen vor:

↳ Wechseln Sie in die Anwendung „Erweiterte Simulation" 🔊 (Advanced-Simulation) und

↳ erzeugen im Simulationsnavigator eine Simulation (Neues FEM und Simulation).

Es sollten nur die erforderlichen Bauteile in Polygongeometrien überführt werden.

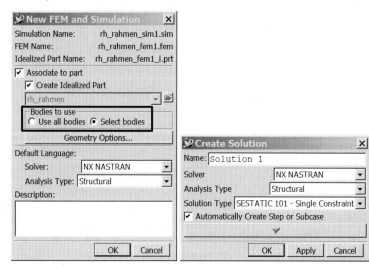

↳ Im nachfolgenden Menü wählen Sie (siehe Abbildung) unter „Zu verwendende Körper" (Bodies to use) die Option „Körper auswählen" (Select Bodies).

↳ Eigentlich möchten wir nun gar keinen Körper auswählen. Weil das NX-System aber mindestens einen Körper erwartet, selektieren Sie nun einen beliebigen Körper aus der Baugruppe.

↳ Bestätigen Sie mit „OK".

Von diesem Körper wird nun zunächst eine Polygongeometrie abgeleitet. Nach der späteren Erstellung von Mittelflächen werden wir diesen unnötigen Körper wieder entfernen.

Die Mittelflächen werden später nachträglich zu den Polygonmodellen zugefügt.

⮑ Im nachfolgenden Menü „Lösung erzeugen" (Create Solution) stellen Sie, wie schon im Grundlagenbeispiel erklärt, wieder die Optionen für Ihren Solver und die linear statische Analysemethode ein. Diese Dinge sollten normalerweise so voreingestellt sein, dass Sie hier nur noch mit „OK" bestätigen müssen.

Wir gehen wieder vom Solver NX Nastran aus. Die Wahl des Solvers hat jedoch für dieses Beispiel keine besondere Relevanz, da es sich bei der Aufgabe um lineare Statik handelt, die von allen Solvern gleichermaßen unterstützt wird.

Am Längsträger müssen nun verschiedene Geometrievorbereitungen durchgeführt werden. Die wichtigste Vorbereitung betrifft die Erzeugung einer Mittelfläche für die spätere Schalenvernetzung. Außerdem müssen kleine Formelemente entfernt sowie Markierungen für Randbedingungen erstellt werden.

4.2.1.5 Markierungen für spätere Randbedingungen erzeugen

Nachdem die Dateistruktur erstellt wurde, befinden Sie sich in der Simulationsdatei.

⮑ Weil nachfolgend Vorbereitungen der CAD-Geometrie durchzuführen sind, wechseln Sie nun über den Simulationsnavigator in das idealisierte Teil.

Bevor unrelevante Formelemente entfernt werden, sollen zunächst noch zwei Positionen für spätere Randbedingungen markiert werden. Es handelt sich um die Stellen an den beiden Enden des Längsträgers, an denen später drehbare Lagerungen angebracht werden sollen (siehe Abbildung). Das CAD-Modell hat hier einen zylindrischen Bolzen und eine Bohrung, die in eine entsprechende Hülse und einen Zapfen der Nachbarteile passen. An diesen Bolzen soll jeweils ein Kreismittelpunkt mit einer Markierung versehen werden, die später für die Randbedingung genutzt wird.

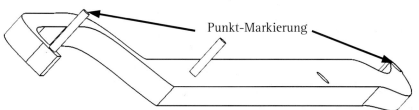

Punkt-Markierung

An den beiden Markierungen werden später die Randbedingungen definiert.

Eine solche Markierung kann durch einen einfachen Punkt geschehen. Für die Berechnung ist es gleichgültig, ob es sich dabei um einen assoziativen Punkt handelt oder um einen nicht assoziativen. Sie können daher problemlos die aus der Konstruktion bekannten Methoden verwenden, um die beiden Punkte zu erstellen.

⮑ Entscheiden Sie sich zunächst, ob Sie die linke oder rechte Seite verwenden möchten. Wir gehen hier (siehe Abbildung) von der rechten Seite aus.

- Blenden Sie dann über den Baugruppennavigator alle übrigen Teile aus.
- Nutzen Sie beispielsweise folgende Funktion: Einfügen, Bezugspunkt, Punkt... ⊞ (Insert, Datum/Point, Point...).
- Wählen Sie die Option „Nicht assoziativer Punkt" ⊞ (Non associative Point), und
- selektieren Sie, entsprechend der Abbildung, die jeweilige Kreiskante. Achten Sie darauf, dass nicht versehentlich zwei Punkte an der gleichen Position erzeugt werden.
- Bestätigen Sie mit der mittleren Maustaste, damit die Punkte erzeugt werden.

4.2.1.6   Entfernen unrelevanter Formelemente

Als Nächstes sollen für die Steifigkeit des Trägers unrelevante Geometrien entfernt werden. Diese Geometrievereinfachung hat auch noch den Zweck, dass die Bauteilgeometrie für die spätere automatische Mittelflächenerstellung verbessert wird. Diese Arbeit wird ebenfalls im idealisierten Teil durchgeführt.

In der Abbildung sind drei Bereiche dargestellt, die vereinfacht werden sollen. Für das Entfernen von Flächen kann die Funktion „Idealize Geometry" (Geometrie idealisieren) aus der Funktionsgruppe der Modellvorbereitungen genutzt werden.

Der Längsträger enthält einige Formelemente, die bei der Mittelflächenerzeugung und der Vernetzung stören.

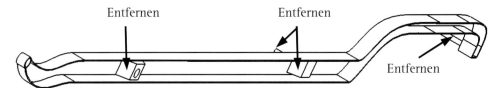

Die Funktion „Geometrie optimieren" ⊞ (Idealize Geometry) arbeitet unabhängig von der Feature-Struktur des CAD-Modells, daher hat sie den Vorteil, dass sie auch mit unparametrischen oder schlecht parametrisierten Geometrien funktioniert. Die Funktion erzeugt automatisch ein „Promotion" des Master-Modells im idealisierten Teil. Dies hat den Vorteil, dass das Master-Modell von den Änderungen nicht betroffen ist.

In der Funktion werden solche Flächen angegeben, die aus dem CAD-Modell entfernt werden sollen. Nach dem Entfernen der Flächen ist der CAD-Körper zunächst nicht geschlossen. Dies darf nicht so bleiben. Die Funktion „Geometrie optimieren" versucht daher, den Körper wieder zu schließen, indem die Nachbarflächen der entfernten auf ihre natürliche Weise verlängert oder verkürzt werden. Falls sich der Körper auf diese Weise schließen lässt, so wird die Funktion erfolgreich abgeschlossen. Ansonsten erscheint eine entsprechende Fehlermeldung.

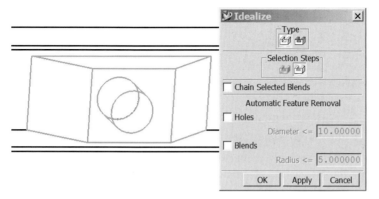

Dieser Bereich soll für die Simulation entfernt werden.

Gehen Sie folgendermaßen vor:

↳ Wählen Sie die Funktion „Geometrie optimieren" (Idealize Geometry), und

↳ selektieren Sie den Längsträgerkörper.

Die Funktion schaltet nach der Körperselektion automatisch auf den zweiten Selektionsschritt „Entfernte Flächen" (Removed Faces).

↳ Nun selektieren Sie die Flächen, die entfernt werden sollen (siehe dazu die zwei Abbildungen).

Sie können nur die Flächen eines Bereichs oder auch alle drei Bereiche gleichzeitig selektieren. Bei komplexen Geometrievereinfachungen empfiehlt sich die Angabe möglichst kleinerer Bereiche, damit die Funktion erfolgreich durchgeführt werden kann.

↳ Nachdem Sie mit „OK" bestätigen, wird die Operation durchgeführt.

Als Letztes soll der Bereich am vorderen Ende des Längsträgers vereinfacht werden, indem die an den Blechen angeschweißte Buchse abgeschnitten wird.

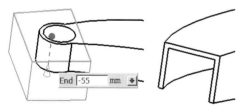

Dieser Bereich stört bei der Erstellung der Mittelfläche. Daher wird er abgeschnitten.

Diese Beschneidung kann auf verschiedene Weisen erfolgen. Wir schlagen folgende universelle Methode vor (siehe Abbildung):

↳ Wechseln Sie in die Konstruktionsumgebung ,

↳ erzeugen Sie einen Sketch mit einem Rechteck auf einer Fläche des Längsträgers, und

↳ extrudieren  Sie dieses Rechteck. In der Extrusionsfunktion wählen Sie den Modus Subtrahieren 🔲 und wählen den Längsträgerkörper als Zielkörper.

Das Ergebnis ist eine vereinfachte Geometrie des Längsträgers, von der nun leicht eine Mittelfläche erstellt werden kann.

4.2.1.7   Erzeugen der Mittelfläche

Die Mittelfläche kann auf verschiedene Weisen erstellt werden. Grundsätzlich steht dem Anwender neben der hier dargestellten speziellen Funktion „Mittelfläche" 🔲 (Midsurface) der volle Funktionsumfang aus der Konstruktionsanwendung mit dem NX-System zur Verfügung, um die Mittelfläche zu generieren oder auch zu manipulieren.

Je nach Erzeugungsmethode ist die Mittelfläche schon während der Konstruktion entstanden.

In vielen Fällen sind dünnwandige Bauteile so konstruiert, dass von vornherein von der Mittelfläche ausgegangen und dann in beide Richtungen aufgedickt wurde. Manche Bauteile werden gar nicht als Volumen konstruiert, sondern als reines Flächenmodell. In diesen Fällen ist die Mittelfläche schon vorhanden und kann sofort für die FE-Analyse genutzt werden.

Die Mittelflächenfunktion, die im NX-System zur Verfügung steht, kann in vielen Fällen eine vollautomatische Mittelflächengenerierung vornehmen, in anderen Fällen können nur Teile der kompletten Fläche automatisch erstellt und es muss manuell nachgearbeitet werden. Es empfiehlt sich dabei die Kenntnis der Funktionen aus dem Freiformbereich.

Das NX-System verfügt über drei verschiedene Methoden zur Mittelflächenerzeugung.

Die Mittelflächenfunktion aus dem NX-System bietet drei unterschiedliche Methoden für die Vorgehensweise, die nachfolgend erläutert werden:

-   „*Flächenpaar*" (Face Pair): Diese Methode sucht im Modell nach sich gegenüber stehenden Flächenpaaren. Für jedes gefundene Flächenpaar wird eine eigene Mittelfläche erzeugt. Die erzeugten Flächen werden automatisch so weit verlängert, dass sie aneinander stoßen. Der Anwender muss die entstehenden Einzelflächen nachträglich zu einem Flächenkörper vernähen. Die Funktion eignet sich gut für Geometrien, die durch solche Paarungen von Flächen gekennzeichnet sind. Hiermit können daher auch verrippte Geometrien verarbeitet werden. Als Besonderheit wird die Dicke des Körpers automatisch in der Fläche verarbeitet und an das spätere Schalennetz übergeben.

-   „*Offset*": Diese Methode ist nicht für verrippte Geometrien, sondern nur für einzelne Bleche oder dünne Wände geeignet. Die Funktion sucht nach einer Außenseite des Bleches, indem die Glattheit der Übergänge der einzelnen Flächenstücke untersucht wird. Normalerweise sollte auf jeder Seite des Blechs diese Glattheit vorliegen, an den Schnitträndern dagegen jedoch nicht. Daher kann die Funktion die gesamte Seite eines Bleches automatisch identifizieren. Von der identifizierten Seite des Bleches erzeugt die Funktion dann eine Abstandsfläche mit der halben Dicke. Auch hier wird die Dicke des Körpers automatisch in der Fläche verarbeitet und an das spätere Schalennetz übergeben.

- *„Anwenderdefiniert"* (User Defined): Diese Methode erlaubt dem Anwender, eine selbst erstellte Fläche einzusetzen, wobei als Besonderheit die Dickeninformation des Körpers an die Fläche übergeben wird.

Wir nutzen in unserem Beispiel die Methode „Flächenpaar" (Face Pair), weil der vorliegende Körper auf seiner Außenseite nicht glatt bzw. verrundet ist und deswegen die Methode „Offset" nicht funktionieren würde. Bei verrundeten Blechteilen empfehlen wir jedoch die Methode „Offset" wegen ihrer Robustheit.

Die Methode Flächenpaar eignet sich gut für Bleche, die aneinander stoßen.

- Wechseln Sie in die Anwendung „Advanced-Simulation".

- Rufen Sie die Funktion „Mittelfläche" 🔲 (Midsurface) aus der Funktionsgruppe der Modellvorbereitung auf, und

- selektieren Sie eine beliebige Außenfläche des Längsträgers. Einzige Bedingung dieser zu selektierenden Fläche ist, dass sie eine gegenüberliegende Fläche hat und daher ein Flächenpaar für die Mittelfläche bildet.

- Wählen Sie als Nächstes den Schalter „Autom. Erzeugen" (Auto Create) im Menü der Mittelflächenfunktion. Damit sucht das System nun automatisch nach Flächenpaaren und erzeugt alle Mittelflächen des Längsträgers.

- Die Mittelflächen sind nun erzeugt worden. Brechen Sie die Funktion daher mit „Cancel" ab.

- Um die Mittelflächen zu sehen, sollten Sie nun den Volumenkörper des Längsträgers ausblenden.

Die einzelnen Mittelflächen sollten nun noch vernäht werden, damit ein einziger Flächenkörper entsteht. Das Vernähen der Einzelflächen ist nicht unbedingt erforderlich, da auch die Einzelflächen jeweils für sich vernetzt werden könnten. Es müsste dann aber dafür gesorgt werden, dass die Knoten zwischen den Einzelflächen verschmolzen werden. Diesen Schritt mit allen zugehörigen Unsicherheiten vermeiden wir durch die beschriebene Vernähoperation.

Die einzelnen Flächen sollten vernäht werden.

- Wählen Sie dazu die Funktion "Zusammenfügen" 🕮 (Sew),

- selektieren zuerst eine der Flächen und ziehen dann ein Fenster über alle anderen Flächen.

- Nach dem Bestätigen mit „OK" wird die Vernähoperation durchgeführt.

Beim Vernähen muss darauf geachtet werden, dass die Einzelflächen an allen aneinander angrenzenden Kanten verbunden werden. Eine nicht verbundene Kante kann unmittelbar nach dem Vernähen daran erkannt werden, dass die neu entstandene Flächenbegrenzung temporär angezeigt wird. Falls zwei zu vernähende Kanten einen Abstand haben, der größer als die im Menü „Zusammenfügen" angegebene Toleranz ist, so muss diese Toleranz vergrößert oder der Abstand korrigiert werden.

4.2.1.8 Unterteilen der Fläche für den Lastangriff

Der Angriff der Last soll in unserem Beispiel in der Mitte des Trägers erfolgen, was eine grobe Näherung der realen Situation darstellt. Dazu könnte eine Punktlast genau in einem Knoten des FE-Modells erzeugt werden. Jedoch ist eine Punktlast meist sehr unrealistisch, die wirkliche Last greift immer auf einen Bereich zu. Außerdem führt eine Punktlast zu einer Singularität. Daher soll die Kraft auf eine Kreisfläche aufgebracht werden. Dafür muss zunächst ein Kreis auf der Seitenfläche konstruiert und daraufhin eine Flächenunterteilung an dem Kreis vorgenommen werden. Gehen Sie daher folgendermaßen vor:

- Schalten Sie in die Konstruktionsumgebung ⬛, und

- erzeugen Sie einen Sketch ⬛ mit einem Kreis auf der Seitenmittelfläche des Trägers etwa so, wie in der Abbildung dargestellt.

- Schalten Sie dann wieder in die FEM-Umgebung ⬛ zurück.

Eine Skizze kennzeichnet den Bereich, an dem die Kraft eingeleitet werden soll.

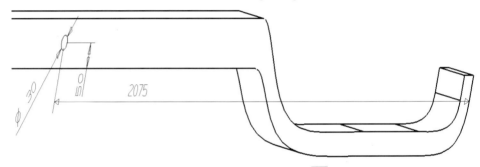

- Wählen Sie die Funktion zum Flächenunterteilen ⬛ (Subdivide Face) aus der Funktionsgruppe der Modellvorbereitungen,

- selektieren Sie die Seitenmittelfläche des Trägers,

- schalten Sie auf den nächsten Selektionsschritt, und

- selektieren Sie dann den neu erstellten Kreis.

- Nach Bestätigen mit „OK" wird die Flächenunterteilung erstellt.

4.2.1.9 Polygongeometrie für die Mittelfläche erzeugen

Nachfolgend soll die Vernetzung des Flächenkörpers mit Schalenelementen durchgeführt werden. Vernetzungen sind in der FEM-Datei durchzuführen.

- Schalten Sie daher zunächst über den Simulationsnavigator in die FEM-Datei.

Sie werden feststellen, dass der neu erstellte Flächenkörper in der FEM-Datei nicht zu finden ist. Der Grund dafür ist, dass der Flächenkörper bei der Erzeugung des FEM-Teils nicht selektiert wurde. Das war auch gar nicht möglich, weil die FEM-Datei schon vorher erzeugt wurde. Daher wird nun die FEM-Datei manipuliert, und der neue Flächenkörper wird nachträglich zugefügt, damit von ihm eine Polygongeometrie erstellt wird. Gehen Sie dazu folgendermaßen vor:

↳ Öffnen Sie im Simulationsnavigator das Kontextmenü des Knotens des FEM-Teils.

↳ Wählen Sie hierin die Funktion „Bearbeiten…" (Edit…).

Es erscheint das Menü „Edit FEM Attributes".

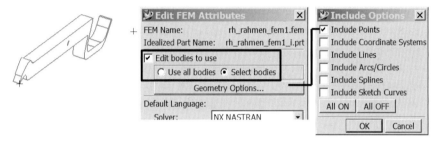

Die neue Mittelfläche muss manuell dem Polygonmodell zugefügt werden.

↳ Aktivieren Sie die Option „Zu verwendende Körper bearbeiten" (Edit bodies to use).

Nun haben Sie die Möglichkeit Geometrien aus dem idealisierten Teil zuzufügen oder zu entfernen.

↳ Selektieren Sie daher die Geometrie des neuen Flächenmodells.

Nach Belieben können Sie auch den ehemals angewählten Körper wieder entfernen, den Sie beim Erzeugen des FEM-Teils selektieren mussten. Ansonsten können Sie ihn auch später ausblenden.

Darüber hinaus sollen auch die zwei Punkte für die späteren Randbedingungen in das FEM-Modell übernommen werden.

↳ Daher aktivieren Sie zusätzlich unter „Geometrie Optionen" die Option „Punkte einschließen" (Include Points).

↳ Bestätigen zweimal mit „OK", und speichern Sie die Datei 🖫.

Die Polygongeometrie wird nun aktualisiert, und die beiden Punkte werden zugefügt und müssen jetzt zu sehen sein. Daher kann nachfolgend vernetzt werden.

4.2.1.10 2D-Vernetzen des Flächenmodells

Die Vernetzung geschieht, wie schon vorher diskutiert, mit Schalenelementen.

- Wählen Sie dazu aus der Funktionsgruppe für Vernetzungen die Funktion „2D-Gitter" (2D-Mesh), und

- selektieren Sie den Flächenkörper. Achten Sie darauf, dass Sie nicht nur eine einzelne Fläche, sondern den ganzen Polygonkörper selektieren.

- Im 2D-Gitter-Menü tragen Sie in der Option für den Type „CTRIA" ein bzw. das Symbol für Dreiecke mit sechs Knoten.

- Wählen Sie nun die Funktion zum automatischen Ermitteln einer geeigneten Elementgröße, die immer einen Vorschlag für ein grobes Netz macht.

- Als Letztes bestätigen Sie mit „OK" und das Netz wird erstellt.

Bei Schalenelementen sollten Elemente mit Mittelknoten eingesetzt werden.

Der hier angewandte Elementtyp, d.h. Dreiecke mit Mittelknoten, erreicht, ähnlich den Tetraedern mit zehn Knoten, eine gute Genauigkeit. Von noch höherer Qualität sind Viereckelemente mit Mittelknoten, die unter der Option „CQUAD8" ebenfalls verfügbar sind. Daher sind diese Elemente meistens die bevorzugten. Jedoch können diese Elemente bei automatischer Erzeugung auf komplexen Geometrien oft nicht sofort mit ausreichender Formgüte erzeugt werden. Anspruchsvolle Solver, wie Nastran, führen voreingestellt eine Prüfung der Elementgeometrien aller Elemente durch und akzeptieren nur Elemente mit hoher Formgüte. Daher würde eine Vernetzung mit diesen Elementen für den Anwender Nacharbeit erfordern, die hier vermieden werden soll. Es soll jedoch betont werden, dass eine gewisse Nacharbeit der Vernetzung (z.B. Versuche mit verschiedenen Elementgrößen) in den meisten Fällen erforderlich ist.

4.2.1.11 Angeben der Wandstärke

Die Wandstärke des dünnwandigen Körpers wird bei Anwendung der Mittelflächenfunktion automatisch an das Netz übergeben. Diese Information wird unsichtbar als ein Attribut übergeben. Daher brauchen Sie gar keine Eingabe zu machen, wenn Sie so vorgegangen sind, wie vorher beschrieben wurde.

Die Wandstärke wird automatisch übertragen.

Falls Sie die Mittelflächenfunktion nicht nutzen, müssen Sie die Wandstärke manuell angeben. Dies wird erreicht indem das Kontextmenü des 2D-Netzes im Simulationsnavigator aufgerufen und hier die Option „Attribute bearbeiten" (Edit Attributes) aufgerufen wird. Das Attribut für die Wandstärke heißt „Standardstärke" (Default Thickness). Hier kann der gewünschte Wert eingetragen werden.

Mit dem Eintragen eines Wertes an dieser Stelle überschreiben Sie auch die evtl. vorhandene automatische Wandstärkenübergabe durch die Mittelflächenfunktion.

4.2.1.12 Verbinden des Netzes mit den Lagerungspunkten

Die Besonderheit der Lagerung, wie sie in diesem Beispiel gewählt werden soll, liegt darin, dass sie an eigens definierten Punkten vorgenommen werden soll. Dies hat den Vorteil, dass sich Randbedingungen sehr gut bzgl. ihrer Freiheitsgrade beeinflussen lassen. Es gilt nun, die Punkte mit dem eigentlichen Körper zu verbinden. Jeder der beiden Lagerungspunkte muss also an einem gewissen Bereich mit dem Längsträger verbunden werden. Die Verbindung wird auf starre Weise ausgeführt, d.h., jede Bewegung des Punktes wird direkt auf den jeweiligen Anknüpfbereich des Längsträgers übertragen. Auf diese Weise werden die vorgegebenen Freiheitsgrade am Punkt entsprechend auf den Anknüpfbereich am Längsträger übertragen.

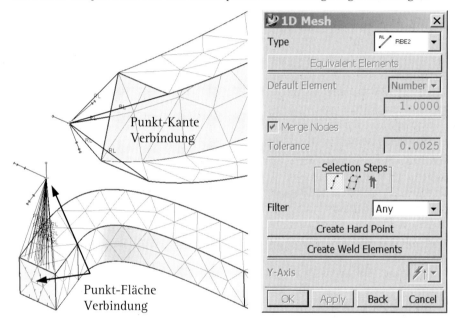

Solche Arten von Verbindungen werden sehr oft benötigt.

Formal gesprochen wird eine mathematische Kopplung der jeweiligen Knoten des FE-Systems erzeugt, die einer absolut starren Kopplung der beiden Bereiche gleichkommt. So eine Kopplung wird mit so genannten Kopplungselementen erreicht. Diese sind im NX-System unter der Funktion „1D-Gitter" zu finden.

Die Vorgehensweise, um einen Punkt starr mit einer vernetzten Fläche zu verbinden, wird bei FE-Analysen in vielen Fällen genutzt. Gehen Sie dafür folgendermaßen vor (siehe auch Abbildung):

↳ Wählen Sie unter der Funktionsgruppe für Vernetzungen die Funktion „1D-Gitter" ✏ (1D-Mesh).

↳ Im Optionsfeld „Type" wählen Sie die Option „RBE2" ⬚.

↳ Selektieren Sie nun den ersten Punkt, der mit dem Träger verbunden werden soll.

↳ Schalten Sie dann im Menü auf den zweiten Selektionsschritt „Gruppe 2" (Group 2).

↳ Selektieren Sie nun die Fläche am Längsträger, die mit dem Punkt verbunden werden soll.

↳ Bestätigen Sie mit „OK",

Daraufhin wird das Verbindungsnetz erstellt.

↳ Auf entsprechende Weise gehen Sie bei der anderen Seite des Längsträgers vor. Hier besteht der Unterschied darin, dass Sie nicht zu einer Fläche hin verbinden, sondern zu drei Kanten. Achten Sie bei der Selektion der Kanten darauf, dass die erscheinenden Pfeile gleich gerichtet sind. Dies erreichen Sie, indem Sie, wie in der Abbildung dargestellt, selektieren.

Jeder Knoten der Kanten wird steif mit dem Punkt verbunden.

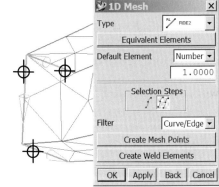

Das Ergebnis ist entsprechend: Der angegebene Punkt wird mit jedem Knoten der angegebenen drei Kanten verbunden.

Bei der Erzeugung solcher Verbindungen ist zu bedenken, dass vorher schon das Netz des Bauteils vorhanden sein muss, weil sich die Verbindungselemente an die vorhandenen Knoten anpassen.

↳ Speichern Sie die Datei 🖫.

4.2.1.13 Materialeigenschaften

Materialeigenschaften werden aus dem Master übernommen.

Materialeigenschaften brauchen in diesem Fall nicht angegeben zu werden, weil bereits im Masterteil der Baugruppe die Eigenschaften von Stahl zugeordnet worden sind. Diese Vorgehensweise ist zu empfehlen, denn sie erspart Arbeit und bringt Sicherheit. Außerdem kann von allen Baugruppen, in denen der Längsträger verbaut ist, auf die Materialeigenschaften zugegriffen werden. Wird dies bei allen Komponenten so geregelt, dann könnte z.B. sofort die Masse der ganzen Baugruppe ermittelt werden.

Falls eine „Was-wäre-wenn"–Studie mit einem anderen Material durchgeführt werden sollte, so könnte nun, in der FEM-Datei, ein anderes Material an das Netz übergeben werden. Auf diese Weise würde das originale Material hier überschrieben.

4.2.1.14 Erzeugen der Last

Nachdem die Geometrie mit der Flächenunterteilung vorgenommen wurde, kann die Last aufgebracht werden.

- Weil Lasten und Randbedingungen in die Simulationsdatei gehören, schalten Sie nun über den Simulationsnavigator in die Simulationsdatei.

- Wählen Sie aus der Funktionsgruppe für Lasten ⌞ die Funktion „Kraft" ⌟ (Force),

- selektieren Sie die neu unterteilte Kreisfläche,

- tragen Sie die Größe von 3000 N ein,

- wählen Sie mit der Richtungsmethode die y-Richtung, und

- bestätigen Sie mit „OK".

Die Last entspricht der Belastung aus dem Eigengewicht und einem Faktor für die Beschleunigung.

4.2.1.15 Erzeugen der Lagerungen

Die Lagerungen sollen in diesem Beispiel auf die anfangs markierten Punkte aufgebracht werden, die vorher mit der Geometrie des Rahmens verbunden worden sind.

Die Definition von Lagerungsbedingungen auf Punkten, die mit der Geometrie verbunden sind, ist eine Vorgehensweise, die sehr oft bei FEM-Aufgaben angewandt wird. Sie erlaubt auf der einen Seite eine große Flexibilität bei der Definition der Position der Lagerung, weil die Position über einen externen Punkt angegeben wird. Auf der anderen Seite ergeben sich Vorteile, weil Freiheitsgrade auf Punkten oft gezielter vorgegeben werden können als auf Kanten oder Flächen. Insbesondere Drehfreiheitsgrade lassen sich auf Punkten sehr flexibel vorgeben, wie nachfolgend gezeigt wird.

Die Einspannbedingungen sollen derart ausgeführt werden, dass beide Lagerungspunkte ein Drehen um die Querachse des Fahrzeugs erlauben. Zusätzlich soll einer der beiden Lagerungspunkte das Loslager darstellen und in der Längsrichtung Verschiebungen zulassen.

Beide Lager sollen Drehen zulassen.

Daher erzeugen Sie nun Randbedingungen mit den Einstellungen, die in der Abbildung dargestellt sind:

- Wählen Sie aus der Funktionsgruppe „Randbedingungsarten" ⌞ (Constraint Type) die Funktion „User defined" ⌟ (Anwenderdefiniert),

- stellen Sie in der Selektionsleiste den Filter auf „Punkt",

- selektieren Sie den jeweiligen Punkt, und tragen Sie die Freiheitsgrade so ein, wie nachfolgende Abbildung es zeigt.

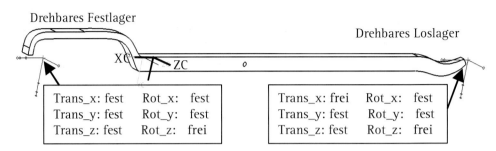

Die Freiheitsgrade der Lagerungen werden eingestellt wie in der Abbildung dargestellt.

Drehbares Festlager

Drehbares Loslager

Trans_x: fest	Rot_x: fest
Trans_y: fest	Rot_y: fest
Trans_z: fest	Rot_z: frei

Trans_x: frei	Rot_x: fest
Trans_y: fest	Rot_y: fest
Trans_z: fest	Rot_z: frei

↳ Bestätigen Sie mit „OK".

↳ Führen Sie dies für die vordere und die hintere Lagerung, entsprechend der Abbildung, durch.

↳ Speichern Sie die Datei 💾.

Damit sind die gewünschten Einspannbedingungen erzeugt, und das Modell kann gelöst werden.

4.2.1.16 Lösungen berechnen und bewerten

↳ Nachdem das FE-Modell nun fertig aufgebaut ist, können Sie die Lösungen mit der Funktion 🖩 „Solve..." berechnen lassen.

↳ Nach Abschluss der Lösung wechseln Sie in den Postprozessor 🗽, um die Ergebnisse zu analysieren.

Zunächst werden die Verformungsergebnisse angezeigt und auf Plausibilität geprüft. Die Lagerungen lassen die gewünschte Verdrehung zu, daher ergibt sich ein plausibles Bild.

Die Verformung des Längsträgers ist plausibel.

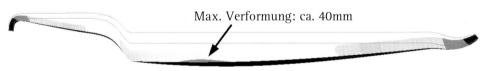

Max. Verformung: ca. 40mm

Abbildung bunt: Seite 316

Nachdem die Verformungen plausibel erscheinen, können auch Spannungen dargestellt werden. Als Vergleichsspannung soll aufgrund der duktilen Eigenschaften von Stahl die von-Mises-Vergleichsspannung bewertet werden. Im Simulationsnavigator finden sich fünf Typen, die nun wichtig sind:

- „*Stress - Element Nodal*": Dies bedeutet, dass die Spannungen angezeigt werden, die in der mittleren Faser des dünnwandigen Bauteils berechnet wurden.

- „*Stress Top – Element Nodal*": Hiermit werden die Spannungen auf der Oberseite des dünnwandigen Körpers angezeigt. Im nächsten Abschnitt wird gezeigt, wie Sie die Oberseite des Netzes identifizieren können.

- „*Stress Bottom – Element Nodal*": Entsprechend handelt es sich hierbei um die Spannungen auf der Unterseite des dünnwandigen Körpers.

- „*Stress Minimum – Element Nodal*": Diese Methode zeigt den kleinsten Wert der drei Möglichkeiten Außen-, Innenseite oder Mitte an.

- „*Stress Maximum – Element Nodal*": Diese Methode zeigt den größten Wert der drei Möglichkeiten Außen-, Innenseite oder Mitte an.

Um die Ober- bzw. Unterseite eines Netzes zu identifizieren, müssen Sie den Postprozessor noch einmal verlassen 🏁. Unter „Finitelementmodell Prüfung" ✓ (Finite Element Model Check) finden Sie die Funktion „2D Element Normalen".

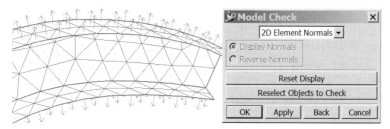

Bei der Darstellung von Spannungen muss zwischen der Außen- der Innenseite und der Mittelfaser unterschieden werden.

Nach dem Aufrufen dieser Funktion und dem Selektieren des gefragten Netzes werden Pfeile dargestellt, die in Richtung der Oberseite des Netzes zeigen. Dies ist die Seite, auf die sich die Ergebnisse „Stress Top – Element Nodal" beziehen.

↳ Um auf der sicheren Seite zu sein, wollen wir nun die Spannung anzeigen, die auf jeden Fall die größte ist, daher schalten wir auf „Stress Maximum – Element Nodal" und hierin auf die Komponente „Von Mises".

Der am stärksten beanspruchte Bereich sollte ähnlich wie in der Abbildung dargestellt aussehen.

Die höchsten Spannungen ergeben sich an einem Übergangsbereich des Querschnitts.

Max. Vergleichsspannung

Abbildung bunt: Seite 316

Es kann festgestellt werden, dass bei unserem FE-Modell im Bereich der hohen Beanspruchung keine Störungen im Kraftfluss vorliegen, daher dürfen Spannungsergebnisse überhaupt bewertet werden. Aufgrund der groben Vernetzung ist das Ergebnis aber noch nicht auskonvergiert. Es muss daher damit gerechnet werden, dass die Spannung bei feinerer Vernetzung noch ansteigt. Entsprechend der Erfahrungen aus dem Grundlagenbeispiel sollte die Spannung aber nicht um mehr als 20 bis 30% ansteigen, bis Konvergenz erreicht wird.

4.2.1.17 Aufgabenstellung Teil 2

Im ersten Teil der Aufgabe wurde gezeigt, dass der Längsträger besonders im Bereich des winkligen Übergangs hoch beansprucht ist. Hier scheint also ein kritischer Bereich zu sein. Gerade an dieser Stelle wurde jedoch der reale Rahmen für die FE-Analyse vereinfacht. Insbesondere ein Querträger, der mit einem Übergangsstück am Längsträger mit Hilfe von Nietverbindungen angebracht ist, übt einen schwer abschätzbaren Einfluss aus. Daher soll in diesem zweiten Teil des Beispiels der Querträger dazu modelliert werden. Die Ergebnisse der beiden Analysen sollen verglichen werden.

Sie lernen an diesem Beispiel Techniken zur Verbindung von FE-Netzen. Insbesondere werden Verbindungstechniken für Nieten dargestellt. In sehr ähnlicher Weise können aber auch Schweißpunkte, Schrauben oder ähnliche Verbindungen aufgebaut werden. Außerdem lernen Sie den Umgang mit symmetrischen Bauteilen, insbesondere bei Einsatz von Schalenelementen.

Die Verbindung zweier Blechteile mit Nieten kann in FEM nachgebildet werden.

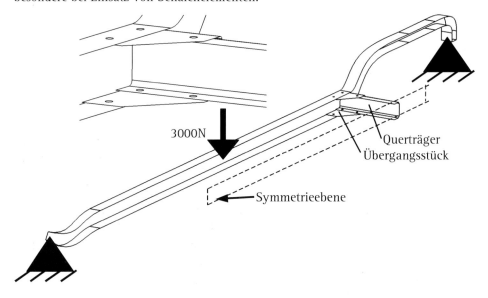

186

4.2.1.18 Klonen der Simulationsdateistruktur

Die anstehende FE-Analyse kann auf den vorhandenen Dateien der ersten Analyse aufbauen, d.h. der idealisierten Datei, der FEM-Datei und der Simulationsdatei. Daher empfiehlt es sich, eine Kopie der Dateistruktur anzulegen. Gehen Sie dafür folgendermaßen vor:

Die neue Analyse ist eine Variante der vorherigen.

- ↳ Verlassen Sie den Postprozessor 🏁.

- ↳ Machen Sie die idealisierte Datei zum dargestellten Teil.

- ↳ Führen Sie nun die Funktion „Datei, Speichern unter..." (File, Save as...) aus der Menüleiste aus.

- ↳ Sie werden aufgefordert, einen neuen Namen für das idealisierte Teil anzugeben. Tragen Sie beispielsweise „rh_rahmen_fem2_i" ein.

- ↳ Unmittelbar darauf fordert das System Sie auf, einen neuen Namen für die FEM-Datei anzugeben. Geben Sie hier beispielsweise „rh_rahmen_fem2" an.

- ↳ Schließlich werden Sie aufgefordert, auch für die Simulationsdatei einen neuen Namen anzugeben. Geben Sie hier beispielsweise „rh_rahmen_sim2" an.

- ↳ Es erscheint noch die Frage: "Möchten Sie Speichern unter durchführen, um fortzufahren?" (Do You want the save as to continue?), die Sie mit "Ja" bestätigen.

Daraufhin wird die Simulationsdateistruktur geklont. Sie erhalten zwei separate idealisierte, FEM und Simulationsdateien, die auf dem gleichen Masterteil basieren. An dieser zweiten Struktur werden Sie nun weiterarbeiten.

4.2.1.19 Löschen von Features

In den neu geklonten Dateien können einige Features bleiben, andere müssen gelöscht werden, und wieder andere sollten zunächst gelöscht und später neu erstellt werden. Gelöscht wird entweder im Simulationsnavigator oder im Teilenavigator (Part-Navigator), je nachdem, ob es sich um ein Berechnungs- oder ein Geometrie-Feature handelt. Die nachfolgende Liste erklärt die zu überarbeitenden Features:

Einige der kopierten Features müssen entfernt werden.

- Bleiben können die vorhandenen Constraints bzw. Lagerungen, ebenso die erzeugte Mittelfläche des Längsträgers und das zugewiesene Material.

- ↳ Die 2D-Vernetzung sollte gelöscht und später neu erzeugt werden, weil an dem Flächenkörper Geometrieänderungen vorgenommen werden müssen.

- ↳ Die beiden 1D-Netze sollten aus dem oben genannten Grund auch gelöscht und später, nach dem 2D-Netz, neu erstellt werden.

Nachdem diese Löschungen durchgeführt worden sind, kann mit dem Neuerstellen von Features begonnen werden.

4.2.1.20 Erzeugen der Mittelflächen

In diesem Beispielfall soll zusätzlich zum Längsträger einer der Querträger sowie sein Übergangsstück in die Analyse einbezogen werden. Für diese beiden neuen Teile muss nachfolgend jeweils eine Mittelfläche erstellt werden. Gehen Sie dafür folgendermaßen vor:

↳ Wechseln Sie in das idealisierte Teil.

Blenden Sie über den Baugruppen-Navigator die Unterbaugruppe „rh_ubg_quertraeger" ein, in der die Querträger verbaut sind. Diese Unterbaugruppe ist vier Mal eingebaut. Wir brauchen nur jene, die an den kritischen Spannungsbereich angefügt ist.

Für den Querträger sind zusätzliche Mittelflächen erforderlich.

Hierin befinden sich der Querträger, das Übergangsstück und die Verbindungsnieten. All diese Teile werden nachfolgend benötigt.

Prinzipiell kann für die beiden Teile Querträger und Übergangsstück die gleiche Methodik zur Erstellung der Mittelfläche angewandt werden wie vorher für den Längsträger. Allerdings handelt es sich bei diesen beiden Teilen um gebogene Bleche, die dadurch charakterisiert sind, dass ihre Außenseiten glatt sind und keine Stöße existieren. Aus diesem Grund ist bei den Teilen statt der vorher genutzten Mittelflächenmethode „Flächenpaar" (Face Pair) die Methode „Offset" zu empfehlen, die nachfolgend beschrieben wird.

↳ Wählen Sie aus der Funktionsgruppe für Modellvorbereitungen die Funktion „Mittelfläche" 🗔 (Midsurface) und

↳ schalten im Menü auf die Methode „Offset".

In diesem Fall eignet sich die Methode „Offset" besser.

↳ Nun sind zwei Selektionsschritte durchzuführen: Zunächst muss der zu bearbeitende Körper selektiert werden.

↳ Im zweiten Selektionsschritt wählen Sie eine beliebige Fläche des Bleches auf der Außen- oder Innenseite aus, nicht aber eine Fläche, die zur Begrenzung bzw. der Schnittfläche gehört. Mit dieser Selektion teilen Sie dem System zusätzlich mit, an welcher Stelle die Wandstärke des Bleches später an das Netz übertragen werden soll.

↳ Nachdem Sie mit „OK" bestätigen, sollte die Mittelfläche erzeugt und der Volumenkörper automatisch ausgeblendet werden.

Ein Vernähen von Einzelflächen, wie bei der Methode „Face Pair", ist bei der „Offset"-Methode nicht erforderlich, es entsteht sofort ein zusammenhängender Flächenkörper.

⮑ Führen Sie diese Schritte für den Querträger und das Übergangsstück aus, das den Querträger mit Längsträger verbindet.

4.2.1.21 Schnitt an der Symmetrieebene

Unter der gewünschten Belastungsrichtung können die symmetrischen Eigenschaften der Geometrie genutzt werden. Dafür muss die Geometrie an der Symmetrieebene abgeschnitten werden. Später wird hier eine entsprechende Randbedingung gesetzt. Zum Abschneiden gehen Sie beispielsweise folgendermaßen vor:

⮑ Wechseln Sie in die Konstruktionsanwendung, und

⮑ erzeugen Sie eine Datum-Plane 🗔 in der Mitte des Querträgers.

⮑ Verwenden Sie dann die Trimmfunktion 🗔, um den Querträger zu beschneiden.

4.2.1.22 Flächenunterteilungen für die Nietverbindungen

Für die Nietverbindungen werden später spezielle 1D-Netze erzeugt. Als Vorbereitung dafür sind Flächenunterteilungen etwa in der Größe der Nieten erforderlich. Da es sich dabei nur um ein grobes Modell für Nietverbindungen handelt, ist es nicht entscheidend, wie groß der gewählte Bereich exakt ist.

Beispielsweise wollen wir daher, entsprechend der Abbildung, die äußere Kreiskante der jeweiligen Niete nutzen, um die Flächenunterteilungen zu erzeugen.

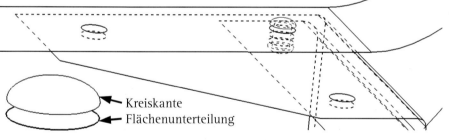

Kreiskante
Flächenunterteilung

Nietverbindungen erlauben ein Verdrehen der Teile. Dies muss in der Analyse berücksichtigt werden.

⮑ Schalten Sie in die Anwendung „Advanced-Simulation".

⮑ Wählen Sie dazu die Funktion „Flächenunterteilung" 🗔,

⮑ selektieren Sie die jeweilige Fläche, schalten Sie auf den nächsten Selektionsschritt, und selektieren Sie die Kreiskante der entsprechenden Niete.

⮑ Diese Flächenunterteilungen müssen nun an allen drei Blechen, jeweils an den Nietstellen, erstellt werden.

Sie können dazu immer wieder die gleiche Kreiskante der entsprechenden Niete nutzen. An zwei Stellen unseres Bereichs liegen drei Bleche aufeinander, hier müssen entsprechend jeweils drei Flächenunterteilungen erstellt werden.

4.2.1.23 Hilfspunkte für die Nietverbindungen

Für die später zu erzeugenden Nietverbindungen benötigen wir Hilfspunkte, die in jeweils der Kreismitte jeden der vorher erstellten Flächenunterteilungen liegen sollen.

↳ Erzeugen Sie diese 14 Kreismittelpunkte nun.

↳ Speichern Sie die Datei.

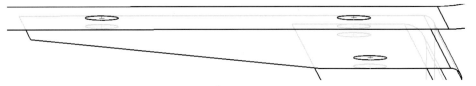

Damit sind die Operationen zur Geometrievorbereitung abgeschlossen.

4.2.1.24 Materialeigenschaften

Die Materialeigenschaften werden, auch für die zusätzlichen Teile, aus der Mastergeometrie abgeleitet, in der sie schon definiert sind.

4.2.1.25 Polygongeometrien für die Mittelflächen zufügen

Wie auch im ersten Teil des Beispiels müssen nun nachträglich Polygongeometrien der beiden neuen Teile zugefügt werden. Gehen Sie dazu folgendermaßen vor:

Nachträglich erzeugte Mittelflächen müssen manuell dem Polygonmodell zugefügt werden.

↳ Machen Sie die FEM-Datei zum dargestellten Teil.

↳ Wählen Sie im Kontextmenü der FEM-Datei die Option „Bearbeiten" (Edit), und

↳ aktivieren Sie im nachfolgenden Menü die Option „Zu verwendende Körper bearbeiten" (Edit bodies to use).

↳ Selektieren Sie die Geometrien der beiden neuen Flächenmodelle des Querträgers und des Übergangsstücks.

↳ Aktivieren Sie zusätzlich unter „Geometrie Optionen..." die Option „Punkte einschließen" (Include Points), damit auch die neu erzeugten Punkte in das FEM-Modell eingefügt werden.

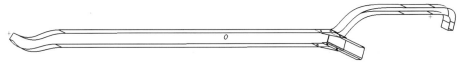

↳ Bestätigen Sie mit „OK".

Daraufhin werden die neuen Polygongeometrien und die Punkte dem FEM-Part zugefügt.

4.2.1.26 Vernetzen der Teile

Für die Vernetzung der drei Flächenkörper verwenden Sie die gleiche Methodik, die schon vorher bei dem Längsträger alleine genutzt wurde. Gehen Sie also folgendermaßen vor:

- Wählen Sie unter der Funktionsgruppe der Vernetzungen die Funktion „2D-Gitter" (2D-Mesh),

- selektieren Sie den jeweiligen zu vernetzenden Flächenkörper, und

- schalten Sie den Elementtyp auf Dreiecke mit sechs Knoten.

- Wählen Sie dann wieder die Funktion für das automatische Ermitteln einer geeigneten Elementgröße , die stets eine grobe Vernetzung liefert.

- Bestätigen Sie mit „OK", damit das Netz erzeugt wird.

Der Vernetzung des Längsträgers sollte etwa der vorherigen Vernetzung im ersten Teil der Aufgabe entsprechen, damit Ergebnisse sinnvoll verglichen werden können. Visuell sollte nachgeprüft werden, ob die Vernetzungen einander entsprechen. Gegebenenfalls sollte die Elementgröße am Längsträger entsprechend angepasst werden.

Um vergleichbare Ergebnisse zu erhalten, sollten die Netze bei A-B-Vergleichen ähnlich sein.

4.2.1.27 Neuerzeugung der Verbindungsnetze

- Die 1D-Anschlüsse für die Verbindung des Längsträgernetzes mit den Punkten, an denen die Randbedingungen des Längsträgers angebracht sind, erzeugen Sie nun auf die gleiche Weise wie vorher.

Bedenken Sie, dass solche Anschlussnetze immer nach den Hauptnetzen erzeugt werden sollen.

4.2.1.28 Erzeugen von Modellen für Nietverbindungen

Reale Nietverbindungen haben zu komplexe Eigenschaften, als dass sie in unserem Beispiel analysiert werden könnten. Es gilt hier vielmehr, ein Modell für Nietverbindungen zu erstellen, das die Wirkung der echten Nieten auf die benachbarten Bauteile wiedergibt. In der Analyse darf dann nicht nach detaillierten Ergebnissen im lokalen Bereich einer Niete gefragt werden, denn hierfür ist das Modell zu grob. In einiger Entfernung davon kann jedoch damit gerechnet werden, dass die Ergebnisse korrekt sind.

Für unser Beispiel sollen die Nieten derart modelliert werden, dass eine Kreiskante von einem Blech mit einer Kreiskante des zweiten Bleches verbunden wird. Die Kreiskanten entsprechen ungefähr den Auflageflächen der Niete.

Als Besonderheit des hier vorgeschlagenen Nietenmodells soll die Verbindung derart gestaltet sein, dass die Kreise zwar fest verbunden sind, Drehungen um die Achse der Niete sollen aber frei möglich sein. Zwar wird sich diese spezielle Eigenschaft

Die Nietoberseite wird über ein Kopplungselement mit der Nietunterseite verbunden.

kaum auf das Ergebnis auswirken, jedoch kann diese Methode für andere Fälle sinnvoll genutzt werden, wenn es darum geht, einen Drehfreiheitsgrad zwischen zwei Teilen zu erhalten (z.B. Schrauben, Bolzen...)

Eine „Spinne" aus Kopplungselementen bildet eine Nietverbindung.

Das Nietenmodell wird durch eine Kombination aus Kopplungselementen zusammengesetzt, die auf ähnliche Weise erstellt werden, wie schon vorher die Verbindung des Längsträgers zu seinen Einspannpunkten. Dazu wird folgendermaßen vorgegangen:

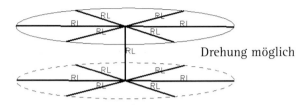

Drehung möglich

- Als Erstes erzeugen Sie „Spinnen", also feste 1D-Netze ✏, (Typ: RBE2) jeweils von der Kreiskante zu dem zugehörigen Punkt. An allen 14 vorher erzeugten Kreisen muss je eine Spinne erzeugt werden. Gehen Sie dabei so vor wie bisher immer.

- Blenden Sie dann im Simulationsnavigator die bisherigen 1D-Netze aus.

- Daraufhin werden 1D-Verbindungen erzeugt, die jeweils die beiden gegenüberstehenden Punkte der „Spinnen" verbinden. Diese Verbindungen können auf identische Weise erzeugt werden mit dem Unterschied, dass die Verbindungspartner nun beides Punkte sind.

Damit sind die Verbindungen erstellt, wobei zunächst alle Freiheitsgrade fest miteinander gekoppelt sind. Daher geben Sie den 1D-Netzen, die jeweils Mittelpunkte verbinden, nun die besondere Eigenschaft, dass sie Drehungen um eine Achse erlauben. Gehen Sie dazu folgendermaßen vor:

- Selektieren Sie im Simulationsnavigator das entsprechende 1D-Netz, dem die Drehung erlaubt wird.

- Wählen Sie im zugehörigen Kontextmenü die Option „Attribute Bearbeiten..." (Edit Attributes...). Es erscheint das in der Abbildung dargestellte Menü.

Der Drehfreiheitsgrad des mittleren Kopplungselements wird unbestimmt eingestellt.

In diesem Menü sind alle Freiheitsgrade des Kopplungselements auf „Fixed" voreingestellt, also handelt es sich zunächst um eine vollkommen feste Verbindung.

- Schalten Sie, je nachdem, wie das absolute Koordinatensystem ausgerichtet ist, den entsprechenden Freiheitsgrad auf „frei". In unserem Beispiel ist dies der Freiheitsgrad Y-Rotation.

- Bestätigen Sie mit „OK", damit die Einstellungen angewandt werden. Diese Einstellung fügen Sie nun für jede der Niet-mittelpunkt-Verbindungen zu.

↳ Speichern Sie die Datei.

4.2.1.29 Erzeugen der Symmetrierandbedingung

↳ Um Randbedingungen zu erzeugen, wechseln Sie in die Simulationsdatei.

Eine Symmetrierandbedingung ist etwas komplizierter, wenn Schalenelemente betroffen sind, weil bei Schalenelementen, im Gegensatz zu Volumenelementen, auch Rotationsfreiheitsgrade kontrolliert werden müssen. Bei Volumenelementen, also Tetraedern oder auch Hexaedern, wird die Rotation an den Knoten immer automatisch mit eingestellt, weil als Symmetrieschnitt immer eine Fläche entsteht. Eine Symmetrieschnittfläche ist immer gegen Verdrehen gesichert, eine Symmetriekante hingegen, wie sie bei Einsatz von Schalenelementen entsteht, kann sich um ihre eigene Achse drehen, wenn sie nicht mit entsprechenden Randbedingungen versehen wird.

Daher stellen Sie die Constraints für alle Schnittkanten nun so ein, wie in der Abbildung dargestellt ist:

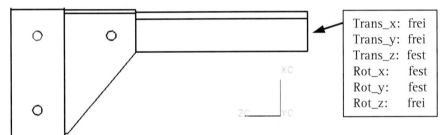

Trans_x: frei
Trans_y: frei
Trans_z: fest
Rot_x: fest
Rot_y: fest
Rot_z: frei

Symmetrierandbedingungen sind bei Schalenelementen aufwändiger.

↳ Wählen Sie die Funktion „Anwenderdefiniert" ⬚ unter der Funktionsgruppe „Randbedingungsarten" ⬚ (Constraint Type),

↳ selektieren Sie die fünf Schnittkanten (zwei Verrundungen, drei Geraden), und

↳ tragen Sie die Freiheitsgrade entsprechend der Abbildung ein.

↳ Nach dem Bestätigen mit „OK" werden die Randbedingungen erzeugt.

↳ Speichern Sie die Datei.

4.2.1.30 Lösungen berechnen und bewerten

↳ Die Lösungen werden wieder mit der Funktion „Solve..." ⬚ berechnet.

Nachdem der Job abgeschlossen ist, liegen Ergebnisse vor, und es könnte in den Postprozessor geschaltet werden. Vorher soll jedoch noch eine kleine Vorbereitung vorgenommen werden, die dazu dient, dass im Postprozessor die Ergebnisse der

Für einen A-B-Vergleich wird das alte Ergebnis zunächst importiert.

ersten Simulation vergleichsartig mitbetrachtet werden können. Für diese Vorbereitung gehen Sie folgendermaßen vor:

- Selektieren Sie im Simulationsnavigator den Knoten der Simulationsdatei.
- Im zugehörigen Kontextmenü wählen Sie die Option „Ergebnisse importieren..." (Import Results...).
- Im erscheinenden Fenster wählen Sie die Option „Datei öffnen" und
- wählen im Verzeichnispfad das Ergebnisfile der ersten Simulation. Wenn Sie den Solver Nastran verwenden, so ist das Ergebnisfile durch die Erweiterung „op2" gekennzeichnet. (Der Name müsste „rh_rahmen_sim1-solution_1.op2" sein.)
- Nach dem Bestätigen mit „OK" (zwei Mal) wird in der aktuellen Simulation ein Verweis auf die erste Simulation zugefügt.

Dieser Verweis im Simulationsnavigator erlaubt, wie nachfolgend dargestellt, die Gegenüberstellung der beiden Ergebnisse.

Im Simulationsnavigator ist zu erkennen, dass gegenwärtig die neu importierten Ergebnisse aktiv sind. Falls Sie nun in den Postprozessor schalten würden, so würden diese Ergebnisse angezeigt.

- Mit einem Doppelklick auf den Knoten „Solution 1", der das eigentliche Ergebnis beinhaltet, schalten Sie dieses wieder aktiv.
- Mit der Funktion „Postprozessor" schalten Sie nun in den Postprozessor. Zunächst wird das neue Ergebnis (Solution 1) angezeigt.

Um eine Gegenüberstellung der beiden Ergebnisse darzustellen, gehen Sie folgendermaßen vor:

Die Ergebnisse des A-B-Vergleichs sollen gegenübergestellt werden.

- Schalten Sie auf ein Layout mit zwei Ansichten, beispielsweise anhand der Funktion „Oben und unten" .

Nun sehen Sie eine Ansicht mit dem bisherigen und eine ohne Ergebnis. Nun soll in der zweiten Ansicht das Ergebnis der ersten Simulation dargestellt werden.

- Dazu aktivieren Sie die zweite Ansicht, indem Sie mit der Maus hineinklicken.

Die Ansicht wird nun rot umrandet, außerdem trägt sie unten den Vermerk „Work". Falls Sie versehentlich eine falsche Ansicht aktiviert haben, so können Sie diese deselektieren, indem Sie die „Shift"-Taste gedrückt halten und die Ansicht dabei selektieren.

- Wenn die zweite Ansicht aktiviert ist, stellen Sie hier die importierten Ergebnisse dar, indem Sie im Simulationsnavigator den neu eingefügten Results-Knoten doppelt anklicken.

Nun können die Bauteile in den beiden Ansichten getrennt gedreht und verschoben werden.

↳ Oftmals sollen die Ansichten gleichartig ausgerichtet werden. Dies erreichen Sie, indem Sie die Funktion „Alle Ansichten auswählen" ⊞ (Select All Views) aufrufen. Wenn Sie nun eine Bewegung vornehmen, so richten sich beide Ansichten danach aus.

In der gleichen Weise, d.h. mit dem Selektieren mehrerer Ansichten, können auch sonstige Einstellungen für mehrere Ansichten gleichzeitig vorgenommen werden. Auf der anderen Seite können Einstellungen nur für eine Ansicht vorgenommen werden, indem nur diese Ansicht selektiert wird. Die Abbildung stellt beispielsweise die Ergebnisse der beiden Simulationen so dar, dass die Vergleichsspannung nach von Mises gezeigt wird und die Skala der Legende den gleichen Bereich abdeckt.

Es lässt sich erkennen, dass der Querträger einen geringfügig spannungsmindernden Einfluss auf den Rahmen ausübt. Dieser Einfluss resultiert offenbar daher, dass die starke Torsionsverdrehung des Längsträgers, die in der ersten Simulation erkennbar war, nun unterbunden wird.

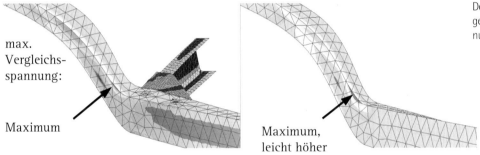

max.
Vergleichs-
spannung:

Maximum

Maximum,
leicht höher

Der zusätzliche Querträger wirkt leicht spannungsmindernd.

Abbildung bunt: Seite 317

Die in der Abbildung angegebenen Spannungsergebnisse sind aus zwei Gründen mit Vorbehalt zu betrachten. Zum einen wurde bei der Vernetzungsfeinheit in diesem Fall nicht die Konvergenz entsprechend des Grundlagenbeispiels nachgewiesen. Daher können die angegebenen Werte noch schwer abschätzbaren Schwankungen unterliegen. Einem Konvergenznachweis soll in dieser Lernaufgabe aus Gründen des Umfangs und des Prinzipcharakters des Beispiels nicht weiter nachgegangen werden. Zum anderen liegen recht große Unsicherheiten bzgl. der Geometrie im Stoß der Bleche vor, denn hier liegt in Realität eine Scheißnaht vor, die im CAD-Modell der Einfachheit wegen nicht ausmodelliert wurde. Aus diesen Gründen dürfen die absoluten Zahlenwerte an diesen Stellen nicht bewertet werden, lediglich ein Vergleich der beiden Simulationen ist zulässig.

4.2.2 Auslegung einer Schraubenfeder

Der Rak2 hat Trommelbremsen an allen vier Rädern. Dabei werden jeweils zwei Bremsbacken von einer Nocke so auseinander gedrückt, dass die Bremsbeläge mit der drehenden Außentrommel reiben. Wenn die Bremse hinterher wieder losgelassen wird, muss dafür gesorgt werden, dass die Bremsbacken wieder aus der Andruckstellung zurückgeholt werden. Für diesen Zweck wird die Rückholfeder konstruiert, die in dieser Lernaufgabe ausgelegt werden soll.

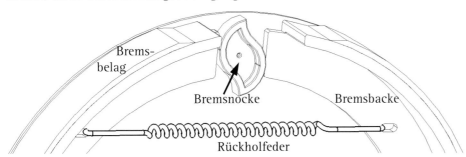

Eine Schraubenfeder lässt sich gut mit FEM auslegen.

Dabei können die parametrischen Funktionen des CAD-Systems sinnvoll genutzt werden.

Idealerweise wird die auszulegende Feder derart parametrisch im CAD-System aufgebaut, dass alle evtl. anzupassenden geometrischen Größen als Parameter bzw. „Ausdrücke" (Expressions) änderbar sind. In der FE-Analyse werden dann ebenfalls alle Elemente als assoziative Features erzeugt, was zu einem vollständig parametrischen FEM-Modell führt. Jede gewünschte Änderung eines Geometrieparameters führt nach einfachem Aktualisieren des Modells zu neuen Ergebnissen. Mit Hilfe dieser Methode kann sehr effizient eine manuelle Optimierung der Geometriegrößen vorgenommen werden, wie in dieser Lernaufgabe gezeigt wird.

In dieser Lernaufgabe lernen Sie die Ausnutzung der parametrischen und assoziativen Elemente, um in der beschriebenen Weise vorzugehen. Darüber hinaus lernen Sie den Umgang mit Balkenelementen und die Berechnung von Reaktionskräften. Weiterhin lernen Sie, wie vorgegebene Verschiebungen als Randbedingungen auf ein FE-Modell aufgebracht werden.

Ein weiterer Lerneffekt dieses Beispiels betrifft vorgespannte Lagerungen.

4.2.2.1 Aufgabenstellung

Ausgehend von einem parametrischen CAD-Modell soll in dieser Lernaufgabe eine Federauslegung durchgeführt werden.

Die Feder soll im eingebauten Zustand gerade entspannt oder nahezu kräftefrei sein. Legen Sie die Drahtstärke so aus, dass bei einem Arbeitsweg von 4 mm die maximale Zughauptspannung in der Feder von 500 N/mm^2 nicht überschritten wird und dass gleichzeitig die Spannkraft bei der Verformung von 4 mm nicht kleiner als 50

N wird. Der für die Fertigung der Feder zur Verfügung stehende Drahtdurchmesser liegt in Größenschritten von 0,1 mm vor.

Gesucht ist der Drahtdurchmesser der Schraubenfeder.

Auslenkung: 4mm   Spannkraft: Minimum 50N
Variabel: Drahtdurchmesser   Zugspannung: Maximal 500N/mm^2

4.2.2.2 Überblick über die Lösungsschritte

Prinzipiell soll zunächst die aktuelle Feder analysiert werden. Es wird eine Auslenkung von 4 mm aufgeprägt werden, und die Reaktionskraft sowie die auftretende Zugspannung, ermittelt.

Falls das Ergebnis die Anforderungen nicht erfüllt, so wird ein anderer Drahtdurchmesser gewählt und das Modell neu analysiert. Dies wird so lange wiederholt, bis ein Drahtdurchmesser gefunden wird, der den Anforderungen gerecht wird.

4.2.2.3 Aufbau des parametrischen CAD-Modells

Grundlage für den geeigneten Aufbau eines assoziativ parametrischen FE-Modells ist die Parametrisierung der zugrunde liegenden CAD-Geometrie der Feder. Federn werden im NX-System oftmals durch die Helix-Funktion aufgebaut, die eine Kurve entsprechend einer Feder formt. Dabei können die Parameter Radius, Steigung und Anzahl der Gänge parametrisch variiert werden.

Das CAD-Modell ist parametrisch aufgebaut.

Um den Anfang und das Ende der Feder zu gestalten, werden beispielsweise Sketche zugefügt, die beliebig geformt sein können. Evtl. kann der Übergang der Helix zu einem Sketch durch eine Bridgekurve gestaltet werden. Abschließend wird die soweit vorbereitete Kurve mittels der Funktion „Cable" zu einem Rohr bzw. Kreisprofil aufgedickt.

☑ HELIX (4)
☑ DATUM_PLANE (5)
☑ SKETCH "HAKEN_RECHTS" (6)
☑ BRIDGE_CURVE (7)
☑ SKETCH "HAKEN_LINKS" (8)
☑ BRIDGE_CURVE (9)
☑ CABLE (11)

Die Abbildung stellt den Feature-Aufbau des Federmodells dar, wie es bereits fertig erstellt ist und im RAK2-Verzeichnis als „bs_rueckholfeder.prt" zur Verfügung steht.

4.2.2.4 Überlegungen zur Vernetzungsstrategie

Prinzipiell wäre eine Vernetzung des Volumenkörpers der Feder mit Tetraederelementen möglich. Allerdings wäre in diesem Fall eine relativ große Menge an Tetraederelementen erforderlich, um den Körper mit einer geeigneten Feinheit zu vernetzen, weil die Geometrie dünne und lang gezogene Eigenschaften hat. Bei einer solchen Feder handelt es sich um eine Geometrie, die einem Balken entspricht, daher bietet sich in diesem Beispiel die Verwendung von Balkenelementen an.

Alternativ wäre aber auch eine Tetraedervernetzung der Feder möglich. Zwingend erforderlich wird die Balkenvernetzung erst bei komplexeren balkenartigen Geometrien, z.B. bei Maschinenportalen, die aus Balkenträgern zusammengeschraubt oder geschweißt sind. Ein Beispiel für solch eine Aufgabe ist in der Abbildung dargestellt. In diesem Fall wäre eine geeignete Vernetzung mit Tetraederelementen kaum möglich. Eine kombinierte Schale/Balkenvernetzung jedoch macht die Sache recht einfach.

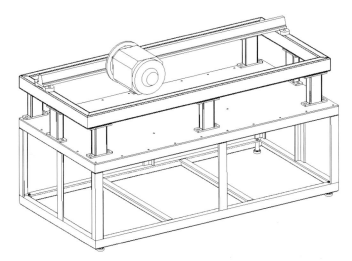

Maschinengestelle sind andere Beispiele für den sinnvollen Einsatz von Balkenelementen.

Balkenelemente haben eine geometrisch eindimensionale Form und verbinden zwei Punkte im Raum miteinander. Daher wird visuell nur eine Linie dargestellt, allerdings werden programmintern die Eigenschaften eines Balkens analysiert, d.h., es können Zug-, Druck-, Biege- und Torsionskräfte in allen drei Raumrichtungen übertragen werden. Jeder Knoten eines Balkenelements kann also Verschiebungen, Drehungen, Kräfte oder Momente aufnehmen, wie in der Abbildung dargestellt ist.

Die Steifigkeitseigenschaften des Balkenmodells gehen durch ein Querschnittsprofil ein, das der Anwender auf verschiedene Weisen definieren kann und dem Balken zuordnet. Selbstverständlich müssen auch Materialeigenschaften zugeordnet werden.

Voraussetzung ist, dass pro Balken ein gleich bleibender Querschnitt vorliegt. Wechselt der Querschnitt, so können auch unterschiedliche Balkenelemente aneinandergekoppelt werden. Im Fall unserer Federaufgabe liegt ein gleich bleibender Kreisquerschnitt vor, der durch Zug und Torsion belastet ist. Aus diesen Gründen ist der Einsatz von Balkenelementen für die Lösung dieser Aufgabe sinnvoll.

Ein Balkenelement über-
trägt Zug, Druck, Biegung
und Torsion. Die Knoten
müssen daher auch
rotatorische Freiheitsgrade verarbeiten.

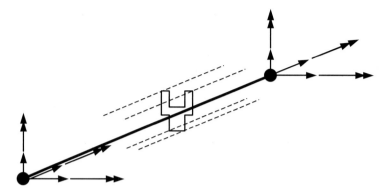

Für die Erzeugung der Balkenelemente wird die Mittellinie des Federdrahts benötigt. Daher muss nachfolgend dafür gesorgt werden, dass die entsprechenden Spline-Kurven in das FEM-Teil übertragen werden.

4.2.2.5 Überlegungen zu Randbedingungen

Die aufgezwungene
Verformung ist eine
besondere Randbedin-
gung.

Statt der realen Einbausituation der Feder in der Bremse müssen an den beiden Stellen Randbedingungen erzeugt werden, an denen im FE-Modell die Umgebung entfernt wurde. Auf einer der beiden Seiten sollen die Randbedingungen für eine Einspannung sorgen, die dem Einhängen des Hakens entspricht, auf der anderen Seite soll eine Einspannung vorliegen, die, entsprechend der Aufgabenstellung, zusätzlich eine vorgegebene Verschiebung von 4 mm aufbringt.

4.2.2.6 Erzeugung der Dateistruktur und der Lösungsmethode

↳ Öffnen Sie im NX-System das Partfile „bs_rueckholfeder.prt", und

↳ schalten Sie in die Anwendung „Advanced-Simulation".

↳ Erzeugen Sie im Simulationsnavigator eine neue Simulation.

↳ Im nachfolgend erscheinenden Menü „New FEM and Simulation" aktivieren Sie unter „Geometry Options" die Funktion „Skizzenkurven einschließen" (Include Sketch Curves).

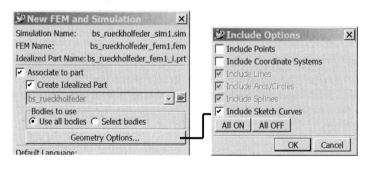

Diese Einstellungen sorgen dafür, dass die Mittelkurven der Feder in das FEM-Teil eingefügt werden.

🖙 Bestätigen Sie zwei Mal mit „OK". Daraufhin wird die Dateistruktur erstellt.

Als Nächstes erscheint das Menü „Lösung erzeugen" (Create Solution).

🖙 Da es sich bei der Aufgabe um die statische Analyse von Verformungen, Spannungen und Reaktionskräften handelt, akzeptieren Sie in diesem Menü die voreingestellten Einstellungen und bestätigen mit „OK".

Das System erstellt im Simulationsnavigator eine Simulation mit einer ersten Lösung.

4.2.2.7 Vorbereitungen für Randbedingungen

🖙 Nachfolgende Arbeiten betreffen die Vernetzung, daher machen Sie das FEM-Part zum dargestellten Teil.

Zunächst ist an allen Stellen, an denen später Randbedingungen an Punkten gesetzt werden sollen, jeweils ein so genannter „Gitterpunkt" ⯙ (Mesh Point) zu erzeugen. Diese Vorbereitung ist immer dann erforderlich, wenn Randbedingungen oder auch Lasten auf Punkten erzeugt werden sollen. Von großer Wichtigkeit ist dabei, dass der „Gitterpunkt" genau der Geometrie zugeordnet wird, die später vernetzt wird. Dies kann besonders schnell falsch gemacht werden, wenn der gewünschte Punkt an mehreren Geometrien angrenzt, wie dies auch in unserem Beispiel der Fall ist. Falls Sie den Gitterpunkt einer Geometrie zuordnen, die nicht vernetzt wird, so kommt es beim Solven zu Fehlermeldungen, die schwer interpretierbar sind.

In unserem Beispiel soll die Randbedingung am Ende der geraden Linie der Feder aufgebracht werden. Also muss hier ein „Gitterpunkt" erzeugt werden, wobei dieser unbedingt der langen geraden Linie zugeordnet werden muss und keinesfalls dem Halbkreis.

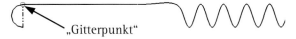
„Gitterpunkt"

Ein „Gitterpunkt" zwingt den Vernetzer, hier einen Knoten zu setzen.

Für die Erzeugung des „Gitterpunkts" gehen Sie folgendermaßen vor:

🖙 Wählen Sie in der NX-Menüleiste die Funktion „Einfügen, Modellvorbereitung, Gitterpunkt..." ⯙ (Insert, Model Preparation, Mesh Point...).

🖙 Aktivieren Sie die Punktmethode für den Endpunkt ╱ und

🖙 selektieren Sie die gerade Linie auf der entsprechenden Seite und bestätigen mit „OK" ✓.

🖙 Erzeugen Sie einen „Gitterpunkt" auf der einen und einen auf der anderen Seite der Feder.

4.2.2.8 Erzeugen eines Balkenquerschnitts

Nachdem Balkenelemente als Strategie für die Vernetzung ausgewählt wurden, muss neben der eigentlichen Vernetzung noch der Querschnitt definiert werden, dessen Steifigkeitseigenschaften verwendet werden sollen. Der Querschnitt wird zunächst als Objekt erzeugt und später dem Netz zugeordnet. Es gibt eine Reihe von Möglichkeiten für die Definition des Querschnittprofils, die nachfolgend erläutert werden.

Der vorgesehene Querschnitt für die Balkenelemente wird definiert.

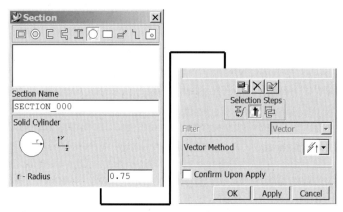

↳ Zur Definition eines Querschnitts wählen Sie unter der Funktionsgruppe für Vernetzungen die Funktion „1D Element Schnitt" ⬚ (1D Element Section).

Es erscheint ein Menü mit den nachfolgend erklärten Optionen für die Querschnittsdefinition:

- ⬚ ◎ ⊏ ⊏ I ◯ ⬚ Die ersten sieben Optionen für die Querschnittsdefinition stellen eine Bibliothek oft verwendeter Standardquerschnitte dar. Hier kann der gewünschte Standardquerschnitt ausgewählt werden, beispielsweise ein dünnwandiges Rechteckprofil. Für die Erzeugung eines solchen Profils sind dann weiter unten im Menü die gewünschten Abmessungen für Höhe, Breite und Wandstärke anzugeben. Dabei sind die neben dem Symbol angegebenen y-z-Koordinatenrichtungen zu bemerken, die ein mitlaufendes Koordinatensystem beschreiben und die bei der späteren Vernetzung beachtet werden müssen.

- ✏ „*Anwenderdefinierte Eigenschaften auswählen*" (User Defined Properties): Diese Option erlaubt die Definition eines beliebigen Querschnittprofils durch die manuelle Angabe der flächenrelevanten Größen, d.h. Flächeninhalt und die Flächenträgheitsmomente. Außerdem werden die vier Positionen der Punkte abgefragt, an denen später Spannungsergebnisse berechnet werden. Entsprechend der ersten Option ist auch hier auf die y-z-Koordinatenrichtungen zu achten.

- ⌐ „*Anwenderdefinierte dünne Wand*" (User Defined Thin Wall): Diese Option erlaubt die Definition des Querschnittprofils unter Zuhilfenahme eines Sketches. Nach Auswählen dieser Option erscheint weiter unten im Menü eine Auswahl, die alle Sketches auflistet, die im zugrunde liegenden CAD-Modell vorkommen. Nachdem ein Sketch ausgewählt wurde, muss jeder im Sketch enthaltenen Linie eine Wandstärke zugeordnet werden. Auf diese Weise entsteht die Definition einer dünnwandigen Struktur, deren Eigenschaften in der Analyse verwendet werden. Entsprechend der ersten Option ist auch hier wieder auf die y-z-Koordinatenrichtungen zu achten.

- ☐ „*Anwenderdefinierter Volumenkörper*" (User Defined Solid): Diese Option erlaubt die Auswahl einer Fläche eines Volumenkörpers, beispielsweise eine Schnittfläche des CAD-Balkens, den Sie berechnen möchten. Von dieser Fläche berechnet das System automatisch die Flächenträgheitseigenschaften und nutzt sie für die Analyse. Achten Sie wieder auf die angegebenen y-z-Koordinatenrichtungen für die spätere Zuordnung.

Es gibt komfortable Möglichkeiten für die Definition von Querschnittsprofilen.

Nachfolgend wird das Querschnittprofil für unser Beispiel erzeugt:

- ↳ Wählen Sie die Option „Zylinderkörper" ○ „Solid Cylinder", und

- ↳ tragen Sie als einziges erforderliches Maß den Radius von 0,75 mm ein.

Die y-z-Koordinatenrichtungen sind im Fall des Kreisquerschnitts nicht relevant, weil die Orientierung des Kreises nicht von Bedeutung ist.

- ↳ Bestätigen Sie mit „OK", und der Querschnitt wird erzeugt.

Die Zuordnung soll erst geschehen, nachdem die Vernetzung durchgeführt wurde. Bitte bemerken Sie, dass für den Querschnitt automatisch der Name „SECTION_000" vergeben worden ist. Dieser Name wird beim späteren Zuordnen verknüpft.

4.2.2.9 Vernetzung mit Balkenelementen

Balkenelemente gehören in NX zu den „1D-Gittern" und stehen dicht neben den anderen Arten von eindimensionalen Elementen, nämlich den Stabelementen, Kopplungselementen und Federelementen.

Folgende Liste erklärt die wesentlichen Eigenschaften der fünf Typen, die unter der Funktion „1D-Gitter" ╱ (1D-Mesh) zusammengefasst sind.

Balkenelemente gehören zu den 1D-Netzen.

- ╱ CBEAM : „*Balken*" Hierbei handelt es sich um ein Balkenelement, das die gewöhnlichen Eigenschaften Zug, Druck, Biegung und Torsion übertragen kann. Diesem Elementtyp muss ein Querschnittprofil und ein Material zugeordnet werden. Als Besonderheit ist dieses Element auch in der Lage einen konischen

Querschnittsverlauf zu besitzen. Weiterhin ist der Übergang von einem Querschnittprofil auf ein anderes möglich.

- 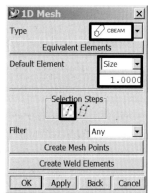 CBAR : „*Leiste*" Dieses Element ist ein gewöhnlicher Balken mit den gleichen Eigenschaften wie der erste Balken. Lediglich der Übergang von einem Querschnitt auf einen anderen ist nicht möglich.

Unterschiedliche Typen von 1D-Netzen

- CROD : „*Stange*" Dies ist ein Stabelement, d.h., es kann Zug und Druck übertragen, aber keine Biegung und keine Torsion. Dem Element werden ein Flächeninhalt und ein Material zugeordnet. Aus diesen Eigenschaften werden die nötigen Steifigkeitswerte des Elements ermittelt.

- RBE2 : „*Verbindung mit Randbedingung*" Dieses Element ist das Kopplungselement, das eine feste Verbindung ohne Nachgiebigkeit darstellt. Es ist möglich, das Element so einzustellen, dass nur bestimmte Freiheitsgrade übertragen werden.

- CBUSH : „*Feder*" Ein allgemeines Feder / Dämpfer-Element. Es erlaubt die Definition von Feder- und Dämpfungseigenschaften in allen Raumrichtungen.

- CELAS2 : „*2 DOF-Feder*" Ein skalares Federelement. Es erlaubt die Definition von translatorischen und torsionsartigen Federeigenschaften in nur einer Raumrichtung.

Bei der Vernetzung mit 1D-Gittern ist zu unterscheiden, ob das zu erzeugende Netz eine Verbindung zwischen zwei Geometriegruppen darstellt oder ob nur eine Geometriegruppe vernetzt werden soll. Eine Verbindung ist beispielsweise eine Verbindung von einer Fläche zu einem Punkt, wie sie im vorherigen Beispiel des Längsträgers angewandt wurde. Im vorliegenden Beispiel soll keine Verbindung erzeugt, sondern lediglich eine Geometriegruppe vernetzt werden, in diesem Fall jeweils eine Kurve der Federgeometrie. Daher wird auf eine etwas andere Weise vorgegangen als dies bei den bisherigen 1D-Gittern der Fall war.

Entsprechend der Abbildung handelt es sich hier um fünf einzelne Kurven: Zwei gerade Linien, zwei Brückenkurven und die Helix. Es wird empfohlen, die Vernetzungen der Kurven einzeln durchzuführen. Für die 1D-Vernetzung der Kurven gehen Sie folgendermaßen vor:

- ↳ Wählen Sie die Funktion „1D-Gitter", und

- ↳ schalten Sie den Typ auf die Option „Balken" CBEAM .

- ↳ Im Menü ist der erste Selektionsschritt „Gruppe 1" aktiv. Selektieren Sie die erste Kurve, die vernetzt werden soll. Beachten Sie, dass je nach Selektionsposition, d.h. ob mehr am Anfang oder am Ende der jeweiligen Kurve, Pfeile angezeigt werden. Diese Pfeile sind von Bedeutung, denn sie zeigen in die x-Richtung des mitlaufenden Koordinatensystems der Balkenelemente. Achten Sie darauf, dass diese Pfeile bei jedem Kurvenstück in die gleiche Richtung zeigen. Falls es zu einem Wechsel der Pfeilrichtung kommt, so würde das mitlaufende Koordinatensystem unerwünscht die Richtung wechseln.

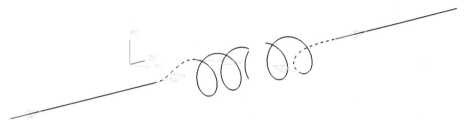

Pfeile kennzeichnen die x-Richtung des mitlaufenden Koordinatensystems für den Balkenquerschnitt.

Nachdem die Kurve selektiert wurde, entscheiden Sie, ob die Elementgröße über die Anzahl der Elemente oder die Größe angegeben werden soll. Entsprechend wählen Sie unter „Standardelement" (Default Element) die Option „Number" oder „Größe" (Size). Wir entscheiden uns für die Angabe der Größe, weil dadurch eine gleichmäßige Elementgröße über alle fünf Kurven gewährleistet wird.

- Schalten Sie im Menü die Option „Standardelement" (Default Element) auf „Größe" (Size).
- Im Feld für die Größe tragen Sie daher beispielsweise 1 ein, dies entspricht einer ausreichenden Elementfeinheit über den Windungen.
- Bestätigen Sie mit „Apply" oder „OK". Die Vernetzung wird erzeugt.
- Führen Sie diese Vernetzung getrennt für alle fünf Kurven durch.

4.2.2.10 Verschmelzen dicht angrenzender Knoten

In manchen Fällen, wenn mit mehreren Netzen gearbeitet wird, kommt es vor, dass ein Knoten eines Netzes sehr dicht an einem anderen Knoten eines anderen Netzes liegt. So eine Situation führt dazu, dass keine Verbindung an dieser Stelle vorliegt. Visuell kann dies kaum erkannt werden, daher bietet das FE-System eine Möglichkeit, um solche „doppelten" Knoten zu finden und sie gegebenenfalls zu verschmelzen. Gehen Sie dafür folgendermaßen vor:

- Wählen Sie die Funktion „Finitelementmodellprüfung" ✓ (Finite Element Model Check).
- In den Optionen schalten Sie auf „Knoten" (Nodes) und
- aktivieren den Knopf „Duplizierte Knoten anzeigen" (Show Duplicate Nodes).
- Bestätigen Sie mit „Apply".

4 Advanced-Simulation (FEM)

Doppelte Knoten sind sehr eng beieinander liegende Knoten, die optisch nicht erkannt werden.

↳ Wenn nun in der Statuszeile von NX erscheint: „Doppelt vorhandene Knotennamen erfolgreich geprüft" (Duplicate Nodes Checked Succesfully) bedeutet dies, dass doppelte Knoten gefunden wurden. (Die doppelten Knoten leuchten auf.) Sie sollten dann die Funktion „Kopierte Knoten mischen" (Merge Duplicate Nodes) ausführen, damit die gefundenen Knoten verschmolzen werden. In der Statuszeile erscheint daraufhin „Knoten vereinigt" (Nodes merged).

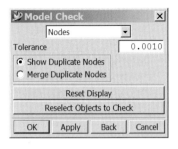

↳ Wenn dagegen in der Statuszeile erscheint „Keine doppelten Knoten gefunden" (No duplicate Nodes found), so bedeutet dies, dass unter der angegebenen Toleranz keine Knoten eng beieinander liegen. In diesem Fall braucht keine weitere Aktion diesbezüglich durchgeführt zu werden.

In den meisten Fällen wird das Verschmelzen von Knoten automatisch vom System durchgeführt. Ein manuelles Eingreifen in der dargestellten Weise ist nur selten erforderlich. Insbesondere dann ist es erforderlich, wenn im Ergebnis der FE-Analyse erkannt wird, dass keine Verbindung zwischen zwei Netzen besteht, jedoch eine Verbindung gewünscht ist.

4.2.2.11 Zuordnen von Material

Bei Balkenelementen wird das Material direkt dem Netz zugeordnet.

Das Material wird auf gewohnte Weise im Materialdialog erzeugt oder aus der Bibliothek übernommen. Lediglich die Zuordnung geschieht auf andere Weise. Bisher wurde das Material immer der zugrunde liegenden Geometrie zugeordnet, die es an die entsprechende Vernetzung vererbt hat. In diesem Beispielfall muss das Material jedoch direkt dem Netz zugeordnet werden, weil es nicht möglich ist, den Kurven ein Material zuzuordnen. Gehen Sie folgendermaßen vor:

↳ Die FEM-Datei ist nach wie vor das dargestellte Teil.

↳ Erzeugen Sie das Material „Stahl" im Materialdialog .

↳ Um es der Vernetzung zuzuordnen, selektieren Sie im Simulationsnavigator die fünf Netze und im Materialdialog das neue Material.

↳ Bestätigen Sie mit „OK", und die Zuordnung wird durchgeführt.

4.2.2.12 Zuordnen des Querschnitts

Als Nächstes erfolgt die Zuordnung des Querschnitts zu den 1D-Gittern. Prinzipiell muss dabei die Orientierung des Querschnitts beachtet werden, im Fall unseres Beispiels ist diese jedoch aufgrund des Kreisquerschnitts ohne Belang.

Die Zuordnung muss für jedes der fünf 1D-Gitter getrennt vorgenommen werden. Gehen Sie dazu folgendermaßen vor:

🖙 Wählen Sie im Simulationsnavigator im Kontextmenü des jeweiligen 1D-Netzes die Funktion „Attribute bearbeiten..." (Edit Attributes...). Stellen Sie die Eigenschaften wie in der Abbildung dargestellt ein.

Der Querschnitt wird dem jeweiligen 1D-Netz zugeordnet.

🖙 Unter „Schnitt" (Section) geben Sie mit „Konstant" an, dass Sie eine gleichmäßige Querschnittsverteilung, also keine konische Verteilung wünschen.

🖙 Unter „Forderschnitt" (Fore Section) geben Sie den vorher definierten Querschnittsnamen „SECTION_000" an.

🖙 Mit der Funktion „Orientierungsvektor" (Orientation Vector) definieren Sie nun die Orientierung der y-Richtung des Querschnittprofils. Beispielsweise ist die YC-Richtung hierfür geeignet. Tragen Sie diese Richtung also ein, und

🖙 bestätigen Sie mit „OK".

🖙 Fügen Sie diese Einstellungen für jedes der fünf Netze ein.

Damit ist die Erzeugung und Zuordnung des Querschnitts abgeschlossen.

Der Querschnitt wird zur Kontrolle optisch dargestellt.

Der zugeordnete Querschnitt sollte entsprechend der Abbildung visuell nachgeprüft werden.

🖙 Führen Sie dazu im Simulationsnavigator auf dem Knoten eines 1D-Gitters die Funktion „Schnitt darstellen" (Display Section) aus.

🖙 Speichern Sie die Datei.

4.2.2.13 Erzeugen der Einspannung

Die Einhängung des Hakens entspricht etwa einer Kugellagerung, d.h., es würden die translatorischen Freiheitsgrade festgehalten, die rotatorischen blieben frei. Allerdings kommt im Fall dieser Feder dazu, dass der Federdraht an der Wand anliegt, daher wird auch die Verdrehung mindestens in eine Richtung behindert. Als FE-Randbedingung sollte daher eine Fixierung auch der rotatorischen Freiheitsgrade vorgenommen werden. Diese rotatorische Fixierung sollte auch deswegen vorgenommen werden, weil es sonst zu einer unrealistischen Durchbiegung der Feder kommt, die daher rührt, dass die Angriffspunkte der Randbedingungen nicht genau auf der neutralen Achse liegen.

Die feste Einspannung auf der einen Seite der Feder.

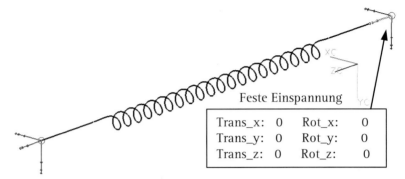

Feste Einspannung

Trans_x:	0	Rot_x:	0
Trans_y:	0	Rot_y:	0
Trans_z:	0	Rot_z:	0

Für die Erzeugung dieser fixen Einspannung gehen Sie folgendermaßen vor:

↳ Wechseln Sie zunächst über den Simulationsnavigator in das Simulations-Part.

↳ Blenden Sie die Polygongeometrie des Federkörpers aus.

↳ Wählen Sie in der Gruppe „Randbedingungsarten" (Constraint Type) die Funktion „Feste Randbedingung" (Fixed Constraint).

↳ Selektieren Sie den „Gitterpunkt" (Mesh Point) auf einer der beiden Seiten der Feder, und bestätigen Sie mit „OK".

Alternativ können Sie die Funktion „User Defined Constraint" verwenden und die Freiheitsgrade alle auf „fest" stellen.

4.2.2.14 Erzeugen der vorgegebenen Verschiebung

Auf der anderen Seite der Feder soll eine Verschiebung vorgegeben werden. Gehen Sie dazu folgendermaßen vor:

↳ Wählen Sie in der Gruppe „Randbedingungsarten" (Constraint Type) die Funktion „User Defined Constraint" .

↳ Selektieren Sie den „Gitterpunkt" (Mesh Point) auf der entsprechenden Seite der Feder, und

↳ tragen Sie die Freiheitsgrade wie in der Abbildung dargestellt ein. Bis auf die Translation in der z-Richtung werden wieder alle Freiheitsgrade festgehalten. Die gewünschte Verschiebung in der z-Richtung erreichen Sie durch die Angabe von „Verschiebung" (Displacement) und die Angabe des Betrags 4 an diesem Freiheitsgrad.

↳ Bestätigen Sie mit „OK", damit die Randbedingung erzeugt wird.

Alternativ könnten Sie auch die Funktion „Enforced Displacement Constraint"
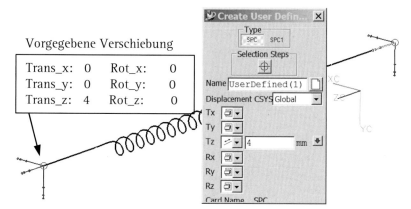verwenden, um eine angegebene Verschiebung zu erreichen. Allerdings wird bei dieser Funktion lediglich die Verschiebung aufgebracht, Sie bräuchten daher noch eine zusätzliche „User Defined Constraint", um die übrigen Freiheitsgrade festzusetzen.

Die vorgegebene Verschiebung kann z.B. als anwenderdefinierte Randbedingung erzeugt werden.

Da mit der Angabe zweier Constraints ein gespannter Zustand definiert wurde, ist die Angabe von Lasten nicht erforderlich. Die FE-Analyse wird den Verformungs- und Spannungszustand ermitteln, der sich aufgrund der Einspannung und der vorgegebenen Verschiebung einstellt. Darüber hinaus werden in der FE-Analyse auch die Reaktionskräfte ermittelt, die erforderlich sind, um den gegebenen Zustand aufrechtzuerhalten.

4.2.2.15 Lösungen berechnen

Nachdem das Berechnungsmodell so weit aufgebaut wurde, kann es gelöst werden.

- Wählen Sie dazu die Funktion „Solve" , und bestätigen Sie im nächsten Menü mit „OK".

Das Lösen geht sehr schnell, wenn nur Balkenelemente enthalten sind.

- Der Job sollte nur wenige Sekunden laufen, da die Anzahl der Knoten und Elemente sehr gering ist.

- Wenn der Job-Monitor das Ende des Jobs anzeigt, schalten Sie in den Postprozessor zum Analysieren der Ergebnisse.

4.2.2.16 Ermitteln der Reaktionskraft

Reaktionskräfte werden an den Knoten der Einspannstellen des FE-Modells berechnet. Prinzipiell werden Reaktionskräfte zwar an allen Knoten berechnet, jedoch haben sie nur an den Einspannstellen einen von null verschiedenen Wert.

Bei unserem Beispiel bestehen die Einspannstellen jeweils nur aus einem Knoten, daher werden an diesen beiden Knoten die gesamten Reaktionskräfte angezeigt. Falls beispielsweise eine Fläche eingespannt würde, zu der mehrere Knoten gehören, so ergäbe sich die Reaktionskraft aus der Summe der Reaktionskräfte aller zugehörigen Knoten. In so einem Fall kann die Funktion „Identifizieren" [?] genutzt werden, die es erlaubt, die Summe einer Ergebnisgröße auf einer Fläche zu ermitteln.

- Um die Reaktionskraft darzustellen, wählen Sie im Simulationsnavigator die Option „Reaction Force - Nodal".

- Unterhalb dieses Knotens können die x-, y- und z-Richtungen der Reaktionskraft sowie der geometrische Betrag („Magnitude") ausgewählt werden. Hier schalten Sie auf die z-Richtung, weil diese der Verformungsrichtung der Feder entspricht.

Die Reaktionskraft kann über den Navigator dargestellt werden.

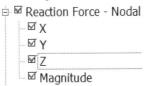

- Das Ablesen der Werte an den beiden Knoten kann entweder anhand der Farbskala oder der Funktion „Identifizieren" [?] (Identify) durchgeführt werden.

- Entsprechend der Abbildung wurde eine Reaktionskraft in der z-Richtung von ca. 75 N ermittelt.

`-7.519e+001`

`7.519e+001`

Einer der Knoten hat positive, der andere negative Reaktionskraft, so dass in Summe das Kräftegleichgewicht erfüllt ist.

Die Steifigkeit R dieser Feder ergibt sich mit

Die Ergebnisse stimmen mit dem Tabellenbuch überein.

$$R = \frac{F}{s}$$

zu 18,8 N/mm. Aus Tabellenbüchern kann die Steifigkeit einer Schraubenfeder durch

$$R = \frac{G \cdot d^4}{8 \cdot n \cdot D^3}$$

zu etwa dem gleichen Wert berechnet werden. Dabei sind:

G=80000 N/mm^2 (Schubmodul),   d=1,5 mm (Drahtdurchmesser),

n=ca. 21,5 (Anzahl der Windungen),   D=5 mm (Windungsdurchmesser)

4.2.2.17 Ermitteln der maximalen Zughauptspannung

Ähnlich wie bei Schalenelementen, bei denen Spannungsergebnisse auf der Außen-, Innenseite und der Mitte berechnet werden, wird bei Balkenelementen die Berechnung der Spannungen auch an charakteristischen Punkten vorgenommen. Dies sind die so genannten „Zugentlastungspunkte" (Stress Recovery Points). Dabei handelt es sich um vier Positionen am äußersten Rand des Querschnittprofils des Balkens, die standardmäßig von Interesse für die Spannungsbewertung sind. Diese Punkte werden mit C, D, E und F gekennzeichnet.

Bei einer eigenen Definition eines Querschnittprofils können diese Positionen vom Anwender vorgegeben werden, bei Auswahl eines der Standardprofile dagegen ist die Lage der „Zugentlastungspunkte" (Stress Recovery Points) vorgegeben. Die Lage der Punkte kann eingesehen werden, wenn im Menü „1D Element Gitter" der Querschnitt ausgewählt wird, der bereits erzeugt wurde und die Funktion „Calculate Properties" ausgeführt wird. Die Funktion öffnet ein Textfenster, in dem neben den Flächenträgheitseigenschaften die Koordinaten der Punkte angegeben sind. Die Koordinaten beziehen sich dabei auf das mitlaufende Balkenkoordinatensystem.

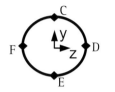

Bei Balkenelementen werden theoretische Spannungen an vier so genannten Zugentlastungspunkten berechnet.

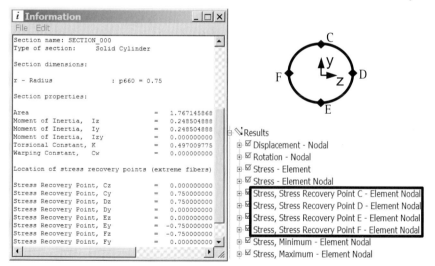

Die genaue Position dieser vier Punkte kann eingesehen werden.

An diesen Punkten können die Ergebnisse dargestellt werden.

Entsprechend der vier „Stress Recovery Points" C, D, E und F können im Simulationsnavigator Spannungsergebnisse an diesen vier Positionen abgelesen werden, wenn der entsprechende Knoten aktiviert wird. Unterhalb eines solchen Knotens finden sich wieder die Optionen für die Komponente der Spannung, d.h. beispielsweise die von-Mises oder die Zughauptspannung.

Da in vielen Fällen die Lage der „Stress Recovery Points" gar nicht interessiert, sondern lediglich der maximale oder auch minimale der vier Punkte, gibt es die Möglichkeit, im Simulationsnavigator die Option „Stress, Maximum – Element Nodal" oder „Stress, Minimum – Element Nodal" auszuwählen. Diese Methode zeigt mit Sicherheit immer den größten bzw. kleinsten der vier Punkte an, daher vermeidet sie Verwechslungen zwischen den „Stress Recovery Points".

↳ Um nun, entsprechend der Aufgabenstellung, die maximal auftretende Zughauptspannung im Federdraht anzuzeigen, öffnen Sie im Simulationsnavigator den Knoten „Stress, Maximum – Element Nodal" und aktivieren den Unterknoten „Maximum Principal".

Am sichersten ist die Darstellung der maximalen Spannung.

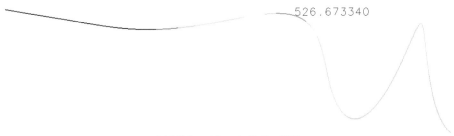

526.673340

Abbildung bunt: Seite 317

Jetzt können Sie erkennen, dass der Maximalwert dieser Spannung im Bereich einer der Brückenkurven auftritt.

↳ An der Farbskala oder anhand der Funktion „Identifizieren" [?] können Sie einen Wert von ca. 530 N/mm^2 ablesen.

↳ Verlassen Sie den Postprozessor 🏁.

4.2.2.18 Schlussfolgerungen für die Konstruktion

Laut Aufgabenstellung darf die maximal auftretende Zugspannung in der Feder den Wert von 500 N/mm^2 nicht überschreiten, gleichzeitig soll die Federkraft bei einer Auslenkung von 4mm die Grenze von 50 N nicht unterschreiten. Mit der aktuellen Konstruktion der Feder ist daher die zweite Forderung erfüllt, die erste hingegen nicht, denn die Spannung ist etwas zu hoch. Also muss eine Konstruktionsänderung erfolgen.

Die Konstruktion muss geändert werden. Dabei hilft die Parametrik des CAD-Systems.

Der nächste Versuch soll daher mit einem um 0,1 mm schwächeren Drahtdurchmesser durchgeführt werden.

4.2.2.19 Änderung der Konstruktion und Neuanalyse

Um die Stärke des Kreisquerschnittprofils auf den neuen Wert zu ändern, gehen Sie folgendermaßen vor:

↳ Wechseln Sie in die FEM-Datei.

- Rufen Sie die Funktion „1D Element Schnitt" auf, und
- wählen Sie den erzeugten Querschnitt aus.
- Tragen Sie im Radiusfeld den neuen Wert 0,7 ein und bestätigen mit „OK".
- Wechseln Sie wieder in die Simulationsdatei.
- Daraufhin wird der Job mit der Funktion „Solve" neu gestartet, und die neuen Ergebnisse werden wieder im Postprozessor ermittelt.

Es stellt sich heraus, dass nun eine Reaktionskraft von ca. 57 N und eine maximale Zughauptspannung von ca. 492 N/mm^2 berechnet wird. Diese Werte entsprechen den Anforderungen, daher kann die Konstruktion für dieses Beispiel mit einem Drahtdurchmesser von 1,4 mm erfolgen.

Die geänderte Konstruktion entspricht nun den Anforderungen.

4.2.3 Eigenfrequenzen des Fahrzeugrahmens

Der Fahrzeugrahmen wurde in einem früheren Beispiel schon unter statischer Last analysiert. Nun sollen darüber hinaus noch seine Eigenfrequenzen bestimmt werden. Wir erwarten, dass der Rahmen insbesondere in der vertikalen Richtung, also auf und ab, Schwingungen ausführen kann. Über die Vertikalschwingungen hinaus sind wahrscheinlich noch andere Schwingungsformen möglich, jedoch sind vertikale Schwingungen des Rahmens für die Fahreigenschaften des Rak2 von besonderer Wichtigkeit, weil alle Unebenheiten der Fahrbahn während der Fahrt zur Anregung dieser Schwingungsform führen können.

Der Fahrzeugrahmen kann während der Fahrt in Schwingungen geraten.

Diese Lernaufgabe vermittelt Ihnen die Möglichkeiten und die Grenzen, die mit Eigenfrequenzanalysen im NX-System zu beachten sind. Außerdem lernen Sie den Umgang mit zusätzlich eingefügten Punktmaßen.

4.2.3.1 Aufgabenstellung

Eine Nachbildung der realen Lagerungssituation des Fahrzeugrahmens würde zu sehr komplexen Randbedingungen führen, die im Rahmen dieses Buches nicht betrachtet werden sollen. Auch die Geometrie des gesamten Rahmens zu betrachten, würde zu einem recht aufwändigen FE-Modell führen.

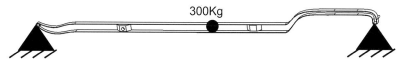
300Kg

In diesem Beispiel soll daher ein Modell gebildet werden, das einerseits sehr einfach zu erstellen ist und andererseits die reale Situation näherungsweise wiedergeben kann.

Ähnlich wie in der statischen Analyse kann auch hier argumentiert werden, dass die Hauptsteifigkeit in der vertikalen Richtung durch die Längsträger verkörpert wird. Daher soll die Eigenfrequenz des Gesamtrahmens anhand der Eigenfrequenz nur eines Längsträgers abgeschätzt werden.

Ein Längsträger reicht bereits für die Schwingungsanalyse aus.

Die Einspannsituation des Längsträgers soll entsprechend der Methodik der statischen Analyse vorgenommen werden, indem er am Anfang und am Ende drehbar gelagert wird. Dies entspricht im Groben der realen Situation.

Eine Belastung durch Kräfte, wie im statischen Fall, kann für diese Analyse nicht vorgenommen werden, weil bei Eigenfrequenzen lediglich die Steifigkeit und die Masse eine Rolle spielen. Das Gewicht des Fahrers und der weiteren Komponenten, das im statischen Fall mit 3000 N angenommen wurde, wird im Fall einer Eigenfrequenzanalyse durch gezieltes Aufbringen einer Masse realisiert. Daher soll für diese Analyse eine Masse von 300 Kg in der Mitte des Längsträgers wirken.

4.2.3.2 Klonen eines ähnlichen Modells

Eine ehemaliges Berechnungsmodell wird kopiert und dann modifiziert.

Zur Lösung dieser Aufgabe braucht das Modell nicht von Grund auf neu erstellt zu werden, weil es der bereits bestehenden statischen Analyse des Fahrzeugrahmens ähnelt. Die statische Analyse beinhaltet schon das Mittelflächenmodell des Längsträgers, die Vereinfachungen der Geometrie und die Lagerungen. Daher kann diese Simulation geklont werden, lediglich einige Dinge müssen hinterher noch geändert werden. Gehen Sie dazu folgendermaßen vor:

↳ Öffnen Sie im NX-System die Simulationsdatei zur Steifigkeitsanalyse des Fahrzeugrahmens, Teil 1 „rh_rahmen_sim1.sim". Um eine Simulationsdatei zu öffnen, stellen Sie im Datei, Öffnen-Dialog den „Dateityp" auf „Simulation Files" (Simulationsdateien), wie in der Abbildung dargestellt.

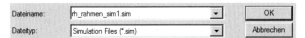

Schalten Sie dann in die Anwendung „Advanced Analysis". Im Simulation-Navigator erkennen Sie, dass nur die Simulationsdatei und die FEM-Datei automatisch geladen wurden. Die idealisierte Datei und das Master-Modell wurden nicht geladen.

↳ Für das Klonen ist eine vollständige Öffnung der Dateistruktur erforderlich, daher führen Sie, entsprechend der Abbildung, auf dem Knoten der nicht geladenen Datei die Funktion „Lade" (Load) aus.

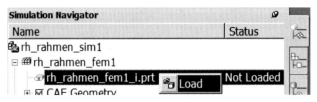

Bevor der Klonvorgang ausgeführt wird, muss festgelegt werden, welche Dateien der Struktur bleiben und welche geklont werden sollen. Folgende Überlegungen sind zu unternehmen:

Zwei Berechnungen am gleichen Master-Modell. Die Organisation der Daten geschieht entsprechend dem Master-Modell-Konzept.

Das Master-Modell soll nicht geändert werden. Das idealisierte Modell enthält die Mittelfläche und Punktmarkierungen. Dies soll ebenfalls bleiben.

Das FEM-Modell muss leicht geändert werden, denn es soll eine Punktmasse zugefügt werden. Daher muss dies geklont werden. Aufgrund der Baugruppenstruktur muss dann auch das darüber angeordnete Simulationsmodell geklont werden.

↳ Daher wird nun die FEM-Datei zum dargestellten Teil gemacht und

↳ die Funktion „Datei, Speichern unter..." (File, Save as...) ausgeführt.

↳ Das System fragt nun nach einem neuen Namen für die FEM-Datei. Geben Sie hier beispielsweise „rh_rahmen_fem3" an.

↳ Nach dem Bestätigen mit „OK" fragt das System nach einem neuen Namen für die Simulationsdatei. Geben Sie beispielsweise „rh_rahmen_sim3" an.

↳ Die nächste Frage des Systems wird mit „Ja" bestätigt, und der Klonvorgang wird daraufhin durchgeführt.

4.2.3.3 Erzeugen einer Punktmasse am Rahmen

↳ Die nachfolgenden Schritte betreffen die Vernetzung. Machen Sie daher die FEM-Datei zum dargestellten Teil.

Statt der statischen Kraft von 3000 N soll nun an der gleichen Stelle eine Punktmasse mit einem Gewicht von 300 Kg zugefügt werden. Die Kraft wurde einer kleinen Kreisfläche zugefügt, daher soll, der Einfachheit halber, diese Kreisfläche auch für den Massenpunkt genutzt werden. Da jedoch ein Punkt gewünscht ist[5], erzeugen wir vorher wieder eine 1D-Verbindung von der Kreiskante zu einem Mittelpunkt. Gehen Sie dafür folgendermaßen vor:

Das Gesamtgewicht des Fahrzeugs wird durch eine Punktmasse angesetzt.

↳ Erzeugen Sie einen Punkt in der Mitte der Kreiskante, beispielsweise durch die Funktion „Einfügen, Modellvorbereitung, Punkt" ✛ (Insert, Model Preparation, Point).

Alternativ kann auch irgendeine andere Funktion genutzt werden, die hier einen Punkt erzeugt.

↳ Erzeugen Sie die Verbindung von der Kante zu dem Punkt, indem Sie die Funktion „1D-Gitter" ⁄ (1D-Mesh) unter der Funktionsgruppe für Vernetzungen wählen.

↳ Schalten Sie im nächsten Menü den „Type" auf RBE2 bzw. die Option für feste Kopplungen.

↳ Selektieren Sie die Kante, und schalten Sie im Menü „1D-Gitter" auf den zweiten Selektionsschritt.

↳ Selektieren Sie nun den Punkt, und bestätigen Sie mit „OK".

Die Verbindung wird erstellt. Die Punktmasse erzeugen Sie abschließend folgendermaßen:

↳ Wählen Sie die Funktion „0D-Gitter" ∴ (0D Mesh) aus der Gruppe der Vernetzungen.

---

[5] Alternativ könnte die Masse auch direkt der Kreisfläche zugeordnet werden. Die Methode mit dem Punkt ist jedoch sehr flexibel nutzbar, weil der Punkt auch an eine entfernte Position gelegt werden könnte.

↳ Selektieren Sie den neuen Punkt, und

↳ bestätigen Sie mit „OK".

Im Grafikfenster wird als Symbol ein „CM" angezeigt, und im Simulationsnavigator erscheint das Element ebenfalls.

Die Punktmasse wird über eine „Spinne" an einer Kreisfläche angebunden.

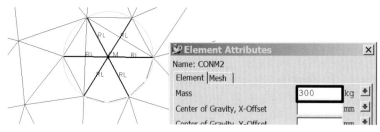

↳ Um die Masse einzutragen, selektieren Sie das „0D-Gitter" im Simulationsnavigator und

↳ rufen im Kontextmenü die Funktion „Attribute Editor..." (Edit Attributes) auf.

↳ Tragen Sie im Feld „Masse" 300 ein. Bestätigen Sie mit „OK"

↳ Speichern Sie die Datei.

4.2.3.4   Einfügen einer Lösung für Eigenfrequenzen

↳ Die nachfolgenden Arbeiten betreffen Randbedingungen und Lösungen. Daher machen Sie nun das Simulationsmodell zum dargestellten Teil.

Eine Simulation kann durchaus zwei Lösungen enthalten: eine für Statik und eine für Frequenzen.

Zunächst enthält die geklonte Simulationsdatei noch die alte Lösungsmethode für Statikanalyse. Diese Lösungsmethode kann nicht nachträglich geändert werden, vielmehr muss eine neue Lösung erzeugt werden. Nach Belieben können Sie die alte Lösung im Simulationsnavigator löschen.

Optional können Sie auch die alte Kraft von 3000 N löschen, die für die statische Analyse gebraucht wurde. Die Kraft stört jedoch nicht, denn sie wird nicht in die Eigenfrequenzlösung eingefügt. Vielmehr verbleibt sie in dem Last-Container.

↳ Fügen Sie nun im Simulationsnavigator eine neue Lösung ein, indem Sie im Kontextmenü des obersten Knotens die Funktion „Neue Lösung..." 🗀 (New Solution) wählen.

Im erscheinenden Menü „Lösung erzeugen" (Create Solution) müssen nun, entsprechend der Abbildung, wieder der „Solver", der „Analyse Typ" und der „Lösungstyp" (Solution Type) eingestellt werden.

↳ Für NX Nastran als Solver stellen Sie den „Lösungstyp" auf „SEMODES 103".

↳ Falls ein anderer Solver genutzt wird, so heißt der entsprechende „Lösungstyp" „Modal".

↳ Weitere Optionen, die an dieser Stelle berücksichtigt werden sollten, finden sich unter den erweiterten Optionen 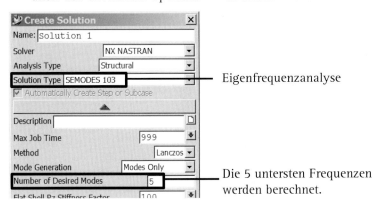 in diesem Menü.

Eigenfrequenzanalyse

Der Nastran Lösungstyp 103 berechnet Eigenfrequenzen.

Die 5 untersten Frequenzen werden berechnet.

↳ Insbesondere ist hier die Anzahl der zu berechnenden Eigenfrequenzen „Anzahl der gewünschten Knoten" (Number of Desired Modes) anzugeben. In unserem Fall wählen wir beispielsweise fünf.

D.h., es werden die fünf tiefsten Eigenfrequenzen des Trägers berechnet. In vielen Fällen interessiert nur die tiefste Eigenfrequenz, weil dies meist die kritischste ist. Bedenken Sie, dass eine höhere Zahl hier auch zu einer erheblich höheren Rechendauer führt.

↳ Bestätigen Sie das Menü mit „OK", und die Lösung wird erzeugt.

4.2.3.5 Zuweisen der Randbedingungen zur neuen Lösung

Mit dem Erzeugen einer neuen Lösung werden Randbedingungen nicht automatisch dieser zugefügt, vielmehr ergibt sich die Möglichkeit auszuwählen, welche Randbedingungen in dieser Lösung angewandt werden sollen. Dies ist insbesondere dann interessant, wenn mehrere Lösungen in einer Simulationsdatei vorhanden sind, denn in diesem Fall können gewisse Randbedingungen in der ersten, andere dagegen in der zweiten Lösung angewandt werden.

Unterschiedliche Lösungen können auch unterschiedliche Randbedingungen haben.

In unserem Fall beinhaltet die neue Lösung noch gar keine Randbedingungen. Es darf nicht vergessen werden, diese zuzuweisen, denn ansonsten würde die Eigenfrequenzanalyse ohne Einspannungen durchgeführt werden.

↳ Weisen Sie die vorhandenen Randbedingungen der neuen Lösung zu, indem Sie die entsprechenden Knoten im Simulationsnavigator aus der Gruppe „Constraint Container" mit der Maus in die Gruppe „Constraint Set" der neuen Lösung ziehen.

Der Navigator stellt die Struktur des Berechnungsmodells dar.

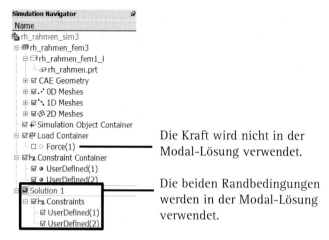

Die Kraft wird nicht in der Modal-Lösung verwendet.

Die beiden Randbedingungen werden in der Modal-Lösung verwendet.

Der Simulationsnavigator sollte daraufhin so aussehen, wie in der Abbildung dargestellt.

4.2.3.6 Berechnen und Bewerten der Schwingungsformen und Frequenzen

🕴 Starten Sie die Berechnung mit der Solve-Funktion ▦.

🕴 Nachdem die Lösung abgeschlossen ist, starten Sie den Postprozessor ◩.

In dieser Eigenfrequenzanalyse wurden die ersten fünf Frequenzen des Bauteils berechnet. Diese fünf Ergebnisse werden nun im Simulationsnavigator, wie in der Abbildung dargestellt, angezeigt. Mode 1 bedeutet dabei, dass es sich um die tiefste gefundene Eigenfrequenz handelt. Die Zahl dahinter gibt die Frequenz an, wobei die Einheit Herz, ist.

Der Results-Knoten zeigt die errechneten Eigenfrequenzen an.

Results
- ☑ Mode 1 : 1.326e+000 Hz
- ☑ Mode 2 : 2.752e+000 Hz
- ☑ Mode 3 : 1.279e+001 Hz
- ☑ Mode 4 : 2.198e+001 Hz
- ☑ Mode 5 : 2.434e+001 Hz

Durch Aktivieren des kleinen Hakens neben dem Mode wird das Ergebnis hierfür im Grafikfenster angezeigt und kann beurteilt werden.

🕴 Aktivieren Sie daher nun den ersten Mode, der bei einer Frequenz von 1,3 Hz auftritt.

Am leichtesten lässt sich das Ergebnis beurteilen, wenn es animiert dargestellt wird, daher

🕴 wählen Sie die Funktion „Animation" ,

- schalten Sie im folgenden Menü den „Stil" (Type) auf „Modal",

- tragen Sie unter „Anzahl der Umrahmungen" (Number of Frames) beispielsweise 30 ein, und

- aktivieren Sie die Option „Vollständiger Zyklus" (Full Cycle).

- Starten Sie die Animation mit ▶.

Es sollte sich für den Mode 1 eine Schwingungsform einstellen, die den Längsträger seitwärts verformt, wie in der Abbildung links dargestellt ist.

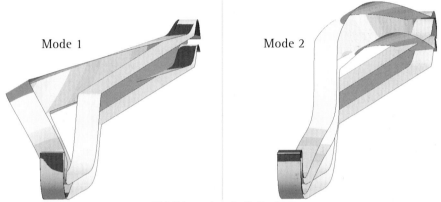

Mode 1   Mode 2

Animierte Eigenfrequenzergebnisse machen die Schwingungsformen deutlich.

Abbildung bunt: Seite 318

Da in unserem Beispielfall lediglich Schwingungen in der vertikalen Richtung interessieren, braucht diese seitliche Schwingungsform nicht näher betrachtet zu werden. Außerdem würde die seitliche Bewegung in der realen Situation in dieser Form wahrscheinlich nicht auftreten, weil der Rahmen durch den Einfluss der Querträger in der seitlichen Richtung wesentlich steifer ist.

Daher wird nun die nächsthöhere Eigenfrequenz analysiert.

- Sie aktivieren also im Simulationsnavigator den Mode 2.

Die Animation zeigt, dass es sich hierbei um eine Schwingungsform in der vertikalen Richtung handelt. Dies ist eine Schwingungsform, die in Realität auftreten könnte, denn die vernachlässigten Querträger und der zweite Längsträger würden diese Schwingungsform nicht wesentlich behindern. Die zum Mode 2 zugehörige Eigenfrequenz von ca. 2,7 Hz kann also für eine grobe Abschätzung der Eigenschwingung des Fahrzeugrahmens verwendet werden.

4.2.3.7   Bewerten sonstiger Ergebnisgrößen

Die Modal oder Eigenfrequenzanalyse zeigt neben der Eigenfrequenz und –form noch weitere Ergebnisse, nämlich Verformungen und Spannungen. Diese Ergebnisse sind jedoch mit Vorsicht zu betrachten, wie nachfolgend erläutert wird.

Grundlage der nachfolgenden Erklärungen ist die Tatsache, dass folgende Größen nicht in der Eigenfrequenzanalyse verarbeitet werden, die in Realität aber eine bedeutende Rolle spielen:

Die Modalanalyse berücksichtigt nicht die Anregung und Dämpfung.

- Die *Anregung*, durch die eine Schwingung hervorgerufen wird, geht nicht in die Modalanalyse ein. In Realität wird an einer oder mehreren Stellen des Bauteils eine Bewegung aufgezwungen. Diese Bewegung müsste in ihrem zeitlichen und örtlichen Verlauf definiert werden und in die FE-Analyse eingehen, damit das Resultat dementsprechend gedeutet werden könnte. Die Eigenfrequenzanalyse berücksichtigt dies jedoch nicht, vielmehr wird lediglich die freie Schwingung betrachtet.

- Die *Dämpfung* des Materials geht auch nicht in die Modalanalyse ein. Die Dämpfung bewirkt den Verlust von Energie während der Schwingung. Ohne Dämpfungseigenschaften würde die Amplitude der Schwingung im Resonanzfall unendlich hoch werden.

Daher kann die Größe des Schwingungsausschlags nicht angegeben werden.

Die Amplitude der Schwingung, die sich in Realität wirklich einstellt, ist also von der Anregung und der Dämpfung abhängig. Spannungen oder Dehnungen im Bauteil, die sich während einer Schwingung einstellen, sind wiederum abhängig von der Größe der Schwingungsamplitude, die sich einstellt. Weil aber Anregung und Dämpfung nicht verarbeitet werden, kann über die sich einstellende Amplitude und die Spannungen bei Eigenfrequenzanalysen nahezu keine Aussage gemacht werden.

Die einzigen Aussagen, die hierbei möglich sind, begründen sich in einer willkürlich vom System vorgenommenen Annahme über die Größe der Amplitude. Mit so einer willkürlich angenommenen Amplitude kann auf die Spannungen geschlossen werden, die bei dieser Amplitude auftreten würden. Dies ist der Weg, der vom FE-System eingeschlagen wird, um Aussagen über Spannungen zu ermöglichen. Für den Anwender bedeutet dies, dass die angezeigten Spannungen lediglich qualitativ einzuschätzen sind, d.h., er kann erkennen, wo im Schwingungsfall große bzw. kleine Spannungen auftreten würden, der Zahlenwert selbst hat keine Bedeutung. Diese Information kann jedoch für die Konstruktion durchaus von großem Interesse sein.

- Um diesen qualitativen Spannungsverlauf darzustellen, öffnen Sie daher im Simulationsnavigator die Unterelemente des Knotens „Mode 2".

- Hier finden Sie alle sonstigen Ergebnisse. Wenn Sie bei den Schalenelementen auf der sicheren Seite sein möchten, d.h., Sie möchten den größten Wert der Außen-, Innenseite oder Mitte des Blechs sehen, dann aktivieren Sie den Knoten „Stress, Maximum – Element Nodal".

Nach Voreinstellung wird die von-Mises Vergleichsspannung angezeigt.

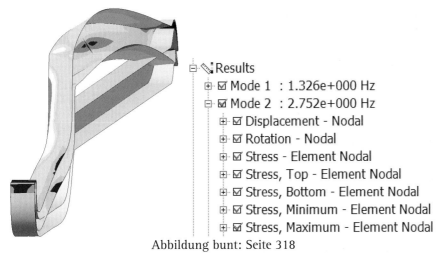

Results
- ☑ Mode 1 : 1.326e+000 Hz
- ☑ Mode 2 : 2.752e+000 Hz
  - ☑ Displacement - Nodal
  - ☑ Rotation - Nodal
  - ☑ Stress - Element Nodal
  - ☑ Stress, Top - Element Nodal
  - ☑ Stress, Bottom - Element Nodal
  - ☑ Stress, Minimum - Element Nodal
  - ☑ Stress, Maximum - Element Nodal

Bei Modalanalysen kann der Spannungsverlauf nur qualitativ angegeben werden.

Abbildung bunt: Seite 318

Das Ergebnis sollte nun wie in der Abbildung dargestellt aussehen.

↳ In diesem Fall ist es empfehlenswert, die Legende abzuschalten, damit die willkürlichen Zahlenwerte nicht erkennbar sind.

4.2.4 Klemmsitzanalyse am Flügelhebel mit Kontakt

Für Klemmverbindungen (auch Spannelemente, Presspassungen o.Ä.) gibt es zwar Auslegungsformeln in Maschinenbauhandbüchern. Jedoch werden diese Maschinenelemente meist vom Konstrukteur gestaltet und mit in Bauteile und Baugruppen integriert. Dies führt dazu, dass komplexe Geometrien zum Einsatz kommen mit der Folge, dass analytische Auslegungsformeln nur noch sehr bedingt sinnvolle Ergebnisse liefern. Daher sind Berechnungen von Klemmverbindungen und ähnlichen Elementen zu einer wichtigen Anwendung für FEM geworden. Die Methodik dafür soll an dieser Lernaufgabe erläutert werden.

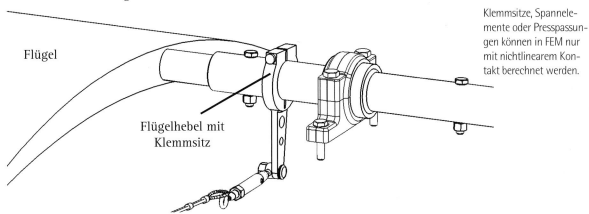

Flügel

Flügelhebel mit Klemmsitz

Klemmsitze, Spannelemente oder Presspassungen können in FEM nur mit nichtlinearem Kontakt berechnet werden.

Zentrales Thema dabei ist der Einsatz des nichtlinearen Kontakts, der in solchen Anwendungsfällen, aber auch vielen anderen, erforderlich ist. Daher werden in dieser Lernaufgabe die Notwendigkeit, die Funktionsweise, die Einstellparameter und schließlich die Anwendung des Kontakts an diesem kontakttypischen Beispiel dargestellt. Die dabei vorgestellte Methodik kann auf andere Kontaktbeispiele in sehr ähnlicher Weise angewandt werden.

4.2.4.1 Aufgabenstellung

Um das erforderliche übertragbare Drehmoment zu erreichen, muss am Klemmsitz des Flügelhebels eine Schraubenanzugskraft von 2500 N erreicht werden. Die Frage ist, ob bei dieser Belastung die zulässige Flächenpressung in der Kontaktfläche überschritten wird. Daher soll mit FEM eine Spannungsanalyse durchgeführt werden, anhand der die Flächenpressung abgeschätzt werden kann.

4.2.4.2   Notwendigkeit für nichtlinearen Kontakt

Ein nichtlinearer Kontakt ist immer dann erforderlich, wenn während der Verformung Randbedingungen neu hinzukommen oder aber entfallen. Sich ändernde Randbedingungen während der Verformung bewirken eine Nichtlinearität. Kennzeichen der linearen FE-Analyse ist es, dass Randbedingungen und Steifigkeit des betrachteten Bauteils nicht verändert werden.

Bauteilverbindungen sind zwar auch bei linearen FE-Analysen möglich, jedoch sind dies immer feste Verbindungen, die von vornherein definiert werden und auch während der Verformung der Teile stets in Verbindung bleiben. Beispiele für solche Arten von Verbindungen sind die Gitterverknüpfungsverbindung (Mesh Mating Condition) oder auch die Kopplung beispielsweise eines Punktes mit einer Fläche über steife Kopplungselemente. Solche Fälle wurden bereits in früheren Beispielen behandelt.

Bei einer Klemmung verformen sich beide Teile. Die Kontaktkräfte zwischen den Teilen ändern sich während der Verformung. Außerdem rutschen die Flächen aufeinander ab.

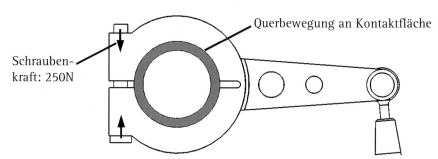

Der Klemmsitz ist ein Beispiel, bei dem zwei Teile aufeinander abrutschen oder reiben. Daher ändern sich während der auftretenden Verformung für jedes der beiden Nachbarteile an der Kontaktfläche die Randbedingungen. Ein einfaches „Verkleben" an der Kontaktfläche, so wie es die Funktion „Gitterverknüpfungsbedingung" (Mesh Mating Condition) erlaubt, ist nicht zielführend, wenn die Spannungen an der Kontaktfläche bestimmt werden sollen, weil mit dem Verkleben alle Querbewegungen der Teile zueinander unterbunden werden, die in Wirklichkeit möglich sind. Das einfache Verkleben der Teile würde daher zu unrealistischen Querspannungen führen. Aus diesem Grund ist im Falle des Klemmsitzes der nichtlineare Kontakt erforderlich.

4.2.4.3   Funktionsweise des nichtlinearen Kontakts

Bei der linearen FE-Analyse werden Steifigkeit und Randbedingungen vom Bauteil nur einmal bestimmt und in die Steifigkeitsmatrix sowie den Last- und Verschiebungsvektor eingefügt. Dagegen wird bei der Analyse mit nichtlinearem Kontakt im Laufe der Verformung permanent geprüft, ob sich Randbedingungen ändern. Falls es zu einer solchen Änderung kommt, müssen die geänderten Größen neu in den Last- und Verschiebungsvektor eingefügt werden.

Um dies zu realisieren, ist es erforderlich, dass die äußere Belastung in kleinen Schritten aufgebracht und nach jedem Schritt geprüft wird, ob es im potenziellen Kontaktbereich zu Überschneidungen kommt. Solche Überschneidungen können leicht gefunden werden, indem geometrisch die Positionen der entsprechenden Knoten geprüft werden.

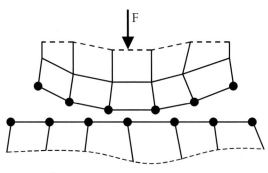

In der ersten Iteration werden die äußeren Kräfte stückweise aufgebracht.

Äußere Iteration (Status-Loop)

Jeder dieser Lastschritte wird durch eine lineare FE-Analyse realisiert, die genau so abläuft wie bisher immer. Der einzige Unterschied besteht darin, dass die Lastschritte nicht vom entspannten Körper ausgehen, sondern immer die Vorspannung des bis dahin schon belasteten Körpers einbeziehen.

Solange keine Überschneidungen auftreten, wird die Last einfach weiter erhöht, bis am Ende die volle gewünschte Belastung erreicht wird oder bis es zu einer Überschneidung von Knoten kommt. Das schrittweise Erhöhen der Last und Finden der Kontaktknoten nennen wir die äußere Iteration oder auch Status-Loop. Wenn es erstmals zur Knotenüberschneidung kommt, beginnt ein Algorithmus, den wir innere Iteration oder Force-Loop nennen und der dafür sorgt, dass die Knoten wieder zurückgeschoben werden, damit sie am Ende flächig und wirklichkeitsgetreu aneinander aufliegen.

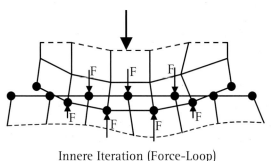

In der zweiten Iteration werden Kontaktrückstellkräfte aufgebracht.

Innere Iteration (Force-Loop)

Das Zurückschieben der Knoten in der inneren Iteration wird erreicht, indem Rückstellkräfte auf die entsprechenden Knoten aufgebracht werden. D.h., es wird eine weitere lineare FE-Analyse durchgeführt, bei der nun zusätzlich diese Rückstellkräfte eingefügt werden. Die Rückstellkräfte können nur grob abgeschätzt werden, indem die aktuelle Durchdringung eines Knotens mit einem vorgegebenen Steifigkeitswert multipliziert wird. Mit so einer abgeschätzten Rückstellkraft wird sicherlich nicht gleich erreicht werden können, dass die Kontaktknoten genau auf einer Fläche liegen bleiben. Die Rückstellkraft ist vielmehr entweder zu groß oder zu klein angenommen worden, daher wird anschließend die Rückstellkraft anhand der sich ergebenden Knotenüberschneidung erneut berechnet und in der nächsten linearen FE-Analyse aufgebracht. Nun sollte die Überschneidung kleiner geworden sein. Diese innere Iteration wird so lange wiederholt, bis ein Konvergenzkriterium erreicht worden ist.

Nachdem die Kontaktrückstellkräfte korrekt gefunden wurden, kann das nächste Stück der äußeren Kraft aufgebracht werden.

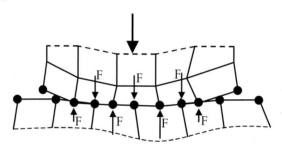

Innere Iteration konvergiert

Nachdem die innere Iteration zur Konvergenz gekommen ist, wird in der äußeren Iteration das nächste Stück Last aufgebracht, und die innere Iteration beginnt von neuem.

Es handelt sich bei dem nichtlinearen Kontakt also um eine zweifach geschachtelte Iteration von jeweils linearen FE-Analysen. Es ergeben sich daher ganz erheblich größere Rechenzeiten. Ein nichtlinearer Kontakt sollte also nur verwendet werden, wenn es unbedingt erforderlich ist.

4.2.4.4   Laden der Baugruppe und Erzeugen der Dateistruktur

➧ Um mit der Aufgabe zu beginnen, laden Sie nun die Baugruppe „fl_bg_fluegeleinheit.prt" aus dem Rak2-Verzeichnis.

Diese Baugruppe enthält die beiden Teile „fl_fluegeltr_klemmhebel" und „fl_fluegeltraeger". Dies sind der Klemmhebel und das Rohr, auf dem die Klemmung realisiert werden soll.

➧ Schalten Sie nun in die Anwendung „Advanced-Simulation", und

➧ erzeugen Sie im Simulationsnavigator die Struktur für die Simulation.

↳ Beachten Sie dabei, dass nicht alle Körper in Polygongeometrien umgewandelt werden müssen, sondern nur die Geometrien des Klemmhebels und des Rohrs.

Wenn Sie dies nicht berücksichtigen, dauert der Strukturaufbau sehr lange, und es werden unnötig viele Polygongeometrien erzeugt.

4.2.4.5 Kontaktspezifische Parameter in der Lösungsmethode

Nach dem Erzeugen der Dateistruktur werden Sie aufgefordert, die Lösung zu definieren. In den bisherigen Beispielen wurde hier meist mit „OK" bestätigt, und damit wurden die Voreinstellungen akzeptiert. Auch im Fall dieses Beispiels können die Voreinstellungen akzeptiert werden, zunächst sollen jedoch einige wichtige Einstellungen für die Kontrolle des Kontaktalgorithmus erläutert werden.

In vielen Fällen bei Kontaktanalysen müssen an diesen Parametern Änderungen vorgenommen werden, um zu einem akzeptablen Ergebnis zu kommen. Wir beziehen uns bei den Erklärungen auf den Kontaktalgorithmus von NX-Nastran. Einstellungen für andere Solver-Typen müssen in der Online-Hilfe nachgelesen werden. Nachfolgend werden lediglich einige der Einstellungen erklärt. Eine vollständige Darstellung aller Kontaktparameter findet sich in der Online-Hilfe von NX Nastran, oder dem Dokument „NX Nastran User's Guide" [nxn_user], das zur Standardinstallation von NX Nastran gehört.

Die voreingestellten Parameter müssen nur bei Problemen geändert werden.

Nachfolgende Abbildung zeigt die verfügbaren Einstellungen (mehr Optionen ⏷) im Kontaktregister des Menüs „Lösung erzeugen" (Create Solution):

Einige Einstellungen und Empfehlungen sind nachfolgend erläutert:

- „*Max Iterations Force Loop*": Hier kann die maximal mögliche Anzahl von Iterationen für die innere Iterationsschleife bzw. den Force-Loop angegeben werden.

Wichtige Kontaktparameter auf einen Blick.

- „*Max Iterations Status Loop*": Angabe der maximalen Anzahl von Iterationen für die äußere Iteration bzw. den Status-Loop.

- "*Penalty Normal Direction*": Dieser Wert kontrolliert die Steifigkeit in der normalen Richtung, wenn die Kontaktflächen in Überschneidung geraten. Allgemein führt ein größerer Wert zu schnellerer Konvergenz und zu kleinerer bleibender Überschneidung. Jedoch führt ein zu großer Wert auch dazu, dass gar keine Konvergenz erreicht werden kann. Voreinstellung ist ein Wert von 10. Es bestehen folgende Empfehlungen:

- o Steifigkeiten zwischen 1000 und 10000 sind in den meisten Fällen gut geeignet.

- o Steifigkeiten zwischen 10 und 100 sind gut geeignet, wenn die Kontaktflächen identisch sind, die Knoten aber nicht übereinstimmen. Kleinere Werte können Unregelmäßigkeiten von nicht übereinstimmenden Netzen glätten. Falls Kontaktspannungen ermittelt werden sollen, erhält man die besten Ergebnisse, wenn übereinstimmende Netze auf beiden Seiten des Kontakts existieren.

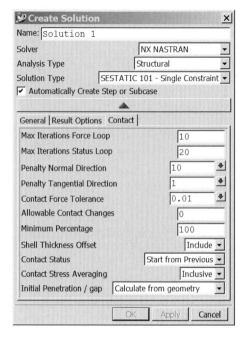

- o Sehr kleine Steifigkeitswerte, d.h. Werte kleiner eins führen zu sehr langsamer Konvergenz und werden nicht empfohlen.

Wichtige Kontaktparameter auf einen Blick.

- - "*Penalty Tangent Direction*": Dieser Wert kontrolliert die Konvergenz von Reibungskräften, wenn die Reibung ungleich Null ist. Der Wert sollte allgemein 10 bis 100 Mal kleiner sein als die "Penalty Normal Direction".

- - "*Contact Force Tolerance*": Dies ist der Grenzwert für die Kontakt-Konvergenz-Toleranz (Eucid-Norm). Sobald die Kontakt-Konvergenz-Toleranz kleiner als dieser Grenzwert wird, hat der Kontaktalgorithmus konvergiert.

- - „*Shell Thickness Offset*": Die Kontaktfunktion in NX Nastran kann sowohl für Schalen als auch für 3D-Elemente genutzt werden. Dieser Wert ist nur bei Schalen relevant und steuert die Kontrolle der Dicke im Kontaktbereich. Falls für diese Option „Einschließen" (include) eingesetzt wird, nimmt das System an, dass die Schalenelemente in der Mitte des Körpers liegen, d.h., die Dicke wird auf beiden Seiten mit t/2 angenommen. Falls die Schalenelemente jedoch die äußere Fläche des Körpers darstellen, tragen Sie hier „Ausschließen" (exclude) ein, dann wird die Dicke ignoriert.

Im Fall unseres Beispiels können alle Voreinstellungen akzeptiert werden.

- ↳ Bestätigen Sie daher mit „OK", und die Lösung wird erzeugt.

4.2.4.6 Symmetrieschnitte, Vereinfachungen und Materialeigenschaften

Es liegt zweifache Symmetrie vor, die genutzt werden soll.

↳ Daher wechseln Sie in das idealisierte Teil und blenden zunächst alle Geometrien bis auf den Klemmhebel und das Rohr (Flügelträger) aus.

↳ Von diesen beiden Teilen erzeugen Sie Promotion-Features, weil nachfolgend Geometrieschnitte durchgeführt werden sollen.

↳ Beschneiden Sie zunächst das Rohr ähnlich der Abbildung derart, dass nur noch ein Teil im interessierenden Bereich übrig bleibt.

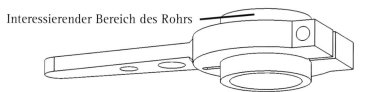

Interessierender Bereich des Rohrs

Der interessierende Bereich sollte so weit wie möglich isoliert werden.

↳ Als Nächstes beschneiden Sie die beiden verbleibenden Körper an ihren beiden Symmetrieebenen (siehe Abbildung).

↳ Schließlich kürzen Sie an dem Hebel noch die Seite, die mit der Klemmung nichts zu tun hat. Das Ergebnis sollte ähnlich der Abbildung aussehen.

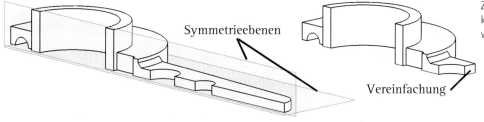

Symmetrieebenen

Vereinfachung

Zwei Symmetrieebenen können ausgenutzt werden.

↳ Als Letztes erzeugen Sie ein Material mit den Eigenschaften von Stahl und weisen es den beiden Körpern zu.

↳ Speichern Sie die Datei.

4.2.4.7 Erzwingen einer übereinstimmenden Vernetzung im Kontaktbereich

Eine übereinstimmende Vernetzung im Kontaktbereich bedeutet, dass die Knoten auf beiden Kontaktseiten so angeordnet werden, dass jeder Knoten auf einer Seite genau auf einen Knoten der gegenüberliegenden Seite trifft. Dies ist nur möglich, wenn die Kontaktflächen beider Seiten aneinander anliegen, wie dies in diesem Beispiel der Fall ist. Ein übereinstimmendes Netz ist nicht zwingend erforderlich, jedoch wird es empfohlen, wenn im Kontaktbereich Spannungen berechnet werden sollen.

Um ein übereinstimmendes Netz im Kontaktbereich zu erzwingen, kann die Funktion „Gitterverknüpfungsbedingung" (Mesh Mating Condition) genutzt werden. Sie muss jedoch für diesen speziellen Fall so eingestellt werden, dass die Knoten miteinander in Deckung gebracht werden, dass jedoch keine Verbindung der Knoten hergestellt wird. Gehen Sie folgendermaßen vor:

↳ Wechseln Sie in die FEM-Datei.

↳ Wählen Sie dann die Funktion „Gitterverknüpfungsbedingung" (Mesh Mating Condition).

Für Spannungsanalysen im Kontaktbereich sollten die angrenzenden Knoten beider Seiten übereinstimmen.

Sie können den automatische Typ nutzen, der alle Flächenpaare automatisch findet, oder den manuellen , bei dem Sie die erste und zweite Fläche manuell selektieren. Voreingestellt ist der automatische.

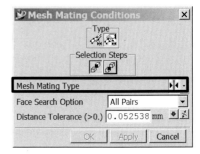

↳ Entscheidend für unsere spezielle Anwendung ist, dass Sie den „Gitterverknüpfungstyp" (Mesh Mating Type) auf die Option „Frei Zusammenfallend" (Free Coincident) stellen. Damit erreichen Sie, dass die Knoten der beiden Seiten übereinstimmen, jedoch nicht miteinander verbunden werden.

Die „Option für Flächensuche" (Face Search Option) lassen Sie auf dem voreingestellten Wert „Alle Paare". In diesem Fall werden auch Flächen verbunden, die nicht exakt gleich sind, sondern auch solche, die überlappen, wie in unserem Fall.

↳ Bestätigen Sie mit „OK". Das Resultat lässt sich erst nach der Vernetzung erkennen.

Nebenbei sorgt die Funktion „Gitterverknüpfungsbedingung", immer wenn Sie eine übereinstimmende Vernetzung erzwingen, dafür, dass auch übereinstimmende Flächen entstehen. Denn nur wenn identische Flächen existieren, kann auch eine übereinstimmende Vernetzung aufgebracht werden. Wenn die zu verknüpfenden Flächen nicht schon von vornherein übereinstimmen, versucht die Funktion automatisch, Flächenunterteilungen am Polygonkörper durchzuführen. Dies kann hinterher visuell geprüft werden, wie in der Abbildung zu erkennen ist.

Übereinstimmende Vernetzungen erfordern auch übereinstimmende Flächen.

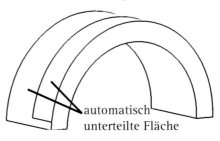

automatisch unterteilte Fläche

In manchen Fällen ist es nicht möglich, übereinstimmende Flächen zu erzeugen. Dies passiert beispielsweise, wenn die Flächen einen nennenswerten Abstand voneinander haben. In so einem Fall kann die Gitterverknüpfungsbedingung nicht erzeugt werden.

↳ Merken Sie sich, welche der beiden Seiten die erste Seite bzw. die „Quellenseite" (Source Face) der Selektion war. Falls Sie die automatische Erzeugungsmethode genutzt haben, müssen Sie dies durch nachträgliches Anklicken des Schalters herausfinden.

Die erste Fläche gibt das Netz vor, d.h., von ihr wird das Netz später auf die zweite Fläche kopiert. Sie ist deswegen wichtig, weil im nachfolgenden Abschnitt eine Netzverfeinerung definiert wird. Diese Verfeinerung muss entsprechend auf der Flächenseite definiert werden, die das Netz vorgibt.

4.2.4.8 Netzverfeinerung im Kontaktbereich

Sollen bei Kontaktberechnungen Spannungen im Kontaktbereich ermittelt werden, so ist unbedingt ein feines Netz in diesem Bereich erforderlich. Darüber hinaus ist eine erhebliche Netzverfeinerung auch deswegen erforderlich, weil im Kontaktbereich nur lineare Elemente (Tet4) eingesetzt werden sollten, die eine geringere Genauigkeit aufweisen als quadratische.

Eine Netzverfeinerung ist, wie schon früher diskutiert, mit Hilfe von Attributen möglich, die auf der Oberfläche definiert werden. In unserem Fall ist die Definition der Verfeinerung nur auf einer der beiden Seiten erforderlich, weil die vorher definierte übereinstimmende Gitterverknüpfungsbedingung dafür sorgt, dass beide Seiten identisch vernetzt werden. Gehen Sie daher folgendermaßen vor:

Spannungsanalysen erfordern feine Vernetzungen.

↳ Die FEM-Datei ist nach wie vor das dargestellte Teil.

↳ Rufen Sie die Funktion „Attribute-Editor" auf, und

↳ selektieren Sie genau die Kontaktfläche, die bei der Gitterverknüpfungsbedingung die erste Seite (Quelle) war. Evtl. müssen Sie dazu den anderen Körper ausblenden.

↳ Definieren Sie auf dieser Fläche eine „Flächendichte" (Face Density) von beispielsweise 0,5.

↳ Bestätigen Sie mit „OK".

Das Ergebnis kann erst nach der Vernetzung gesehen werden.

4.2.4.9   Vernetzung mit linearen Tetraedern

Es wird empfohlen, im Kontaktbereich nur lineare Elemente, also Tetraeder mit vier Knoten oder Hexaeder mit acht Knoten, zu verwenden.

Mischungen von verschiedenen Elementtypen sind jedoch möglich, d.h., es wäre denkbar, im Kontaktbereich zwei eigene Körper zu definieren, die mit linearen Elementen vernetzt werden, und im restlichen Bereich quadratische Elemente.

So eine Unterteilung eines Körpers in zwei Teile ist beispielsweise möglich, indem im idealisierten Teil die Funktion „Zerlegungsmodell" (Partition Model) eingesetzt wird. Diese Funktion fragt nach dem zu unterteilenden Körper und nach einer Trimmgeometrie, beispielsweise einer Ebene. Die Funktion macht dann zunächst eine assoziative Kopie des selektierten Körpers, es entstehen also zwei identische Körper. Die Funktion schneidet dann an dem einen Körper anhand der Trimmgeometrie die eine Seite weg und an dem anderen Körper die entgegengesetzte Seite. Schließlich erzeugt die Funktion noch automatisch eine „Gitterverknüpfungsbedingung" zwischen den beiden neuen Körpern, die dafür sorgt, dass die aufgebrachten Netze miteinander verbunden werden.

Wir wollen aus Gründen der Einfachheit lediglich eine einfache Vernetzung auf beiden Körpern aufbringen. Daher verwenden wir nachfolgend nicht die beschriebene aufwändigere Methode. Gehen Sie daher folgendermaßen vor:

➽ Wählen Sie die Funktion „3D-Tetraedergitter" △, und

➽ selektieren Sie zuerst den Körper, auf dem Sie vorher das Attribut „Flächendichte" angebracht haben.

Die Reihenfolge der Vernetzung ist nun wichtig, weil eine der beiden Seiten ihr Netz auf die andere Seite überträgt. Daher muss diese Seite zuerst vernetzt werden.

➽ Stellen Sie unter „Type" die Option auf „CTETRA4", dies entspricht den linearen Elementen.

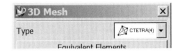

➽ Geben Sie eine ausreichend feine „Gesamtelementgröße" (Overall Element Size) an. Verwenden Sie beispielsweise einen Wert von 3 für den äußeren Klemmhebel und 2 für das Rohr.

Aufgrund der Elemente ohne Mittelknoten muss besonders fein vernetzt werden. Diese Vernetzung ist für genaue Spannungsaussagen noch zu grob.

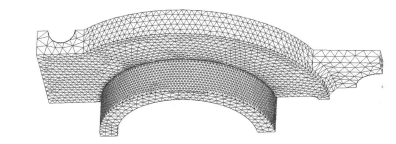

- Bestätigen Sie mit „OK", und das Netz wird erzeugt.
- Erzeugen Sie das zweite Netz entsprechend.

4.2.4.10 Definition von Randbedingungen und weichen Federlagerungen

- Wechseln Sie in die Simulationsdatei.
- Da es sich um zweifache Spiegelsymmetrie handelt, müssen auf allen Symmetrieschnittflächen die entsprechenden Randbedingungen vom Typ „Symmetric Constraint" aufgebracht werden (siehe Abbildung). Vermeiden Sie es, alle Symmetrieflächen in einer einzigen Bedingung zusammenzufassen. Fassen Sie vielmehr immer die Flächen zusammen, die zum gleichen Schnitt gehören (die in die gleiche Richtung zeigen).

In manchen Fällen arbeitet die Symmetriebedingung nicht korrekt. Dies kann an nicht plausiblen Verformungsergebnissen erkannt werden. In solchen Fällen sollten die entsprechenden Bedingungen mit Hilfe der „User Defined Constraint"-Bedingung erzeugt werden. Dabei muss die Bewegungsrichtung jeweils senkrecht zum Symmetrieschnitt festgehalten werden.

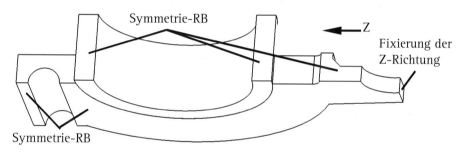

Diese Randbedingungen verhindern die Bewegung der Klemme, aber noch nicht die der Hülse.

Darüber hinaus müssen Bewegungen in z-Richtung unterbunden werden. Dies ist auch erforderlich, wenn unter den gegebenen Lasten keine Bewegungen in z-Richtung auftreten würden.

- Daher erzeugen Sie einen „User Defined Constraint" an der kleinen Schnittfläche, der die z-Richtung fixiert, entsprechend der Abbildung.

Mit diesem Randbedingungssatz ist der Klemmhebel statisch bestimmt gelagert. Das Rohr jedoch hat noch eine Bewegungsmöglichkeit in der z-Richtung.

In früheren Beispielen wurde schon darauf hingewiesen, dass bei statischen FE-Analysen eine vollständige Lagerung aller Teile erforderlich ist. Überbestimmungen sind möglich, jedoch dürfen keine unterbestimmten Randbedingungen vorliegen.

Diese Erfordernisse gelten ebenso bei der Kontaktanalyse, wobei es hierbei in vielen Fällen zu verschärften Schwierigkeiten bzgl. der Lagerung kommt. Das Problem liegt daran, dass in Realität der Kontakt zur Lagerung beiträgt, in der FE-Analyse ein nichtlinearer Kontakt jedoch nur in Form von Kräften auf die Teile wirkt. Die statische Lagerung muss im FE-System jedoch allein durch Randbedingungen erreicht werden, die Kontaktkräfte zählen daher nicht dazu.

In unserem Beispiel ergibt sich daher das Problem, dass auf der einen Seite das Rohr eine Randbedingung in der z-Richtung braucht, auf der anderen Seite jedoch so eine Randbedingung das Ergebnis verfälschen würde, weil die Position des Rohrs in der z-Richtung erst durch die Kontaktkräfte bestimmt wird.

Dieses Problem ist typisch bei Kontaktanalysen. Eine Lösungsmöglichkeit besteht darin, das Rohr mit weichen Federn in der z-Richtung zu lagern. Mit so einer weichen Lagerung kann sich die Position des Rohrs nahezu frei einstellen, trotzdem besteht eine statisch bestimmte Lagerung, und die FE-Analyse kann durchgeführt werden.

Gehen Sie für die Erzeugung der weichen Federlagerung folgendermaßen vor:

Weiche Federn sind eine Möglichkeit, um Lagerungen zu erreichen, ohne dabei harte Zwänge auszuüben.

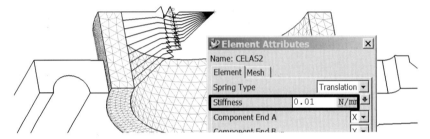

- Machen Sie zunächst die FEM-Datei zum dargestellten Teil.
- Erzeugen Sie dann einen Punkt beispielsweise in der Mitte eines der Kreise des Rohrs.

Auf diesem Punkt erzeugen Sie später in der Simulationsdatei die Randbedingung mit der fixen z-Richtung.

- Dann erzeugen Sie eine 1D-Verbindung von dem Punkt zu einer Kante des Rohrs, wobei Sie als Typ „CELAS2" verwenden.
- Zuletzt rufen Sie die Attribute dieses neuen 1D-Gitters auf und tragen unter „Steifigkeit" (Stiffness) einen kleinen Wert, beispielsweise 0,01 N/mm ein.
- Schließlich wechseln Sie in die Simulationsdatei und erzeugen eine feste Randbedingung auf dem Punkt.

4.2.4.11 Definition des Kontaktbereichs

Es folgt die Definition des Kontaktbereichs, d.h. der Flächenpaare, an denen das System Überschneidungen prüfen und gegebenenfalls Rückstellkräfte aufbringen soll. Außerdem wird hier auch der Reibbeiwert angegeben, der in diesem Kontaktbereich gelten soll. Gehen Sie zur Definition folgendermaßen vor:

- Machen Sie die Simulationsdatei zur dargestellten Datei.

↳ Wählen Sie dann unter der Funktionsgruppe „SSSO-Typ" ⊕ die Funktion „Fläche-zu-Fläche Kontakt" 🔳 (Surf to Surf Contact).

Im erscheinenden Menü gibt es zwei Selektionsschritte und einige Einstellungen. Mit dem ersten Selektionsschritt „Source Region" 🔳 selektieren Sie die erste Fläche oder Flächenbereich des Kontakts und mit dem zweiten Schritt „Target Region" 🔳 entsprechend die zweite. Zur Reihenfolge der Selektion gibt es die nachfolgende Empfehlung:

Der Kontakt ist eine nichtlineare Funktion in der ansonsten auf lineare Statik begrenzten Nastran Lösung 101.

Falls die Vernetzungen auf den beiden Seiten des Kontakts unterschiedlich sind, so sollte die erste Seite, d.h. die „Source Region" 🔳 die Seite mit dem feineren Netz sein. Hintergrund ist, dass die Kontaktprüfung immer von der ersten Seite aus durchgeführt wird. D.h., es werden von den Elementen der ersten Seite Normalprojektionen zur zweiten Seite durchgeführt. Wenn die erste Seite feiner vernetzt ist, kann die Kontaktberechnung mit größerer Genauigkeit durchgeführt werden.

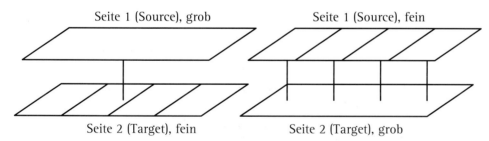

Seite 1 (Source), grob · Seite 1 (Source), fein

Seite 2 (Target), fein · Seite 2 (Target), grob

Bei unterschiedlich feinen Netzen ist auf die Selektionsreihenfolge zu achten.

In unserem Beispiel liegt eine identische Vernetzung auf beiden Seiten vor, daher spielt die Selektionsreihenfolge hier keine Rolle.

↳ Selektieren Sie also eine beliebige der beiden Kontaktflächen,

↳ schalten Sie auf den zweiten Selektionsschritt und

↳ selektieren die gegenüberliegende Kontaktfläche.

Nachfolgend werden die Einstellparameter des Kontaktmenüs erklärt:

- „Koeffizient der Haftreibung" (Coefficient of Static Friction): Hier wird der Reibbeiwert angegeben, der dafür verantwortlich ist, dass Schubkräfte von einem Körper zum anderen übertragen werden. Diese Kräfte werden entsprechend dem Coulomb'schen Reibgesetz mit Hilfe der Andruckkraft berechnet.

Die Kontaktparameter auf einen Blick

- „*Min Search Distance*" und "*Max Search Distance*": Der Kontaktalgorithmus wird nur in einem Bereich zwischen diesen beiden Grenzwerten nach Kontakt suchen.

- „*Source Offset*" und „*Target Offset*": Diese Abstandswerte können genutzt werden, um im Kontaktbereich eine zusätzliche Materialdicke aufzubringen. Diese Dicke könnte beispielsweise eine Farbschicht darstellen, die nicht eigens FE-modelliert sein soll, die jedoch für den Kontakt berücksichtigt werden soll.

- „*Target Contact Side*": Diese Einstellung ist nur relevant, wenn Schalenelemente im Kontaktbereich liegen und darüber hinaus die Schalenelemente als „Source-Region" definiert werden sollen. Falls dies der Fall ist, werden die Kontaktprüfungen normalerweise in Richtung der „Top"-Seite der Schalenelemente durchgeführt. Wenn dies aber die falsche Seite ist, so kann mit dieser Option auf die „Bottom"-Seite umgeschaltet werden.

↳ Im Fall unseres Beispiels ändern Sie lediglich den Wert „Max. Suchabstand" (Max Search Distance) auf einen kleinen Wert von beispielsweise 0,1.

↳ Bestätigen Sie mit „OK", damit der Kontaktbereich erzeugt wird.

4.2.4.12 Erzeugung der Schraubenkraft

Als Letztes fehlt noch die Schraubenkraft von 2500 N. Diese kann beispielsweise, entsprechend der Abbildung, auf die Auflagefläche des Schraubenkopfes aufgebracht werden. Bedenken Sie, dass die aufzubringende Schraubenkraft aufgrund der Symmetrie nur die Hälfte beträgt.

↳ Erzeugen Sie, entsprechend der Abbildung, eine Kraft von 1250 N in die negative y-Richtung auf der Schraubenkopfauflagefläche.

↳ Speichern Sie die Dateien.

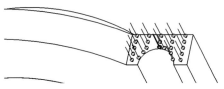

4.2.4.13 Lösungen berechnen und Ergebnisse beurteilen

Die Lösungen werden auf übliche Weise berechnet, wobei, aufgrund der Nichtlinearität, erheblich größere Rechenzeiten (ca. 30-120 min.) zu erwarten sind.

↳ Führen Sie die Funktion „Lösen" (Solve) aus.

↳ Wechseln Sie nach Abschluss der Lösung in den Postprozessor.

Falls keine Ergebnisse berechnet werden, sollte in der f06-Datei nach Fehlermeldungen (FATAL) gesucht werden. Hier wird auch der Lösungsfortschritt dokumentiert. Nach einer erfolgreichen Lösung sollte wieder zunächst die Verformung betrachtet und auf Plausibilität geprüft werden.

Als Ergebnis (siehe Abbildung) ergeben sich von-Mises-Vergleichsspannungen im Kontaktbereich von ca. 20 bis 30 N/mm². Für diese Beispielaufgabe bedeutet dies, dass die Flächenpressung weit unterhalb der zulässigen Werte liegt und die Schraubenanzugskraft daher unbedenklich ist.

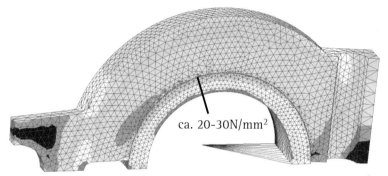

Die errechneten Spannungen in der Kontaktfläche sind unbedenklich.

ca. 20-30N/mm²

Abbildung bunt: Seite 319

4.3 Lernaufgaben Basic Nichtlineare Analyse (Sol 106)

4.3.1 Analyse der Blattfeder mit großer Verformung

Blattfedern werden oft zur einfachen Federung bei Nutzfahrzeugen eingesetzt. Für die Belange der Berechnung gilt die Blattfeder als klassisches Element für nichtlineare Geometrie.

An diesem Beispiel lernen Sie den Umgang mit Aufgaben, bei denen große Verformungen bzw. nichtlineares Geometrieverhalten eine Rolle spielen. Das Beispiel der Blattfeder macht deutlich, welche Unterschiede sich ergeben, wenn der Effekt der großen Verformung in der Analyse berücksichtigt wird.

4.3.1.1 Aufgabenstellung

Die Federung des Rak2 ist durch Blattfedern an jedem Rad realisiert. Dabei ist die eine Seite jeder Blattfeder über einen Drehpunkt an den Rahmen gekoppelt und die andere Seite über eine zusätzliche Schwinge. Diese Schwinge hat die Aufgabe, evtl. auftretende Querausdehnungen der Blattfeder beim Einfedern auszugleichen.

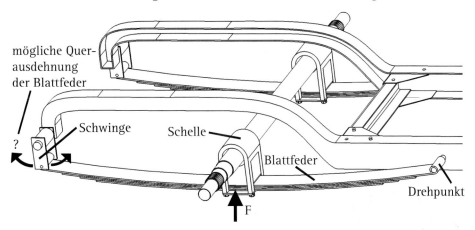

Die Räder des Rak2 wurden mit Blattfedern gefedert.

In dieser Aufgabe soll ermittelt werden, wie groß diese Querausdehnungen beim Einfedern sein werden. Die maximale Kraft, die dabei vom Rad auf die Blattfeder ausgeübt wird, betrage 20 KN.

4.3.1.2 Notwendigkeit für geometrisch nichtlineare Analyse

Bei der hier angenommenen Kraft wird die Blattfedergeometrie erheblich verformt, wie in den Analysen noch ermittelt wird. Die Annahme von „kleinen Verformungen", so wie sie bei der linearen FE-Analyse vorausgesetzt wird, gilt daher evtl.

nicht mehr. Daher soll in dieser Analyse auch nachgeprüft werden, welche Unterschiede sich zwischen der linearen FE-Analyse und der nichtlinearen Analyse unter Berücksichtigung des Effekts der großen Verformung ergeben.

Um den Effekt der kleinen und großen Verformung zu verdeutlichen, soll die nachfolgende schematische Abbildung der Blattfederaufgabe betrachtet werden. Analysiert wird die Verschiebung des linken Punkts der Lagerung. Solange die Verformung der Blattfeder klein ist, wird sich der Punkt lediglich nach links verschieben. Erst bei einer großen Verformung wird, aufgrund der geänderten geometrischen Verhältnisse, eine Verschiebung nach rechts eintreten.

Die Blattfeder ist ein klassisches Beispiel für nichtlineares Geometrieverhalten.

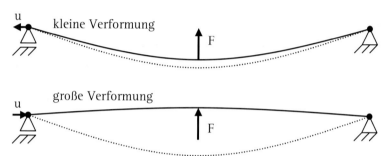

Eine lineare FE-Analyse wird immer die Steifigkeit berücksichtigen, die sich bei kleiner Verformung ergibt. D.h., wenn sich der Punkt bei einer minimal kleinen Kraft, beispielsweise 1 Newton, um beispielsweise 1 mm nach links verschiebt, so ist damit die Steifigkeit des Körpers bekannt. Die Steifigkeit wird in der linearen Analyse nicht mehr geändert, d.h., falls die Kraft nun 1000 N beträgt, so wird als Verschiebung exakt 1000 mm ausgerechnet. Die Verschiebungsrichtung bleibt dabei ebenfalls erhalten.

4.3.1.3 Funktionsweise der geometrisch nichtlinearen Analyse

Die Steifigkeitsmatrix wird während der Verformung mehrmals aktualisiert.

Der Fehlereinfluss bei großer Verformung kommt also durch die sich während der Verformung ändernde Steifigkeit des Bauteils. Wird die Steifigkeit nur einmal ermittelt, so wird zwar Rechenaufwand gespart, aber die geänderten geometrischen Verhältnisse gehen nicht in die Analyse ein. Erst durch ein mehrmaliges Aktualisieren der Steifigkeitsmatrix während der Verformung kann das reale Verhalten korrekt nachgebildet werden. So ein mehrmaliges Aktualisieren der Steifigkeitseigenschaften wird im FE-System dadurch erreicht, dass die äußere Last in beispielsweise zehn Schritte unterteilt wird. Zunächst wird also nur ein Zehntel der vollen Kraft aufgebracht, und es ergeben sich als Ergebnis geänderte Knotenkoordinaten. Mit diesen geänderten Knotenkoordinaten wird die Steifigkeitsmatrix des Teils neu berechnet, und die nächste Analyse mit dem zweiten Zehntel der vollen Kraft wird anhand der neuen Steifigkeitsmatrix durchgeführt. Dabei werden die bereits berechneten Spannungen des ersten Lastschritts als Vorspannungen im zweiten Lastschritt aufgebracht. Auf diese Weise wird die sich ändernde Steifigkeit berücksichtigt.

4.3.1.4 Überblick über die Lösungsschritte

In den nachfolgend aufgeführten Lösungsschritten wird zunächst eine lineares FE-Analysemodell aufgebaut und gelöst. Um daraufhin die nichtlineare Lösungsstrategie einzuschlagen ist es lediglich erforderlich, den Lösungstyp auszutauschen, was mit geringem Aufwand möglich ist. Allerdings wird die Rechenzeit für die Berechnung der zweiten Lösung erheblich ansteigen.

Das FE-Modell soll mit Hilfe von Schalenelementen aufgebaut werden, weil es sich bei der Blattfeder um eine Geometrie mit konstanter Dicke handelt.

Die lineare soll mit der nichtlinearen Analyse verglichen werden.

Die Blattfeder, die aus einzelnen Schichten von Blechen besteht, wird dabei vereinfacht als ein zusammenhängender Körper betrachtet. D.h., wir vernachlässigen, dass die Blechschichten evtl. aufeinander abrutschen können. Dies wäre der Fall, wenn die Blechschichten miteinander verklebt, verschweißt oder an mehreren Stellen vernietet wären. Sollte das Rutschen der Blechschichten mit berücksichtigt werden, so wäre zusätzlich die Methode des nichtlinearen Kontakts einzufügen. Dies wäre eine Aufgabe für die NX Nastran-Lösungsmethode 601.

4.3.1.5 Vorbereitungen und Erzeugung der Lösung für lineare Statik

Zunächst werden die erforderlichen Bauteile bzw. Baugruppen im NX-System geladen. Die Geometrie für eine Blattfeder ist in der Datei „hr_blattfeder" enthalten, jedoch ist die Geometrie einer Schelle ebenfalls erforderlich, weil hierdurch der Kraftangriff in die Blattfeder gekennzeichnet wird. Eine Baugruppe, die beide Teile enthält, ist die Datei „hr_ubg_schelle".

- Daher laden Sie die Datei „hr_ubg_schelle" nun im NX-System.
- Schalten Sie dann in die Anwendung „Advanced-Simulation", und
- erzeugen Sie im Simulationsnavigator die Dateistruktur.
- Bei der Frage nach den zu verwendenden Körpern wählen Sie die Option „Körper auswählen" (Select Bodies).

Bedenken Sie, dass Schalenelemente genutzt werden sollen und daher von den originalen Geometrien kein Körper in eine Polygongeometrie umgewandelt werden muss. Vielmehr soll eine noch zu erzeugende Mittelfläche verwendet werden. Weil das System in diesem Menü aber mindestens eine Selektion erwartet, selektieren Sie einen beliebigen Körper. Später werden Sie die Selektion gegen die Mittelfläche austauschen.

- Selektieren Sie daher zunächst einen beliebigen Körper.
- Alle weiteren Voreinstellungen können mit „OK" akzeptiert werden.

↳ Bei der anschließenden Frage nach der Lösung bestätigen Sie die Voreinstellungen für lineare Statik.

Erst in der späteren nichtlinearen Lösung muss diesbezüglich eine Änderung durchgeführt werden.

Materialeigenschaften brauchen Sie nicht zuzuordnen, denn sie sind schon in der Mastergeometrie der Blattfeder definiert worden.

4.3.1.6 Mittelfläche erzeugen und der Polygongeometrie zufügen

↳ Wechseln Sie zunächst in das idealisierte Teil.

Bevor die Mittelfläche erzeugt wird, sollen die einzelnen Blechschichten zu einem Körper vereinigt werden. Für die Vereinigung ist wiederum erforderlich, dass die einzelnen Körper promotet werden.

↳ Erzeugen Sie daher zunächst Promotion-Features ⬟ von den Blechschichten, und

↳ vereinigen 🔧 Sie diese zu einem einzigen Körper.

↳ Daraufhin erzeugen Sie die Mittelfläche ⬦ des entstandenen Körpers. Verwenden Sie dabei die Methode „Offset".

↳ Speichern Sie die Datei.

Die Blattfeder wird durch eine Mittelfläche idealisiert.

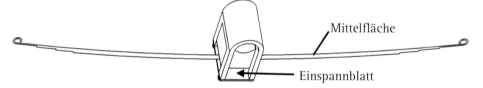

Mittelfläche

Einspannblatt

Um die Mittelfläche der Polygongeometrie zuzufügen,

↳ wechseln Sie in die FEM-Datei,

↳ wählen im Kontextmenü des Knotens des FEM-Modells die Funktion „Bearbeiten" (Edit)

↳ und im darauf folgenden Menü die Option „Zu verwendende Körper bearbeiten" (Edit Bodies to use).

↳ Selektieren Sie die Mittelfläche (und deselektieren Sie optional den zuvor selektierten unnötigen Körper).

↳ Selektieren Sie nun zusätzlich das Einspannblatt (siehe Abbildung). Dies wird später zur Definition des Bereichs für den Kraftangriff gebraucht.

↳ Bestätigen Sie mit „OK".

Nun werden die Mittelfläche und das Einspannblatt in die Polygongeometrie übernommen und können weiter bearbeitet und vernetzt werden.

4.3.1.7 Kantenunterteilung an der Polygongeometrie

Um die Krafteinleitung in die erzeugte Mittelfläche zu realisieren, muss die untere Kante der Fläche, wie in der Abbildung dargestellt, unterteilt werden.

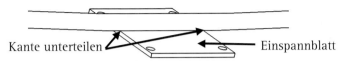

Kante unterteilen   Einspannblatt

Für den späteren Kraftangriff muss eine Kante unterteilt werden.

Die Funktion zur Unterteilung einer Kante ist ähnlich der Funktion zur Flächenunterteilung zu verstehen, wobei sie nicht auf Basis der exakten CAD-Geometrie, sonder der Polygongeometrie arbeitet. Weil Geometrievorbereitungen an der Polygongeometrie erhebliche Vorteile in der Leistungsfähigkeit gegenüber solchen an der exakten Geometrie haben, gibt es eine ganze Palette von Funktionen zur Geometrievorbereitung an der Polygongeometrie. Hier gibt es auch eine zusätzliche Funktion zur Flächenunterteilung, d.h., die Flächenunterteilung kann sowohl an der exakten, als auch an der Polygongeometrie durchgeführt werden. Nachfolgend werden die Funktionen erläutert, die zur Bearbeitung der Polygongeometrie verfügbar sind:

- *„Geom. autom. reparieren"* (Auto heal Geometry): Sie geben eine Toleranz für kleine Features an. Alle Geometrie-Features mit kleineren Abmessungen als die Toleranz werden bei der Vernetzung ignoriert. Darüber hinaus kann mit der Option „Verrundungen bearbeiten" (Process Fillets) speziell für Verrundungen angegeben werden, ob sie in der Vernetzung ignoriert werden sollen.

- *"Kante teilen"* (Split Edge): Diese Funktion lässt die Unterteilung einer Kante zu, wie es beispielsweise in unserem Beispiel für den Kraftangriff erforderlich ist.

- *„Fläche teilen"* (Split Face): Hiermit kann eine Fläche unterteilt werden. Ganz ähnlich wirkt die Funktion „Fläche unterteilen" (Subdivide Face), die in der idealisierten Datei verfügbar ist. Entscheidender Unterschied ist, dass die Funktion in der FEM-Datei auf Basis des Polygonmodells wirkt.

- *„Kante vereinigen"* (Merge Edge): Diese Funktion erlaubt das Vereinigen von zwei angrenzenden Kanten.

- *„Fläche vereinigen"* (Merge Face): Die Funktion dient zum Vereinigen zweier Flächen eines Flächenkörpers. Dabei verschwindet die Kante zwischen den beiden Einzelflächen. Diese Funktion ist als Vorbereitung wichtig, wenn Geometrien vernetzt werden sollen, deren Oberflächen aus vielen Einzelstücken bestehen (Flickenteppich). Die Vernetzung kann damit wirkungsvoll verbessert werden.

- *„An Kante anpassen"* (Match Edge): Dies ist eine wirkungsvolle Funktion, mit der Kanten aneinander angepasst werden können, die kleine Abstände ha-

Alle Funktionen zur Bearbeitung des Polygonmodells auf einen Blick

ben, wie es oftmals bei importierten Geometrien aus Fremdsystemen vorkommt. Die Arbeitsweise auf Basis der Polygongeometrie lässt im Gegensatz zu ähnlichen Funktionen, die auf der exakten Geometrie arbeiten, kleine Änderungen von Kanten problemlos zu.

Alle Funktionen zur Bearbeitung des Polygonmodells auf einen Blick

- „*Kante zusammenfassen*" (Collapse Edge): Mit dieser Funktion kann eine kleine Kante des Polygonmodells zu einem Punkt zusammengefasst werden. Alle anschließenden Kanten oder Flächen fügen sich entsprechend der geänderten Kante neu an. Dies ist sehr wirkungsvoll, um kleine äußere Kanten zu vereinfachen.

- „*Flächenreparatur*" (Face Repair): Mit dieser Funktion kann eine Polygonfläche neu erstellt werden, wenn sie beschädigt ist.

- „*Zurücksetzen*" (Reset): Diese Funktion löscht alle vorgenommenen Bearbeitungen wie Unterteilungen usw. zurück. Es kann lediglich eine Fläche selektiert werden oder ein ganzer Körper.

Um nun für unsere Beispielaufgabe die Kante für den späteren Lastangriff zu unterteilen,

- wählen Sie die Funktion „Kante teilen" (Split Edge), und

- selektieren Sie die Kante etwa an den beiden Punkten, an denen das Einspannblatt angrenzt. Nutzen Sie dafür die Punktmethode „auf Kante".

- Erzeugen Sie auf diese Weise zwei Kantenunterteilungen.

- Blenden Sie das Einspannblatt nun aus.

4.3.1.8 Vernetzung für Analysen mit nichtlinearer Geometrie

Bei der späteren Analyse unter Berücksichtigung von großen Verformungen müssen lineare Elemente eingesetzt werden, d.h. Elemente ohne Mittelknoten. Werden quadratische Elemente eingesetzt, so kann der nichtlineare Effekt in der Lösung 106 nicht berücksichtigt werden.

- Die Vernetzung der Mittelfläche soll mit einem 2D-Netz durchgeführt werden. Wählen Sie daher als Elementtyp „CQUAD4"

- und als Gesamtelementgröße beispielsweise drei.

Es ergibt sich eine Vernetzung mit zwei Elementschichten im dünnsten Bereich. Diese Feinheit sollte mindestens erreicht werden.

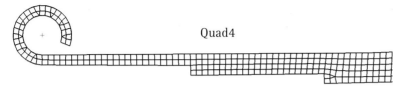

Quad4

Elemente ohne Mittelknoten sind erforderlich.

Eine Zuordnung der Dicke ist nicht erforderlich, weil diese anhand der Mittelflächenfunktion automatisch verarbeitet wird.

4.3.1.9 Erzeugung der Randbedingungen

Auf den beiden Seiten der Blattfeder, an denen die Lagerungen angeordnet sind, erzeugen Sie die übliche Stützkonstruktionen, wie in der Abbildung dargestellt.

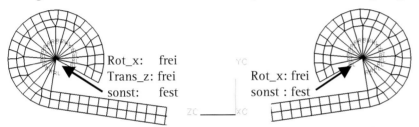

Rot_x: frei
Trans_z: frei
sonst: fest

Rot_x: frei
sonst : fest

Beide Seiten sind drehbar gelagert. Die eine Seite kann sich darüber hinaus verschieben.

Dazu gehört zunächst die

- Erzeugung jeweils des Mittelpunkts ⊹ im Kreis. Dies geschieht in der FEM-Datei.

- Daraufhin erzeugen Sie die 1D-Verbindung ⟋ mit dem Typ RBE2 „Verbindung mit Randbedingung" jeweils von der Kreiskante zu dem Punkt.

- Um die Randbedingungen zu erzeugen, wechseln Sie in die Simulationsdatei.

- Für die drehbare Lagerung erzeugen Sie eine User-Defined-Randbedingung ⬚, die derart eingestellt wird, dass lediglich die Rotation um die gewünschte Drehachse frei bleibt.

- Auf der zweiten Seite ist eine Randbedingung erforderlich, die sowohl Drehung, als auch Verschiebung zulässt. Dafür werden die entsprechenden Freiheitsgrade der User-Defined-Randbedingung ⬚ entsprechend der Abbildung eingestellt.

4.3.1.10 Erzeugung der Lasten für zwei Lastfälle

Um einen Vergleich zwischen kleinen und großen Verformungen ziehen zu können, werden eine kleine und eine große Last auf die Blattfeder aufgebracht. Um eine getrennte Berechnung dieser Lastfälle zu erreichen, werden die verschiedenen Lasten jeweils eigenen Lösungen zugeordnet. Die zusätzlichen Lösungen sind später noch zu erzeugen. Alle zu betrachtenden Lasten können zunächst im „Load-Container" aufgehoben werden, wie in der Abbildung dargestellt.

Ein Lastfall für die große und einer für die kleine Kraft. Die Lastfälle werden nacheinander berechnet.

Später werden sie dann den entsprechenden Lösungen zugeordnet. Die beiden Lasten werden auf der vorher unterteilten Kante der Mittelfläche erzeugt. Gehen Sie dafür folgendermaßen vor:

- Rufen Sie die Funktion „Kraft" (Force) auf, und

- selektieren Sie die vorher unterteilte Kante der Mittelfläche.

- Wählen Sie als Richtung die y-Richtung, und

- tragen Sie einen Betrag von 500 N ein.

- Benennen Sie das Element beispielsweise mit „Force_klein".

- Erzeugen Sie auf die gleiche Weise eine Kraft mit dem Betrag 20.000 N und dem Namen „Force_gross".

4.3.1.11 Erzeugung einer zweiten Lösung für lineare Statik

Eine Lösung für lineare Statik ist bei der Erzeugung der Dateistruktur schon angelegt worden. In diese Lösung sind auch gleich alle Lasten und Randbedingungen eingefügt worden, die vorhanden sind. Es ist zu bemerken, dass jede Kraft oder Randbedingung zweimal im Simulationsnavigator auftritt: einmal im Container und einmal unter der Lösung.

Die erste Lösung soll nun derart geändert werden, dass sie lediglich die kleine Kraft enthält. Sie werden daher nun die große Kraft aus der Lösung entfernen, dabei wird die große Kraft jedoch nicht aus dem „Load-Container" gelöscht. Dies hat den Vorteil, dass die große Kraft in einer anderen Lösung eingesetzt werden kann. Gehen Sie folgendermaßen vor:

Nun enthält jede Lösung ihre eigene Last.

- Selektieren Sie die große Kraft unter der Lösung „Solution 1".

- Nutzen Sie dann die Funktion „Entfernen" (Remove) im Kontextmenü.

Die Kraft verschwindet aus der Lösung, verbleibt aber im „Load-Container".

- Um diese Lösung später von weiteren unterscheiden zu können, benennen Sie das Lösungselement mit einem aussagekräftigen Namen, beispielsweise „S_Lin_Fkl".

Weiter brauchen wir eine zweite Lösung, die der ersten ähnlich ist,

✦ daher nutzen Sie die Funktion „Klonen" (Clon) im Kontextmenü des Lösungs-elements und erhalten damit eine identische Kopie der ersten Lösung, die Sie folgendermaßen manipulieren:

✦ Zunächst müssen Sie die neue Lösung mit einem Doppelklick aktivieren.

Dann entfernen Sie die kleine Kraft und fügen die große Kraft hinzu.

Entfernen geht so, wie vorher beschrieben. Das Hinzufügen erreichen Sie, indem Sie mit der Maus das Element „Force_gross" aus dem Container in die neue Lösung hineinziehen. Ziehen Sie es also im neuen Lösungselement in die Gruppe „Loads" unter „Subcase" hinein.

✦ Schließlich geben Sie der neuen Lösung einen entsprechenden Namen, bei-spielsweise „S_Lin_Fgr".

Nach Belieben können die beiden Lösungen nun mit der Funktion „Lösen" (Solve) berechnet werden. In der Praxis würde man diesen Weg nun auch einschlagen, d.h., man würde vor jeder nichtlinearen Rechnung immer erst die lineare Rechnung durchführen und kontrollieren, ob alles (bis auf die Nichtlinearität) plausibel ist.

Wir wollen der Einfachheit halber einen Weg gehen, bei dem zuerst alle erforderli-chen Lösungselemente angelegt und dann alle gemeinsam berechnet werden.

4.3.1.12 Erzeugung der Lösungen für nichtlineare Statik

Es folgt die Erzeugung von zwei Lösungen entsprechend den vorher bereits erstell-ten, wobei nun die nichtlineare Lösungsmethode gewählt werden muss.

✦ Um eine neue Lösung in die Simulation einzufügen, nutzen Sie die Funktion „Neue Lösung" (New Solution) im Kontextmenü des Simulationsknotens des Navigators.

Es erscheint das bekannte Menü „Lösung erzeugen" (Create Solution).

✦ Um die Berücksichtigung von nichtlinearer Geometrie zu aktivieren, wählen Sie den Nastran-Lösungstyp „NLSTATIC 106", und

✦ aktivieren die Option „Große Verdrängungen" (Large Displacement) entspre-chend der Abbildung.

Optional können Sie mit der Option „Anzahl der NL-Inkremente" (Number of NL Increments) die Anzahl der Unterteilungen für die Aktualisierung der Steifigkeits-matrix angeben.

✦ Bestätigen Sie mit „OK", und das neue Lösungselement wird zugefügt.

Die neue Lösung enthält noch keine Randbedingungen und auch keine Lasten.

✦ Ziehen Sie daher beide Randbedingungen aus dem „Constraint-Container" in die Gruppe „Constraints" der neuen Lösung.

✦ Ziehen Sie auch eine der beiden Lasten, beispielsweise die kleine Kraft, aus dem „Load-Container" in die Gruppe „Loads" der neuen Lösung.

Benennen Sie die neue Lösung mit einem aussagekräftigen Namen, beispielsweise „S_NL_Fkl".

Die Lösungsmethode für nichtlineare Statik hat die Bezeichnung 106.

Schließlich brauchen wir noch die zweite nichtlineare Lösung, in der die große Kraft eingefügt ist.

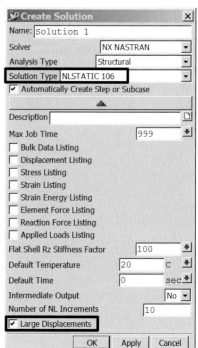

- ↳ Klonen Sie dazu das eben erstellte nichtlineare Lösungselement,
- ↳ aktivieren Sie es mit einem Doppelklick,
- ↳ entfernen Sie die kleine Kraft, und
- ↳ ziehen Sie die große Kraft hinein.
- ↳ Benennen Sie diese Lösung „S_NL_Fgr".

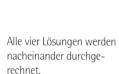

Damit existieren nun vier Lösungselemente, die im nachfolgenden Abschnitt gelöst werden.

- ↳ Speichern Sie die Datei.

4.3.1.13 Automatisches Abarbeiten aller Lösungen

Jede einzelne Lösung kann mit der Funktion „Lösen" (Solve) gelöst werden, jedoch bietet es sich im Fall unseres Beispiels an, dass alle Lösungen nacheinander automatisch abgearbeitet werden.

- ↳ Nutzen Sie dazu die Funktion „Alle Lösungen lösen" (Solve all Solutions) im Kontextmenü des Simulationsknotens.

Alle vier Lösungen werden nacheinander durchgerechnet.

Nun wird vier Mal nacheinander Nastran aufgerufen. Je nach Rechnerleistung können die Berechnungen einige Zeit benötigen.

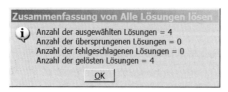

Das Ende der Berechnungen wird durch eine entsprechende Meldung angezeigt.

4.3.1.14 Gegenüberstellen und Bewerten der Ergebnisse

Nachdem alle vier Lösungen berechnet wurden, sollen die Ergebnisse gegenüber gestellt werden. Entsprechend der Aufgabenstellung interessieren die Verschiebungen des Lagerungspunkts, der mit der Schwinge verbunden ist. Daher sollen die Ergebnisse der Verschiebungen in der z-Richtung betrachtet und verglichen werden. Es ergeben sich die nachfolgend aufgelisteten Ergebnisse für die vier unterschiedlichen Lösungen:

- S_Lin_Fkl (kleine Verformung, lineare Analyse) : 1,025 mm
- S_NL_Fkl (kleine Verformung, nichtlineare Analyse) : 0,99 mm
- S_Lin_Fgr (große Verformung, lineare Analyse) : 41 mm
- S_NL_Fgr (große Verformung, nichtlineare Analyse) : 9,5 mm

Bei der großen Kraft weichen die Ergebnisse der linearen und nichtlinearen Analyse deutlich voneinander ab.

Die Ergebnisse zeigen, dass der Unterschied zwischen der linearen und der nichtlinearen Analyse bei kleinen Verformungen nur gering ist. Bei großen Verformungen jedoch ergibt sich ein erheblicher Unterschied.

Die große Kraft (20.000 N) ist genau das 40-fache der kleinen Kraft (500 N). Daher ist bei der linearen Analyse auch die Verformung unter großer Kraft (41 mm) genau das 40-fache der Verformung unter kleiner Kraft (1,025 mm). Erst die mehrmalige Aktualisierung der Steifigkeit bei der nichtlinearen Analyse kann den nichtlinearen Effekt korrekt berücksichtigen. Daher wird hier die realistische, wesentlich kleinere Verformung (9,5 mm) berechnet.

4.3.2 Plastische Verformung des Bremspedals

Bremspedale von Fahrzeugen müssen stets auf ihr Festigkeitsverhalten bei Pedaldruck analysiert werden. Dabei muss herausgefunden werden, welche bleibenden Schäden bei einer Maximalbelastung hervorgerufen werden. Daher wird hier eine Analyse unter statischem Pedaldruck durchgeführt, wobei plastisches Materialverhalten berücksichtigt wird.

Daneben müssen druckbeaufschlagte Teile meist auch auf Beulen/Knicken untersucht werden, was in dieser Lernaufgabe jedoch außer Acht gelassen wird. Mit einer Knick- oder Beulanalyse wird eine evtl. vorliegende Instabilität der Geometrie gefunden, die in der statischen Analyse nicht gefunden werden kann.

In der Praxis werden solche Untersuchungen meist durch Versuche abgesichert. Das Ziel der Berechnung ist es, die Anzahl der Versuche zu minimieren.

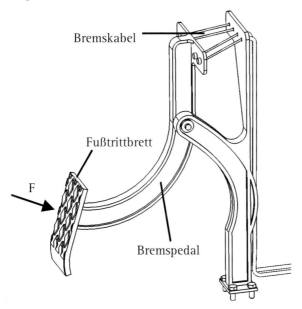

Bremskabel

Fußtrittbrett

F

Bremspedal

Bremspedale müssen große Belastungen ertragen, die bis zum Materialfließen führen können.

In diesem Beispiel wird anhand des Rak2-Bremspedals dargestellt, wie nichtlineare plastische Materialeigenschaften in einer statischen FE-Analyse berücksichtigt werden können. Die hierfür eingesetzte Lösungsmethode ist die Nastran-Lösung 106, die auch schon im Beispiel der großen Verformung an der Blattfeder eingesetzt wurde.

Alternativ zu der Lösung 106 kann plastisches Materialverhalten auch mit der Lösung 601 berechnet werden, die noch weiterführende Möglichkeiten im nichtlinearen Bereich eröffnet.

Es soll darauf hingewiesen werden, dass vor einer solchen nichtlinearen Analyse immer eine lineare Rechnung durchgeführt werden sollte, in der die Plausibilität der Ergebnisse (bis auf die fehlende Nichtlinearität) kontrolliert wird. Erst dann sollte die Nichtlinearität dazugenommen werden.

4.3.2.1 Aufgabenstellung

Das Bremspedal soll unter der Belastung des Niedertretens analysiert werden. Bei voller Bremsleistung sei angenommen, dass, einschließlich einer Sicherheitsreserve, eine Kraft von 4000 N auf das Pedal wirkt. Falls es dabei zur plastischen Verformung kommt, so sollen die verformte Geometrie nach dem Loslassen der Pedalkraft sowie der verbleibende Eigenspannungszustand des Pedals ermittelt werden.

Gegeben sind die Materialeigenschaften des Stahls mit der nichtlinearen Spannungs-Dehnungs-Kurve.

Die nichtlineare Spannungs-Dehnungs-Kurve wird in der Analyse berücksichtigt.

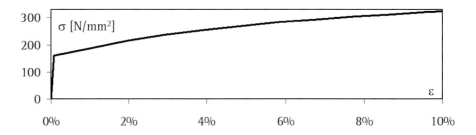

4.3.2.2 Effekte bei Plastizität

Bei plastischer Verformung verläuft die Belastung entlang der nichtlinearen Spannungsdehnungskurve, während die Entlastung lediglich elastisch verläuft. Dabei spielt eine Reihe von Effekten eine Rolle, die programmintern durch entsprechende Berechnungsmodelle beschrieben werden.

Prinzipiell können alle diese Berechnungsmodelle geändert und angepasst werden, jedoch werden bei Nutzung der NX-Oberfläche stets Voreinstellungen angewandt und an NX-Nastran übergeben, die in vielen Fällen korrekt sind. Falls Änderungen erforderlich sind, so kann die Eingabedatei für NX-Nastran manuell editiert werden. Eine Dokumentation über die Syntax der Eingabedatei ist unter [n4_qrg] zu finden. Nachfolgend werden einige wichtige Effekte und Begriffe bezüglich Plastizität erklärt.

-   *„Streckgrenze"* (Yield Stress): Die Fließspannung wird gewöhnlich gemessen als der Spannungswert, der die kleinste bleibende Verformung hervorruft.

-   *Fließkriterium* (Yield Criteria): Bei einaxialer Spannung gibt es einen klaren Spannungswert, ab dem Fließen eintritt. Bei mehraxialem Spannungszustand dagegen existieren Spannungskomponenten in den verschiedenen Richtungen.

In diesem Fall wird ein Kriterium benötigt, das die Kombination der Spannungskomponenten angibt, bei der erstmals Fließen auftritt. Dieses Kriterium wird Fließkriterium genannt. In NX-Nastran gibt es vier verschiedene Fließkriterien: von Mises, Tresca, Mohr-Coulomb und Drucker-Prager. Das von-Mises-Kriterium wird meist eingesetzt bei plastischer Analyse von duktilem Material. Dieses Kriterium wird nach Voreinstellung vom NX-System angewandt. Falls andere Einstellungen gewünscht sind, so muss die Nastran-Eingabedatei manuell angepasst werden und die entsprechenden Kommandos erhalten.

- *Fließfläche* (Yield Surface): Die Fließfläche beschreibt im Spannungsraum (σ_1-σ_2-σ_3) den Bereich, innerhalb dessen kein Fließen auftritt bzw. außerhalb dessen Fließen auftritt. Für das von-von-Mises-Fließkriterium entspricht die Fließfläche gerade einem Zylinder.

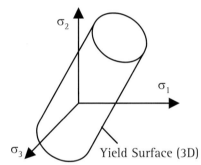

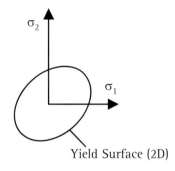

Yield Surface (3D)   Yield Surface (2D)

Die Fließfläche beschreibt den Raum, innerhalb dessen elastisches Materialverhalten vorliegt.

- *Dehnungsverfestigung* (Strain Hardening): Wenn Material plastisch deformiert wird, verfestigt es sich gewöhnlich. Dabei verändert sich die Fließfläche. Isotrope Verfestigung liegt vor, wenn die Fließfläche expandiert, und kinematische Verfestigung, wenn sich die Fließfläche verschiebt. Das NX-System nutzt die isotrope Verfestigungsmethode als Voreinstellung. Falls ein anderes Kriterium genutzt werden soll, so muss die Nastran-Eingabedatei manuell abgeändert werden.

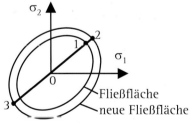

isotrope Verfestigung

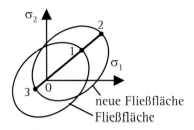

kinematische Verfestigung

Die Dehnungsverfestigung gibt an, wie die Fließfläche verändert wird, wenn die Fließgrenze überschritten wird.

4.3.2.3 Vorbereitungen und Erzeugen der Lösung

↳ Laden Sie aus dem Verzeichnis des Rak2 das Teil „bs_bremspedal", und

↳ schalten Sie in die Anwendung „Advanced-Simulation".

↳ Erzeugen Sie im Simulationsnavigator die Dateistruktur mit dem idealisierten Teil, dem FEM-Teil und der Simulationsdatei.

Die Nastran-Lösung 106 berücksichtigt nichtlineares Materialverhalten.

↳ Bei der nachfolgenden Frage nach der Lösungsmethode schalten Sie auf den Nastran Lösungstyp „NLSTATIC 106".

Alle sonstigen Voreinstellungen können beibehalten werden.

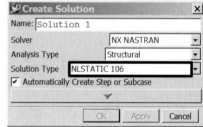

↳ Bestätigen Sie mit „OK", und die Dateistruktur mit der Lösungsmethode wird erzeugt.

4.3.2.4 Vereinfachen der Geometrie

↳ Für die nachfolgenden Geometriever- einfachungen wechseln Sie in das idealisierte Teil und

↳ erzeugen zunächst ein Promotion-Feature der Bremspedalgeometrie (Abbil- dung: Schritt 0).

↳ Als weitere Operation wird das Fußtrittbrett entfernt. (Abbildung: Schritt 1) Nutzen Sie hierzu die Funktion „Geometrie optimieren" (idealize Geometry), wobei Sie alle Flächen, die zum Fußtrittbrett gehören, entfernen.

Schrittweise wird die Geometrie des Bremspe- dals vereinfacht.

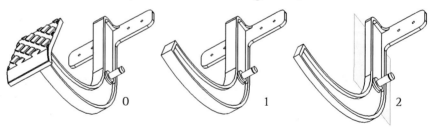

Weiterhin soll Symmetrie um die Mittelebene angenommen werden, wobei dies streng genommen wegen der einseitigen Lagerung nicht korrekt ist.

↳ Erzeugen Sie in der Konstruktionsanwendung eine Mittelebene, und trimmen Sie die Geometrie entsprechend (Abbildung: Schritt 2)

↳ Als Nächstes entfernen Sie den Flansch für die Einhängung der Kabel, da hier die Ergebnisse nicht interessieren. Erzeugen Sie dafür eine weitere Ebene und Trimmoperation. Gleichzeitig vereinfachen Sie den Zylinder für die drehbare Lagerung (Abbildung: Schritt 3).

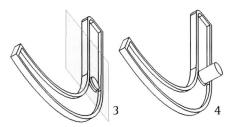

Schließlich ist das CAD-Modell für die Berechnung vorbereitet.

↳ Den Zylinder für die drehbare Lagerung verlängern Sie im letzten Schritt wieder durch eine Offset-Fläche 📷 um ca. 20 mm. Auf diese Weise erhalten Sie eine einfache Geometrie für den Bereich der Lagerung, an der die Ergebnisse ebenfalls nicht interessieren (Abbildung: Schritt 4).

Damit sind die Operationen zur Geometrievorbereitung abgeschlossen.

↳ Speichern Sie die Datei,

↳ schalten Sie wieder in die Anwendung „Advanced-Simulation", und

↳ wechseln Sie in die FEM-Datei für die anschließende Vernetzung.

4.3.2.5 Vernetzung für plastische Analyse

Für nichtlineare Materialeigenschaften in der Nastran-Lösung 106 können keine Elemente mit Mittelknoten eingesetzt werden. Daher soll für die Geometrie dieser Aufgabe eine Tetraedervernetzung mit vierknotigen Elementen eingesetzt werden. Werden doch zehnknotige Tetraederelemente eingesetzt, so werden programmintern die Mittelknoten entfernt.

Um genaue Spannungsaussage zu erhalten, müsste zunächst mittels eines Konvergenznachweises die erforderliche Vernetzungsfeinheit festgestellt werden. Besonders durch den Einsatz der vierknotigen Elemente ist für genaue Aussagen eine hohe Feinheit der Vernetzung erforderlich. Auf eine große Genauigkeit soll in diesem Beispiel kein besonderer Wert gelegt werden, vielmehr sollen lediglich qualitative Aussagen gemacht werden. Daher begnügen wir uns mit einer etwas verfeinerten Standardvernetzung, die etwa zwei Elementschichten über der Materialdicke enthält. Gehen Sie dazu folgendermaßen vor:

Elemente ohne Mittelknoten werden eingesetzt.

↳ Machen Sie die FEM-Datei zum dargestellten Teil.

↳ Wählen Sie die Funktion 3D-Tetraedergitter,

↳ selektieren Sie die Geometrie, und wählen Sie im Menü die Option „CTETRA4".

Die Vernetzung muss mindestens zwei Schichten über der Dicke haben. Aufgrund der Tet4-Elemente ist die Genauigkeit hier jedoch immer noch gering.

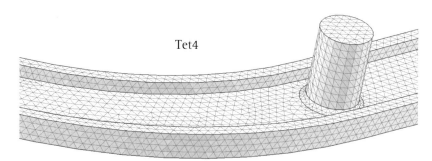

Tet4

- ↳ Tragen Sie unter „Gesamtelementgröße" einen geeigneten Wert ein, der ein zweischichtiges Netz erzeugt. Einen Anhaltspunkt für einen geeigneten Wert erhalten Sie, wenn Sie den Schalter für den Vorschlag einer Elementgröße ▱ wählen und den vorgeschlagenen Wert durch zwei, drei oder vier teilen. Beispielsweise können Sie einen Wert von 3,33 mm nutzen.

- ↳ Bestätigen Sie mit „OK", und das Netz wird erstellt.

4.3.2.6 Definieren der plastischen Materialeigenschaften

Die plastischen Materialeigenschaften werden im Materialeditor definiert. Sie beinhalten den Elastizitätsmodul, die Querkontraktionszahl, die Fließgrenze sowie die Spannungs-Dehnungs-Kurve. Gehen Sie folgendermaßen vor:

- ↳ Rufen Sie den Materialeditor 🗔 auf, und

- ↳ geben Sie einen beliebigen Namen ein.

- ↳ Geben Sie einen Wert für die Dichte (Mass Density) ein. Dieser Wert ist beliebig, da er die aktuelle Analyse nicht beeinflusst.

Die Fließgrenze bzw. Streckgrenze (Yield Strength) des Materials muss angegeben werden.

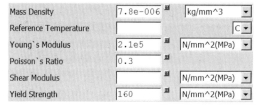

- ↳ Geben Sie für den Elastizitätsmodul (Young's Modulus) den Wert 2,1e5 N/mm^2

- ↳ und für die Querkontraktionszahl (Poisson Ratio) 0,3 ein.

- ↳ Für die „Streckgrenze" (Yield Strength) tragen Sie 160 N/mm^2 ein.

- ↳ Schließlich folgt die Definition der Spannungs-Dehnungs-Kurve mit dem nichtlinearen Materialverhalten. Hierfür finden Sie weiter unten in der Liste die Eigenschaft „Belastung/Beanspruchung" (Stress/Strain). In dieses Feld tragen Sie den Begriff „TABLE" ein und

↳ selektieren rechts den kleinen Schalter  für die Definition einer Tabelle.

Stress/Strain	TABLE	⊞

↳ Im erscheinenden Fenster tragen Sie nun die Wertepaare entsprechend der Abbildung ein.

Jedes Wertepaar definiert dabei einen Punkt in der Spannungs-Dehnung-Kurve. Für unser Beispiel reicht es aus, wenn Sie die Kurve lediglich bis zu 10% Dehnung einfügen, d.h. also bis zu dem Wert 0,1044.

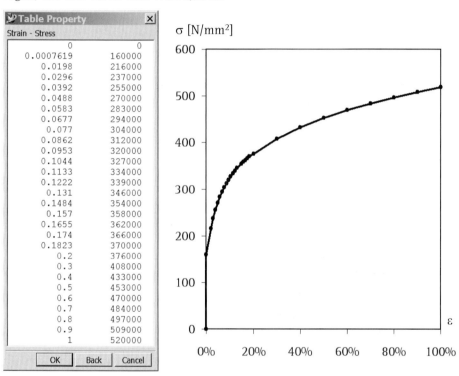

Die nichtlineare Spannungs-Dehnungs-Kurve wird über eine Tabelle definiert.

Die Punkte der Spannungs-Dehnungs-Kurve müssen den nachfolgenden Bedingungen genügen:

Alle Spannungswerte müssen in der Einheit mN/mm^2 angegeben werden.

- Das erste Wertepaar muss null – null sein.

- Der Spannungswert des zweiten Wertepaars muss mit der vorher angegebenen Fließgrenze übereinstimmen.

- Das zweite Wertepaar muss den Elastizitätsmodul wiedergeben. Im Fall unseres Beispiels muss sich also $160\ N/mm^2 / 0,0007619 = 2,1e5\ N/mm^2$ ergeben.

↳ Nachdem Sie die Eigenschaften des Materials definiert haben, weisen Sie schließlich das Material der Geometrie des Bremspedals zu.

↳ Speichern Sie die Datei.

Damit sind die nichtlinearen Materialeigenschaften erzeugt und aktiv. Falls bei der nachfolgenden Analyse mit der Lösungsmethode 106 Spannungen oberhalb der Fließgrenze errechnet werden, so kommt es zum Fließen des Materials.

4.3.2.7 Definieren der Randbedingungen

Es sind vier Randbedingungen erforderlich, um den Belastungszustand des Bremspedals zu beschreiben (siehe Abbildung). Gehen Sie folgendermaßen vor:

↳ Wechseln Sie zunächst in die Simulationsdatei.

↳ Definieren Sie eine Kraft auf der Fläche des Fußtrittbretts, die senkrecht zur Fläche zeigt.

Das Modell des Bremspedals wird mit diesen Randbedingungen versehen.

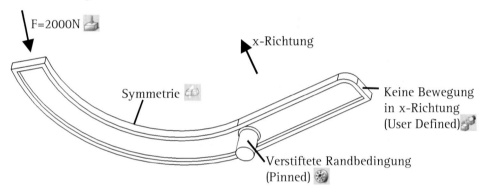

↳ Weiterhin definieren Sie eine „verstiftete Randbedingung" (Pinned) auf der Zylinderfläche der Lagerung, die lediglich Drehung zulässt.

↳ Um den letzten Freiheitsgrad zu unterbinden (Dehen um den Zylinder), definieren Sie auf der gegenüberliegenden Seite der Pedalkraft eine Randbedingung, die lediglich die Bewegung in der x-Richtung unterbindet. Dies entspricht den Gegenkräften der Bremskabel.

↳ Definieren Sie die Symmetriebedingung an der Schnittfläche.

4.3.2.8 Definieren der Lastschritte für Be- und Entlastung

Jeder Lastschritt, der in der Lösung vorkommt, wird nacheinander abgearbeitet. Dabei ist in der Lösung 106 jeweils der letzte Spannungszustand Ausgangspunkt für den darauf folgenden Schritt. Daher kann nachfolgend ein erster Lastschritt für die Belastung und ein zweiter für die Entlastung definiert werden. Der erste Lastschritt enthält alle Einspannbedingungen und die vorgesehene Last. Der zweite Schritt enthält dagegen lediglich die Einspannungen und keine Last mehr, denn er erhält als Vorspannung automatisch das Ergebnis des ersten Schritts.

Der erste Lastschritt sollte automatisch schon erstellt worden sein.

↳ Um den zweiten Lastschritt zu erzeugen, wählen Sie im Kontextmenü des Lösungselements die Funktion „Create Subcase" und bestätigen mit „OK". Es entsteht ein zunächst leerer Lastschritt.

Lastschritt für Belastung

Lastschritt für Entlastung

Die Be- und Entlastung wird über zwei Lastschritte definiert. Der zweite Lastschritt wird mit den Ergebnissen des ersten vorbelastet.

↳ Ziehen Sie dann alle vier Randbedingungen aus dem „Constraint Container" in die Gruppe „Constraints" des neuen Lastschritts hinein.

↳ Speichern Sie die Datei.

Das Ergebnis im Simulationsnavigator sollte wie in der Abbildung aussehen.

4.3.2.9   Lösungen berechnen und bewerten

Nachdem das Modell so weit aufgebaut worden ist, kann die Funktion „Lösen" (Solve) ausgeführt werden, um die Lösungen zu berechnen. Die Berechnung kann, aufgrund der Nichtlinearität und der zwei Lastschritte, erheblich mehr Zeit beanspruchen, als dies bei einer linearen Analyse der Fall wäre.

↳ Nach dem Abschluss des Lösungsvorgangs schalten Sie in den Postprozessor.

Unter dem Results-Knoten im Simulationsnavigator finden Sie nun die beiden Lastschritte (siehe Abbildung). Unter den Lastschritten finden Sie wieder die Ergebnisse für Verformung (Displacement) und Spannung (Stress).

Unterhalb des Results-Knotens sind die beiden Lastschritte dargestellt.

Als Ergebnis für den ersten Lastschritt ergibt sich eine Verformung von ca. 1,7 mm und eine Spannung von ca. 161 N/mm^2, somit eine Beanspruchung, die im Bereich der Fließgrenze des Materials liegt.

Der zweite Lastschritt zeigt den Zustand nach der Entlastung an. Die Berechnung hat eine bleibende Verformung von ca. 0,02 mm und eine verbleibende Spannung von 36 N/mm² ermittelt.

Der Spannungszustand und die Verformung nach der Entlastung werden dargestellt.

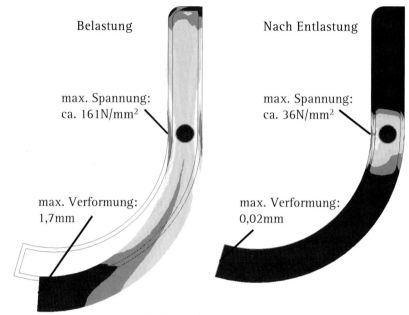

Belastung | Nach Entlastung

max. Spannung: ca. 161N/mm²

max. Spannung: ca. 36N/mm²

max. Verformung: 1,7mm

max. Verformung: 0,02mm

Abbildung bunt: Seite 319

Eine Analyse mit linearem Materialverhalten sollte immer vor solch eine nichtlineare angestellt werden. (Dies kann nun ganz schnell durch Einfügen einer neuen Lösung 101 und Zufügen der Randbedingungen nachgeholt werden). Dabei ergibt sich eine geringfügig kleinere Verformung und eine deutlich höhere Spannung von 196 N/mm². Das elastische Material zeigt also höhere Spannungen, während beim plastischen schon lokales Fließen eintritt. Aufgrund des leichten Fließens ergeben sich wiederum höhere Verformungen beim plastischen Material.

Es sei noch darauf hingewiesen, dass eine Netzverfeinerung erforderlich ist und dass zur Absicherung der Ergebnisse die Konvergenz (Netzunabhängigkeit) nachzuweisen ist.

4.4 Lernaufgaben advanced nichtlinear (Sol 601)

4.4.1 Schnapphaken mit Kontakt und großer Verformung

Schnapphaken sind beliebte Verschlussarten bei Kunststoffbauteilen, die manuell montiert werden. Bei der Konstruktion will man z.B. wissen, wie viel Kraft erforderlich ist, um einen solchen Verschluss zusammenzufügen. Außerdem darf das Material bei dem Vorgang nicht zu hoch beansprucht werden. Am Modell des Rak2 ist am Batteriekasten solch eine Verbindung zu finden.

Schnapphaken sind beliebte Verschlussarten bei Kunststoffbauteilen.

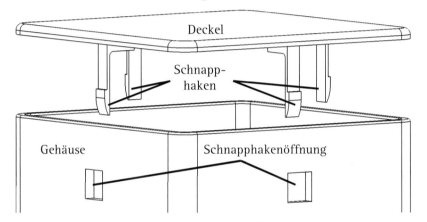

An dieser Aufgabe wird anhand eines Kunststoff-Schnappverschlusses der grundsätzliche Umgang mit der NX Nastran-Lösungsmethode 601 erläutert, die für komplexe nichtlineare Effekte zur Verfügung steht. Es wird ein zeitabhängiger Verfahrweg definiert, der den Montagevorgang des Deckels kontrolliert. Auf diese Weise ist es möglich, die Kraft zu ermitteln, die für den Montagevorgang erforderlich ist. Darüber hinaus kommt auch der nichtlineare Effekt der großen Verformungen sowie Kontakt zum Einsatz. Es werden Empfehlungen gegeben, wie mit komplexen nichtlinearen Effekten im NX-System umzugehen ist.

Die Nastran-Lösungsmethode 601 ist für komplexe nichtlineare Analysen vorgesehen.

Nochmals sei darauf hingewiesen, dass vor einer nichtlinearen Analyse immer die einfache lineare Analyse des Problems durchgeführt werden sollte. Falls mehrere Typen von Nichtlinearität gleichzeitig vorkommen (z.B. plastisches Material und Kontakt), sollten die nichtlinearen Effekte zuerst einzeln untersucht werden. In unserer Lernaufgabe werden wir, entgegen dieser Regel, direkt mit Nichtlinearitäten arbeiten, weil der begrenzte Umfang dazu zwingt.

Um ein „Gefühl" zu entwickeln, sollte immer zuerst linear gerechnet werden.

4.4.1.1 Aufgabenstellung

Der Batteriekasten soll montiert werden.

Der Batteriekasten des Rak2 sei, wie in der Abbildung dargestellt, mit Kunststoff-Schnappverschlüssen montiert. Dabei klinkt der Deckel an allen vier Seiten mit jeweils einem Schnapphaken in eine Öffnung des Gehäuses ein.

Gegeben sind die Materialeigenschaften des Kunststoffs sowie die Geometrie. Es soll analysiert werden, welchen Beanspruchungen ein Schnapphaken ausgesetzt ist, wenn die Montage durchgeführt wird.

4.4.1.2 Vorbereitungen und Erzeugung der Lösung

↳ Laden Sie die Baugruppe „as_bg_batterie", die das Gehäuse, den Deckel sowie einige weitere Teile enthält.

↳ Schalten Sie dann in die Anwendung „Advanced-Simulation", und

↳ erzeugen Sie über den Simulationsnavigator die Dateistruktur für die Simulation.

↳ Bei der Frage nach den zu verwendenden Körpern wählen Sie die Option „Körper auswählen" (Select Bodies), und selektieren Sie die beiden Geometrien des Deckels und des Gehäuses.

↳ Weiterhin erscheint das Menü „Lösung erzeugen" (Create Solution). Hier wählen Sie für den Lösungstyp die Option „ADVNL 601, 106".

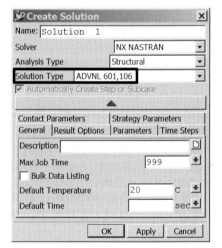

Die Lösungsmethode 601 kann vielfältig eingestellt werden.

Unter „Mehr Optionen" finden Sie Einstellmöglichkeiten für diesen Lösungstyp, die in nachfolgenden Abschnitten erläutert und teils angewandt werden. Zunächst bleiben alle Einstellungen bei ihrer Voreinstellung.

↳ Bestätigen Sie daher alle Voreinstellungen mit „OK".

4.4.1.3 Optionales Importieren der vorbereiteten Geometrie

Der Anwender kann dieses Beispiel vereinfacht durchführen.

Optional können Sie für die schnellere Durcharbeit der Lernaufgabe die beiden Abschnitte „Verändern der Baugruppenposition..." und „Vereinfachen der Geometrie" überspringen. In dem Fall müssen Sie eine Geometriedatei importieren, in der die fertig vereinfachten und positionierten Körper enthalten sind. Außerdem müssen Sie diese zwei Körper der Polygongeometrie zufügen. Gehen Sie dafür folgendermaßen vor, wenn Sie die Geometrie nicht selbst bearbeiten wollen:

- ↳ Für das Überspringen der nächsten zwei Lösungsschritte wechseln Sie in die idealisierte Datei

- ↳ und wählen die Funktion „Datei, Importieren, Parasolid...".

- ↳ Bei der Frage nach dem Dateinamen wählen Sie im Rak2-Verzeichnis die Parasolid-Datei „schnapphakengeometrie" und bestätigen mit „OK".

- ↳ Speichern Sie die Datei.

- ↳ Wechseln Sie nun in die FEM-Datei, und

- ↳ wählen Sie auf dem Knoten der FEM-Datei die Funktion „Bearbeiten",

- ↳ aktivieren Sie den Schalter „Zu verwendende Körper bearbeiten", und

- ↳ selektieren Sie die beiden importierten Geometrien.

- ↳ Deselektieren (Shift+Selektieren) Sie die beiden originalen Körper.

- ↳ Bestätigen Sie mit „OK".

- ↳ Überspringen Sie die beiden nächsten Lösungsabschnitte. Fahren Sie fort mit Abschnitt 4.4.1.6.

4.4.1.4 Verändern der Baugruppenposition im idealisierten Teil

Dieser Lösungsschritt ist nur dann erforderlich, wenn Sie auf Basis der echten Geometrie arbeiten wollen. Andernfalls könnten Sie die vorbereitete Geometrie importieren (Abschnitt 4.4.1.4).

Die Startposition soll der geöffnete Batteriekasten sein.

In der Simulation soll der Deckel vom geöffneten Zustand in den geschlossenen bewegt werden. Jedoch ist die Baugruppe im geschlossenen Zustand konstruiert worden. Diese geschlossene Position aus Sicht der Baugruppe soll auch erhalten bleiben, weil dies für Anwender, die beispielsweise eine Zeichnung der Baugruppe betrachten, erforderlich ist. Die Baugruppe ist das Master-Modell, das für alle nachfolgenden Anwendungen wie Berechnung, Zeichnungserstellung oder Fertigungsunterstützung genutzt werden soll. Falls für unsere Simulation eine andere Position der Teile zueinander benötigt wird, so muss in der idealisierten Datei eine Neupositionierung vorgenommen werden.

Die originale Baugruppenposition des Deckels muss also in der idealisierten Datei überschrieben werden. Aus Sicht der idealisierten Datei gibt es dann eine andere Position als aus Sicht der eigentlichen Baugruppe. Für diese Aufgabe gibt es im NX-System eine Methode, die nachfolgend durchgeführt wird. Gehen Sie folgendermaßen vor:

- ↳ Machen Sie zunächst die idealisierte Datei zum dargestellten Teil.

- ↳ Schalten Sie dann in die Anwendung „Konstruktion" (Modeling), und

- ↳ stellen Sie sicher, dass auch die Anwendung „Baugruppen" (Assemblies) aktiviert ist. Nun haben Sie Zugriff auf die Baugruppenfunktionen.

↳ Öffnen Sie nun den Baugruppennavigator, und selektieren Sie in der Struktur die Komponente des Deckels „as_bat_deckel".

↳ Wählen Sie in dessen Kontextmenü die Funktion „Neu Positionieren" (Reposition). Es erscheint das Menü zum Transformieren der Komponente.

↳ Hier wählen Sie das Register „Optionen", und es erscheint die Ansicht der „variablen Positionierung".

Nutzung der „variablen Positionierung"

Sie erkennen anhand des roten Punkts, dass die Position des Deckels momentan in der Datei „as_bg_batterie" vorgegeben wird. Es wäre aber möglich, die Position in die darüber liegende „as_bg_batterie_fem_1_i" anzuheben, wie in dem Fenster zu erkennen ist.

↳ Dies führen Sie nun durch, indem Sie in dem Fenster die Datei „as_bg_batterie_fem_1_i" selektieren und die Funktion „Variablenpositionierung hinzufügen" ⬆ (Add Variable Positioning) ausführen.

Der rote Punkt wird dann an die höhere Stelle gesetzt, und das Ergebnis sieht wie in der Abbildung dargestellt aus.

↳ Bestätigen Sie mit „OK".

Nachfolgend kann die originale Positionierung des Deckels in der idealisierten Datei, wie gewünscht, überschrieben werden. Gehen Sie dazu folgendermaßen vor:

Der Deckel ist nun für die FEM-Berechnung verschoben.

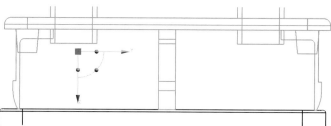

↳ Selektieren Sie erneut die Komponente des Deckels „as_bat_deckel" im Baugruppennavigator, und wählen Sie erneut in dessen Kontextmenü die Funktion „Neu Positionieren" (Reposition).

↳ Aktivieren Sie nun das Register „Transformation". Im Grafikfenster erscheint ein Koordinatensystem, dessen Richtungspfeile Sie mit der Maus nach Belieben ziehen können. Mit dem Ziehen des Pfeils ziehen Sie nun auch den Deckel mit.

↳ Ziehen Sie daher den Deckel nun etwa an die Position, wie in der Abbildung dargestellt. Der Schnapphaken sollte kurz vor dem Kontaktpunkt mit dem Gehäuse stehen.

↳ Bestätigen Sie mit „OK", und die Neupositionierung, ausschließlich für Zwecke der Simulation, ist erfolgreich durchgeführt.

↳ Wechseln Sie wieder in die Anwendung „Advanced-Simulation", und prüfen Sie die alte Position, indem Sie das Master-Teil im Simulationsnavigator zum dargestellten Teil machen.

↳ Wechseln Sie dann wieder in das idealisierte Teil, und die neue Position ist wieder aktiv.

4.4.1.5 Vereinfachen der Geometrie

Dieser Lösungsschritt ist nur dann erforderlich, wenn Sie auf Basis der echten Geometrie arbeiten wollen. Andernfalls könnten Sie die vorbereitete Geometrie importieren (Abschnitt 4.4.1.3).

Die Geometrie des Deckels und des Gehäuses sollten nun idealisiert werden, damit auf der einen Seite die Anzahl der finiten Elemente gering gehalten werden kann, aber andererseits sich die verbleibende Geometrie nicht wesentlich von den Steifigkeitseigenschaften der originalen Geometrie unterscheidet.

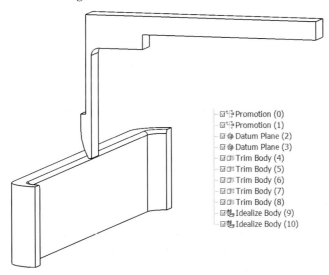

Der Batteriekasten und Schnapphaken werden für die FEM-Analyse vereinfacht. Dazu werden einige CAD-Operationen durchgeführt.

Die Forderung nach geringer Anzahl von finiten Elementen wird umso dringlicher, je mehr es zu nichtlinearen Effekten kommt, die berücksichtigt werden müssen, weil hierdurch die Rechenzeiten enorm anwachsen. Es gilt daher, einen sinnvollen Kompromiss zu finden.

Darüber hinaus wäre es vorteilhaft, wenn die idealisierte Geometrie mit Hexaeder-elementen statt Tetraedern vernetzt werden könnte, weil hierdurch eine größere Gleichmäßigkeit der Vernetzung und eine bessere Genauigkeit erreicht werden kann. Eine Vernetzung mit Hexaederelementen ist immer dann möglich, wenn ein Volumenkörper „sweepfähig" ist, d.h., wenn er eine Fläche besitzt, die mit Vier-ecken besetzt, durch den ganzen Körper gezogen werden kann. Auf diese Weise entstehen dann die Hexaeder- oder Quaderelemente.

Die Geometrien unseres Beispiels könnten beispielsweise auf die in der Abbildung dargestellte Weise vereinfacht werden. Dabei würde die Steifigkeit der Originalgeo-metrie weitgehend erhalten bleiben, und die Möglichkeit zur Hexaedervernetzung würde für beide Teile bestehen.

➧ Führen Sie daher nun Geometrieoperationen in der idealisierten Datei aus, um eine entsprechende Geometrie zu erhalten.

➧ Speichern Sie die Datei.

4.4.1.6 Entfernen von störenden Kanten

An der idealisierten Geometrie des Gehäuses existieren momentan noch ein paar Kanten, die eine Hexaedervernetzung verhindern würden. Dies ist in der Abbildung dargestellt. Die Störung ist folgendermaßen zu erklären: Die Hexaedervernetzung wird zunächst auf der Sweepfläche, die vom Anwender vorgegeben wird, Vierecke erzeugen. Dann werden diese Vierecke entlang des Körpers gezogen, indem die Kanten des Körpers als Führungen genutzt werden. Diese Führungskanten dürfen dabei nicht unterbrochen oder verzweigt sein, weil sonst die Führungsrichtung nicht eindeutig ist. Daher müssen die in der Abbildung gekennzeichneten sechs Kanten entfernt werden. Dies geschieht am einfachsten am Polygonmodell.

Für Hexaedervernetzung müssen Geometrien vorliegen, die „sweepfä-hig" sind.

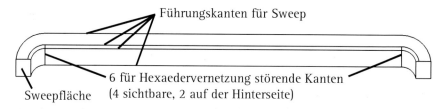

Führungskanten für Sweep

6 für Hexaedervernetzung störende Kanten
Sweepfläche (4 sichtbare, 2 auf der Hinterseite)

Gehen Sie daher folgendermaßen vor:

➧ Machen Sie die FEM-Datei zum dargestellten Teil.

➧ Wählen Sie dann die Funktion „Fläche vereinigen" (Merge Faces),

➧ selektieren Sie die sechs störenden Kanten, und bestätigen Sie.

Die Kanten werden aus dem Polygonmodell entfernt, und es entsteht ein mit Hexa-edern vernetzbarer Körper.

4.4.1.7 Hexaedervernetzung und Verfeinerung

Für die erfolgreiche Vernetzung dieses Kontaktproblems sind nachfolgende Aspekte zu berücksichtigen:

Der Körper, an dem die Spannungsergebnisse im Wesentlichen interessieren, ist der Schnapphaken. Weiterhin interessieren hier die Spannungen besonders im Biegebereich. Daher soll hier eine relativ feine Vernetzung angestrebt werden. Am restlichen Bereich des Schnapphakens soll möglichst grob vernetzt werden.

Im Kontaktbereich selber interessieren die Spannungen nicht, daher könnte hier grob vernetzt werden. Jedoch hat der Kontaktalgorithmus erfahrungsgemäß Schwierigkeiten mit nicht glatten Kontaktflächen, wie sie entstehen, wenn beispielsweise eine Verrundung sehr grob vernetzt wird. Daher soll im Bereich des Kontakts eine verfeinerte Vernetzung angestrebt werden, die möglichst glatte Kontaktflächen bringt.

Zunächst muss eine Systemvoreinstellung geändert werden:

- Wählen Sie in der Menüleiste „Voreinstellungen, Gitter..." (Preferences, Meshing).

- Tragen Sie unter „Toleranz von winzigen Kanten" (Tiny Edge Tolerance) den Wert 0,1 ein, und bestätigen Sie mit „OK".

Diese Einstellung bewirkt, dass keine zu kleinen Elemente erstellt werden. Die Voreinstellung von „1" verhindert allerdings, dass ein feines Netz erstellt werden kann.

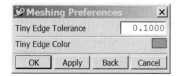

Eine Systemvoreinstellung bewirkt, dass keine zu kleinen Elemente erzeugt werden können.

Für die Vernetzungsvorbereitung des Gehäuses gehen Sie dann folgendermaßen vor:

- Rufen Sie den „Attributeditor" auf, und selektieren Sie die kleine Verrundungskante entsprechend der Abbildung.

- Um beispielsweise vier Elementflächen auf dieser Kante zu erhalten, stellen Sie im Attributeditor die Option „Kantendichtetyp" (Edge Density Type) auf „Nummer" und tragen unter „Kantendichte" (Edge Density) den Wert 4 ein.

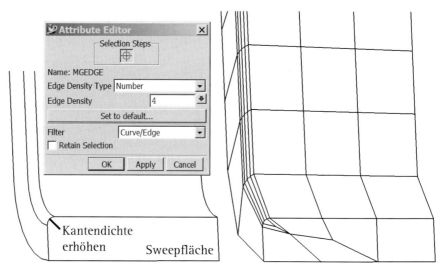

Die Verrundung, an welcher der erste Kontakt auftritt, sollte feiner vernetzt werden.

Kantendichte erhöhen   Sweepfläche

↳ Für die anschließende Vernetzung rufen Sie die Funktion „Gitter mit 3D-Extrusion" 🗗 (3D-Swept Mesh) auf und selektieren die beschriebene Sweepfläche.

↳ Als „Gittertyp" (Mesh Type) wählen Sie Elemente ohne Mittelknoten, d.h. die Option „CHEXA8". Für Kontaktanalysen werden Elemente ohne Mittelknoten empfohlen, wobei auch die anderen möglich sind.

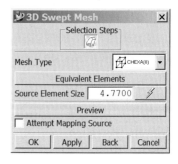

↳ Um einen geeigneten Wert für die „Größe des Quellenelements" (Source Element Size) zu finden, wählen Sie die Funktion zum automatischen Ermitteln einer geeigneten Elementgröße 🗲 .

↳ Bestätigen Sie mit „OK", und die Vernetzung wird erstellt.

Weiterhin ist die Hexaedervernetzung des Schnapphakens zu erstellen. Gehen Sie dafür folgendermaßen vor:

Ansonsten kann das Gehäuseteil, an dem Spannungen nicht interessieren, grob vernetzt werden.

↳ Um die erforderliche Grobheit des Netzes im restlichen Bereich zu erhalten, definieren Sie mittels des „Attributeditors" auf den in der Abbildung dargestellten Kanten eine Kantendichte von beispielsweise 4.

↳ Daraufhin erstellen Sie mit der Funktion zur Hexaedervernetzung ein Netz mit der Elementgröße von beispielsweise dem Wert 0,27.

Auf diese Weise sollten Sie eine doppelte Elementschicht im Biegebereich des Schnapphakens erreichen (siehe Abbildung). So eine doppelte Elementschicht ist mindestens erforderlich, um Spannungen in diesem Bereich abzuschätzen.

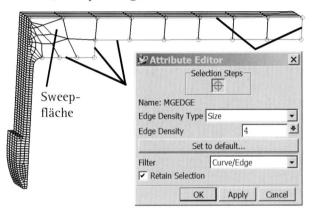

Sweep-
fläche

Die Geometrie des Schnapphakens muss feiner vernetzt werden, weil hier Spannungsergebnisse interessieren.

4.4.1.8   Definition der Materialeigenschaften

Das Material der beiden Körper soll glasfaserverstärkter Polypropylen sein. Dieser Werkstoff ist in der Materialbibliothek des NX-Systems unter der Kategorie „Kunststoffe" zu finden. Andernfalls können Sie das Material auch manuell definieren. Die wichtigen Eigenschaften sind die folgenden:

-   Dichte: 1,2e-6 Kg/mm^3,

-   E-Modul: 3000 N/mm^2 sowie

-   Poisson: 0,4

❧   Weisen Sie das Material „Polypropylen GF" mit Hilfe des Materialeditors den beiden Körpern zu.

4.4.1.9   Definition der Kontaktflächen

❧   Für die Kontaktflächendefinition und die weiteren Randbedingungen machen Sie die Simulationsdatei zum dargestellten Teil.

Bei der Kontaktdefinition gilt die Empfehlung, dass der feiner vernetzte Flächenbereich zuerst selektiert und damit in die Gruppe der „Source-Region" aufgenommen wird. Der gröber vernetzte Bereich soll als zweites selektiert werden und in die Gruppe der „Target-Region" gehören.

❧   Rufen Sie die Funktion „Fläche-zu-Fläche-Kontakt" 🗔 (Surf to Surf Contact) auf, und

❧   selektieren Sie mit dem ersten Selektionsschritt die beiden Flächen des Schnapphakens, die in Berührung kommen können.

↳   Schalten Sie dann auf den Selektionsschritt für die „Target-Region", und selektieren Sie die beiden Flächen des Gehäuses.

Den Reibwert und alle anderen Einstellungen des Menüs lassen Sie zunächst wie voreingestellt, weil hier keine Änderungen erforderlich sind. Nach Belieben können Sie später den Reibwert verändern und die Rechnung wiederholen, um Unterschiede zu erkennen.

Beim Kontakt sollte die feinere Seite zuerst selektiert werden.

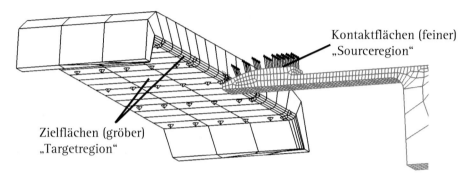

Kontaktflächen (feiner) „Sourceregion"

Zielflächen (gröber) „Targetregion"

↳   Bestätigen Sie mit „OK", und das Kontaktelement wird erzeugt.

4.4.1.10 Definieren eines zeitabhängigen Verfahrwegs

Die Montage des Schnappverschlusses wird in zeitliche Inkremente aufgeteilt.

Eine der Eigenschaften der Lösung 601 ist es, dass zeitabhängige Randbedingungen aufgebracht werden können. Die Zeit wird dann schrittweise anhand des definierbaren Zeitschritts durchlaufen. In den meisten Fällen der Lösung 601 ist es sogar zu empfehlen, eine Verfahrkraft oder den Verfahrweg zeitabhängig zu definieren, weil auf diese Weise sanfte Übergänge von einem Zeitschritt zum nächsten erreicht werden, die wiederum das Konvergenzverhalten der Lösung unterstützen.

Aus diesem Grunde soll auch in diesem Beispiel ein zeitabhängiger Verfahrweg definiert werden, der den Schnapphaken von seiner Ausgangslage bis in die geschlossene Position fährt. Nachfolgend ist das Vorgehen dafür erläutert:

Zunächst sollten Sie nachsehen, welcher Zeitraum in der Lösung durchfahren wird. Dieser Zeitraum ist eine voreingestellte Größe, die Sie lediglich sicherheitshalber nachprüfen. Gegebenenfalls können Sie den Zeitraum auch ändern.

↳   Wählen Sie dazu im Kontextmenü des Lösungselements die Funktion „Solution Attributes", und

↳   wählen Sie im nachfolgenden Menü das Register „Time Steps".

↳   Hier erkennen Sie, dass die Anzahl der Zeitschritte (Number of Time Steps) auf 10 eingestellt ist und das Zeitinkrement (Time Increment) 1 sec beträgt.

↳   Es ergibt sich daraus ein Zeitraum der Simulation von zehn Sekunden. Für diesen Zeitraum muss nachfolgend der Verfahrweg definiert werden.

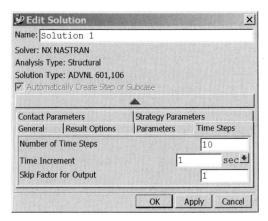

Die Lösung 601 hat Voreinstellungen für das Zeitinkrement und die Anzahl der Schritte.

Ein Verfahrweg entspricht einer vorgegebenen Randbedingung. Dies kann im NX-System über die Funktion „Erzwungene Verschiebungsrandbedingung" (Enforced Displacement Constraint) definiert werden, wobei auch die Funktion „User Defined Constraint" möglich wäre.

↳ Rufen Sie daher die Funktion „Erzwungene Verschiebungsrandbedingung" aus der Gruppe der Randbedingungsarten auf.

Die Funktion für den Verfahrweg wird im NX-System definiert. Dabei wird von einer Randbedingung ausgegangen.

Unter „Type" gibt es verschiedene Optionen für die Definition der Verschiebungsrichtung. Sinnvoll ist die Nutzung der Option „Komponente", bei der in den Koordinatenrichtungen alle Freiheitsgrade getrennt eingestellt werden können. In unserem Fall ist die z-Richtung entscheidend, daher muss dieses Feld mit dem zeitabhängigen Weg ausgefüllt werden.

↳ Stellen Sie den „Type" auf „Komponente".

↳ Für den zeitabhängigen Weg wählen Sie die erweiterten Optionen ⬇ für die Tz-Richtung.

↳ Hier wählen Sie die Option „Vorhandenes Feld verbinden" (Link Existing Field) und erzeugen nachfolgend ein Feld für die gewünschte Verschiebung.

↳ Zur Definition des Felds ist es am einfachsten, eine Tabelle zu verwenden, daher wählen Sie im nächsten Menü die Funktion „Tabellenbasiertes Feld erzeugen" ▦ (Create Table Based Field).

Der Verfahrweg wird über eine Tabelle definiert.

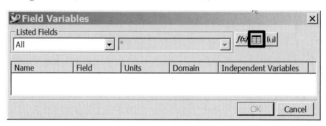

↳ Im folgenden Menü „Tabellenfeld erzeugen" (Create Table Field) geben Sie einen beliebigen Namen, beispielsweise „Verschiebungsfeld", an.

↳ Nun ist es erforderlich, dass für die Tabelle zunächst die unabhängige Variable, d.h. die Zeit, definiert wird, daher wählen Sie die Option „Unabhängige Variable einfügen" ᴵⁱ (Insert Independent Variable), und

↳ wählen Sie im nächsten Menü unter „Einheitstyp" (Unit Type) „Zeit" (Time) und bestätigen mit „OK".

Die unabhängige Variable ist die Zeit.

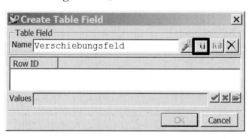
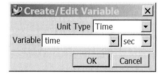

↳ Wieder zurück im Menü „Tabellenfeld erzeugen" (Create Table Field) wählen Sie nun mit der Funktion „Abhängige Variable" ⁽ⁱ·ⁱ⁾ (Dependent Variable) die abhängige Größe.

↳ Dazu stellen Sie im nächsten Menü die Option „Einheitstyp" (Unit Type) auf „Länge" (Length), weil es sich um einen Weg handeln soll.

Die abhängige Variable ist der Weg.

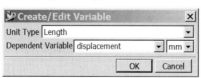

🔖 Bestätigen Sie mit „OK", und Sie kommen zurück in das Menü „Tabellenfeld erzeugen" (Create Table Field).

Nun sind die Überschriften der Spalten mit den vorher definierten Variablen ausgefüllt, und es können die Tabellenwerte vergeben werden, die in der Abbildung bereits vergeben sind.

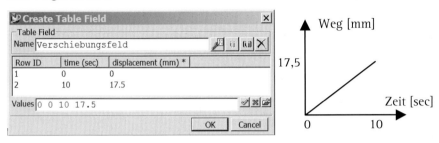

Der Verfahrweg kann in Form von Wertepaaren eingegeben werden.

🔖 Um eine lineare Funktion zu erzeugen, die zum Zeitpunkt null den Wert null und zum Zeitpunkt 10 sec den maximalen Verfahrweg von 17,5 mm hat, geben Sie die beiden Wertepaare nacheinander in das untere Feld für die Werte ein (siehe Abbildung) und bestätigen mit dem grünen Haken ✓. Daraufhin werden die Werte in die Tabelle übernommen.

🔖 Bestätigen Sie mit „OK", und Sie werden in das vorherige Menü „Feldvariablen" (Field Variables) geführt.

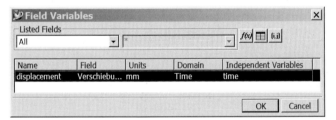

Es können auch mehrere solche Tabellen erzeugt werden.

🔖 Hier selektieren Sie die neu erstellte Tabelle und bestätigen mit „OK".

Damit erreichen Sie schließlich wieder das Menü zur Definition der Randbedingung. Im Feld für Tz ist nun formell das zeitabhängige Feld eingetragen.

🔖 In diesem Menü fehlt noch die Selektion der Fläche, auf der diese Bedingung wirken soll. Die beste Möglichkeit für diese Randbedingung ist die Auswahl der in der Abbildung dargestellten Fläche. Dies entspricht etwa einem Zudrücken des Hakens von der Mitte des Deckels aus.

🔖 Um weitere Bewegungsmöglichkeiten des Deckels zu verhindern, tragen Sie unter den Freiheitsgraden für die translatorischen Richtungen entsprechend der Abbildung die Werte null ein. Eine Verschiebungsbedingung mit der Größe null entspricht gerade einem Festhalten dieser Richtung.

Die neu erstellte Tabelle
wird der Randbedingung
zugewiesen.

✦ Abschließend bestätigen Sie mit „OK", und die zeitabhängige Verschiebungsrandbedingung wird erstellt.

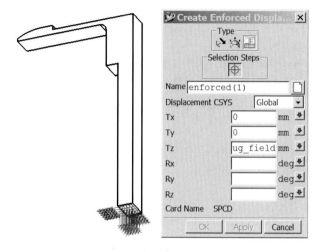

4.4.1.11 Definieren der weiteren Randbedingungen

✦ Zusätzlich zu der zeitlich veränderlichen Verschiebung ist lediglich eine Fixierung des Gehäuses erforderlich, die entsprechend der Abbildung vorgenommen
wird.

Das Gehäuse wird fest
eingespannt.

fixe Einspannung

4.4.1.12 Aktivierung der Option für große Verformungen

Für dieses Beispiel soll die Lösung unter Berücksichtigung von großen Verformungen durchgeführt werden.

✦ Aktivieren Sie die Option, indem Sie das Lösungselement im Simulationsnavigator selektieren und im Kontextmenü die Option „Solution Attributes" ausführen.

✦ Im erscheinenden Menü wird im Register „Parameter" die Option „Große Verdrängungen" (Large Displacements) aktiviert.

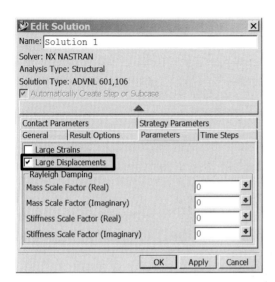

In der Lösung 601 wird die Option für nichtlineare Geometrie bzw. große Verformungen aktiviert.

4.4.1.13 Lösungsversuch ohne automatisches Zeitschrittverfahren

Nach Voreinstellung ist keines der verfügbaren automatischen Zeitschrittverfahren aktiviert. Daher soll zunächst ein Lösungsversuch mit allen Voreinstellungen unternommen und die Ergebnisse interpretiert werden. Im nächsten Abschnitt folgt dann die Nutzung des automatischen Zeitschrittverfahrens ATS (Auto Time Stepping).

↳ Führen Sie daher mit der Funktion „Lösen" (Solve) die Lösung durch, und betrachten Sie hinterher die Ergebnisse im Postprozessor.

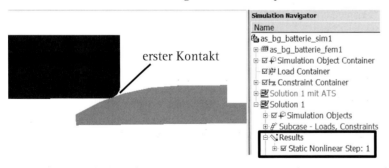

erster Kontakt

Beim ersten Kontakt bricht die Lösung ab, wenn kein automatisches Zeitschrittverfahren genutzt wird.

Unter den Results ist zu erkennen, dass lediglich ein Zeitschritt (Static Nonlinear Step: 1) durchgeführt wurde, obwohl zehn Schritte vorgeschrieben waren. Weiterhin ist bei nicht übertriebener Darstellung der Verformung zu erkennen, dass der erste Zeitschritt bis kurz vor den ersten Kontakt geführt wurde. Offenbar wurde die Rechnung vorzeitig, aufgrund des auftretenden Kontakts, abgebrochen.

4.4.1.14 Interpretation des Lösungsverlaufs anhand der f06-Datei

Die f06-Datei gibt Aufschluss über den Verlauf der Lösung sowie auftretende Fehler.

Es gilt nun herauszufinden, warum die Rechnung nicht weitergeführt werden konnte und dabei gibt die f06-Datei der Nastran-Analyse Aufschluss. (Datei im Arbeitsverzeichnis mit der Erweiterung „f06".) In der f06-Datei werden, neben vielen anderen Informationen, alle erfolgreich oder auch nicht erfolgreich ausgeführten Zeitschritte beschrieben. Der Beginn eines Zeitschritts ist an der folgenden Zeile zu erkennen:

STEP NUMBER = 1 (TIME STEP = 0.10000E+01 SOLUTION TIME = 0.10000E+01)

Diese Zeile bedeutet, dass der erste Zeitschritt (Step Number) berechnet wird, dass dafür ein Zeitinkrement (Time Step) von 1 vorgenommen wird und dass die Gesamtzeit des Zeitraums (Solution Time) bisher 1 beträgt.

Es folgen Aufstellungen über die Gleichgewichtsschritte (Equilibrium Iterations), die unternommen wurden, um für diesen Zeitschritt eine gültige, d.h., konvergente Lösung zu erhalten. Nur wenn die Konvergenzparameter kleiner werden wie die in den Einstellungen der Lösung voreingestellten Werte, ist dieser Zeitschritt zulässig. In den Einstellungen der Lösung ist ebenfalls voreingestellt, dass die Lösung abgebrochen wird, falls nach 15 Gleichgewichtsschritten noch keine Konvergenz vorliegt.

Aus den Informationen in der f06-Datei kann daher abgelesen werden, dass der erste Zeitschritt mit wenigen Gleichgewichtsschritten erfolgreich abgeschlossen werden konnte. Es folgt der zweite Zeitschritt, der nach 15 Iterationen mit der nachfolgenden Meldung abgebrochen wird:

Hier werden die Gleichgewichtsiterationen dokumentiert.

EQUILIBRIUM ITERATION IN TIME STEP =   2

NUMBER OF ITERATIONS =   15

ITERATION LIMIT REACHED WITH NO CONVERGENCE

      *** S T O P ***

No convergence, iteration limit reached, automatic time stepping might help

Der vorzeitige Abbruch der Rechnung ist an nachfolgender Erklärung plausibel zu machen: Die Schrittgröße von einer Sekunde in Verbindung mit der zeitabhängigen Verschiebung von 17,5 mm in zehn Sekunden führt zu einem Verfahrweg des Schnapphakens von 1,75 mm pro Zeitschritt. Der erste Zeitschritt konnte problemlos ausgeführt werden, weil es dabei noch nicht zum Kontakt der beiden Teile kam. Während des zweiten Zeitschritts wäre es zum Kontakt gekommen, jedoch hätte die aufgezwungene Verschiebung zu einer relativ großen Überschneidung geführt. Diese Überschneidung konnte in den nachfolgenden Gleichgewichtsschritten nicht ausgeglichen werden.

4.4.1.15 Steuerparameter zur Erreichung einer konvergenten Lösung 601

Um die Bedingungen für die erfolgreiche Durchführung der kompletten Lösung zu verbessern, sind eine Reihe von Steuerparametern verfügbar. In diesem Abschnitt werden einige dieser Parameter beschrieben, wobei nur ein kleiner Einblick in die umfangreichen Steuerparameter der Lösung 601 gegeben werden kann. Eine vollständige Darstellung aller Einstellungen und Empfehlungen kann unter [n4_adv_nonlinear] nachgelesen werden.

Die zugehörigen Parameter sind immer im Kontextmenü des Lösungselements unter der Option „Solution Attributes" zu finden.

- *Anzahl der Gleichgewichtsschritte erhöhen*: Die Anzahl der möglichen Gleichgewichtsschritte kann erhöht werden, um die Lösungsbedingungen zu verbessern. Dies ist insbesondere dann zu empfehlen, wenn abzusehen ist, dass die Konvergenzparameter mit den voreingestellten 15 Schritten nahezu erreicht worden sind. Die zugehörige Voreinstellung „Maximum Iterations per Time Step" finden Sie unter den Lösungsattributen unter dem Register „Strategy Parameters" und weiter unter der Filteroption „Equilibrium".

Möglichkeiten, um die Bedingungen für die Lösung zu verbessern

- *Anzahl der Zeitschritte erhöhen*: Eine Vergrößerung der Anzahl der Zeitschritte verbessert die Bedingungen für die Lösungsfindung erheblich, allerdings führt es auch zu erheblich größeren Rechenzeiten. Den zugehörigen Parameter „Number of Time Steps" finden Sie unter dem Register „Time Steps".

- *Nutzung des ATS*: Die Nutzung des automatischen Zeitschrittverfahrens ATS ist eine sehr empfehlenswerte Option, besonders bei Vorhandensein von Kontakt. Das Verfahren erlaubt, dass ein Zeitschritt, der nicht konvergiert, automatisch verkleinert und wiederholt wird.

Allgemein	Ergebnisoptionen		Parameter
Time Steps	Contact Parameters		Strategy Parameters

Filter

Strategy Parameters	Equilibrium ▾
Use Line Searches	Automatically Set ▾
Lower Bound for Line Search	0.001
Upper Bound for Line Search	2
Maximum Iterations per Time Step	**15**
Convergence Criteria Based on	Energy ▾
Relative Energy Tolerance	**0.001**
Relative Force Tolerance	0.01
Reference Force	
Reference Moment	
Relative Contact Force Tolerance	**0.05**
Relative Displacement Tolerance	0.01
Reference Translation	
Reference Rotation	
Line Search Convergence Tolerance	0.5
Reference Contact Force	0.01
Line Search Energy Threshold	0

Auf der anderen Seite wird ein Zeitschritt auch vergrößert, wenn der vorher durchgeführte problemlos abgelaufen ist. Auf diese Weise kann an problematischen Bereichen der Zeitschritt sehr fein eingestellt werden, und trotzdem wird in den übrigen Bereichen mit grobem Zeitschritt gearbeitet und daher keine Rechenleistung verschenkt. Der Einsatz des ATS wird im nächsten Abschnitt weiter beschrieben.

- *Vergröbern der Konvergenzparameter*: Diese Methode führt zu einer leichteren Konvergenzfindung, allerdings auch zu einer ungenaueren Lösung und ist daher nur bedingt zu empfehlen. Die beiden Konvergenzparameter, die nach Voreinstellung für die Prüfung herangezogen werden, sind unter dem Register „Strategy Parameters", „Relative Energy Tolerance" und „Relative Contact Force Tolerance" zu finden.

- *Zulassen geringer Kontaktdurchdringung*: Falls geringe Durchdringung der Kontaktflächen zugelassen werden kann, ist der Parameter „Compliance Factor" sehr wirksam, um die Bedingungen für eine konvergente Lösung zu verbessern. Der Parameter ist unter dem Register „Contact Parameters" zu finden. Je größer der Wert, desto mehr Durchdringung wird zugelassen. Die Durchdringung kann an den Ergebnissen visuell nachgeprüft werden.

- *Reibungsfreien Kontakt verwenden*: Der Einsatz des Reibkoeffizienten führt in der Regel zu schlechteren Bedingungen für die Lösungskonvergenz. Falls die Reibung nicht sehr wichtig ist, kann daher ein Weglassen des Reibwerts bzw. ein Nullsetzen zu einer erfolgreichen Lösung führen. Der Reibwert wird bei der Erzeugung oder Editierung des Kontaktbereichs vergeben.

4.4.1.16 Weitere Empfehlungen für konvergente Lösungen

Allgemein kann ausgesagt werden, dass bei nichtlinearen Berechnungen alle physikalischen Größen sinnvoll und realistisch gewählt werden müssen. Während bei den linearen Rechnungen auch unsinnige Eingabegrößen zu einem Ergebnis führen, das dann evtl. unsinnig ist, führen unrealistische Eingabegrößen in der nichtlinearen Berechnung meist dazu, dass gar keine Lösung gefunden wird. Daher sollten alle Eingabegrößen der Analyse kritisch bzgl. ihrer Realitätsnähe geprüft werden, wenn eine Rechnung keine konvergente Lösung bringt. Einige Anhaltspunkte für die kritische Prüfung sind nachfolgend aufgeführt:

- Ist der Elastizitätsmodul korrekt eingestellt?

- Sind die Kontaktflächen realistisch? D.h., sind beispielsweise keine Spitzen vorhanden?

- Sind die aufgebrachten Bewegungsgrößen und Kräfte realistisch?

4.4.1.17 Lösung mit automatischem Zeitschrittverfahren

Das automatische Zeitschrittverfahren (ATS, Auto-Time-Stepping) kontrolliert die Zeitschrittgröße unter dem Gesichtspunkt, eine konvergente Lösung zu erhalten. Falls mit der vom Anwender vorgegebenen Zeitschrittgröße keine Konvergenz erreicht werden kann, unterteilt das Programm automatisch die Zeitschrittgröße, bis

Konvergenz erreicht wird. In manchen Fällen wird der Zeitschritt auch vergrößert, damit die Lösung beschleunigt wird.

Das ATS wird aktiviert, indem unter den Attributen des Lösungselements unter dem Register „Strategy Parameters" der Filter auf „Analysis Control" gestellt und die Option „Automatic Incrementation Scheme" auf „ATS" eingestellt wird.

Die Einstellungen für das ATS sind mit der Filteroption „ATS Scheme" zu finden. In der Abbildung sind die Voreinstellungen des ATS dargestellt, die in unserem Fall genutzt werden sollen. In manchen Fällen ist es jedoch sinnvoll, die nachfolgend erklärten Steuerparameter anzupassen. Eine vollständige Erklärung zu allen Steuerparametern kann unter [n4_qrg] nachgelesen werden.

Das automatische Zeitschrittverfahren sollte meistens genutzt werden.

Hier ist der „Division Factor" von Bedeutung, der angibt, wie fein ein Zeitschritt unterteilt wird, wenn er nicht zur Konvergenz geführt hat. Die feinste mögliche Unterteilung eines Zeitschritts ergibt sich aus dem vorgegebenen Zeitschritt geteilt durch den Parameter „Smallest Time Step Size Number".

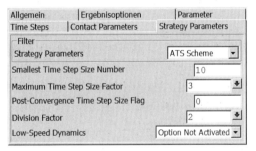

Funktionsweise des ATS

Falls ein Zeitschritt erfolgreich berechnet werden konnte, muss entschieden werden, wie groß der nachfolgende Zeitschritt werden soll. Der Flag „Post-Convergence Time Step Size Flag" bestimmt, wie in diesem Fall vorgegangen werden soll:

- 0: Die Einstellung wird vom Programm gewählt: 2, falls Kontakt vorhanden ist, ansonsten 1.

- 1: Der letzte Zeitschritt, der zur Konvergenz geführt hat, wird nochmals genutzt.

- 2: Der vom Anwender vorgegebene originale Zeitschritt wird genutzt.

- 3: Ein Zeitschritt wird ermittelt, so dass die Solution Time mit der originalen Solution Time übereinstimmt, die vom Anwender vorgegeben wurde.

Falls ein Zeitschritt vergrößert werden soll, so gibt der Faktor „Maximum Time Step Size Factor" die maximale Vergrößerung an.

✦ Weil für unser Beispiel die Voreinstellungen des ATS genutzt werden sollen, aktivieren Sie lediglich das ATS (zu finden unter: Lösungsattribute, Strategieparameter, Automatisches Inkrementierungsschema)

✦ und führen die Lösung mit „Solve" erneut aus.

Mit dem ATS konnte die Lösung vollständig durchgeführt werden.

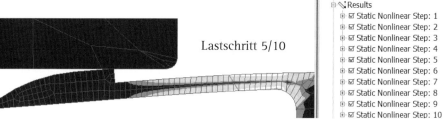

Lastschritt 5/10

Abbildung bunt: Seite 320

Es ergibt sich in der Lösung, dass alle vorgesehenen zehn Lastschritte berechnet worden sind. Die Abbildung zeigt beispielsweise den fünften Lastschritt, bei dem der Schnapphaken bereits auf der Gehäusefläche rutscht. Hier können nun die Spannungen und Reaktionskräfte abgelesen werden. Beim zehnten Lastschritt ist der Schnapphaken in die Öffnung eingeschnappt und hat seine Ruheposition erreicht.

✦ Um eine Animation des gesamten Verfahrwegs zu betrachten, muss, entsprechend der Abbildung, die Funktion „Animation" 🔩 derart eingestellt werden, dass die Option unter „Animate" auf „Iteration" gestellt wird,

Der gesamte Verfahrweg des Schnapphakens kann dargestellt werden.

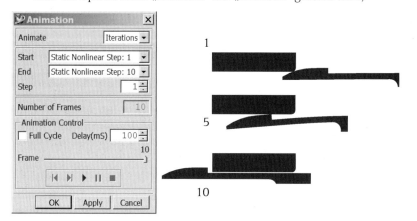

✦ Daraufhin kann die Funktion „Spiel" ▶ (Play) gestartet werden, und der vollständige Verfahrweg des Schnapphakens wird animiert dargestellt.

5 Advanced-Simulation (CFD)

Mit NX Advanced-Simulation CFD können Aufgaben der Strömungsmechanik, komplexe thermische Probleme sowie gekoppelte thermische / Fluid-Aufgaben gelöst werden. Dies ermöglicht je ein Solver für thermische und für Fluidberechnungen, die im Bedarfsfall miteinander gekoppelt werden können. Damit lässt sich schließlich auch die dritte Unterteilung der Mechanik im NX-System behandeln, nachdem die Werkzeuge „Motion-Simulation" Starrkörpermechanik und „Design"- bzw. „Advanced-Simulation" Strukturmechanik, behandeln.

In diesem Buch beschränken wir uns auf den Fluid-Solver und die erforderliche Methodik dafür.

Dreiteilung der Mechanik

- Mechanik -

Starre Körper	Flexible Körper	Fluide
Starrkörpermechanik	Strukturmechanik	Strömungsmechanik
MKS (Mehr-Körper-Systeme)	FEM (Finite-Elemente-Methode)	CFD (Computational Fluid Dynamics)

Da Advanced-Simulation vollständig in das NX-System integriert ist, können bei der Vernetzung dieselben Werkzeuge und Methoden eingesetzt werden wie auch bei der Strukturanalyse mit FEM. Bei der Erstellung und Vorbereitung von Geometrie werden selbstverständlich ebenfalls die bekannten Methoden aus dem CAD-Bereich angewandt. Dies erleichtert die Anwendung für den Neueinsteiger erheblich. Darüber hinaus lassen sich die entstehenden Daten im PDM-System Teamcenter Engineering speichern und gemeinsam mit der Konstruktion verwalten.

Die Anwendung für CFD-Analysen ist in die normale Oberfläche des NX-Systems integriert.

Es soll nicht verschwiegen werden, dass es sich bei Strömungen und der angewandten Lösungsmethode CFD[6] um sehr komplexe Aufgaben handelt, die in der Praxis nicht ohne elementare Kenntnisse der Strömungsmechanik und numerischen Methoden angewandt werden sollten. Aufgrund des nichtlinearen Charakters ergeben sich nur sinnvolle und konvergente Lösungen, wenn die Eingabegrößen realistisch gewählt werden. Ein Abgleich mit Versuchsergebnissen muss in vielen Fällen vorgenommen werden, um die Ergebnisse abzusichern.

Anwender sollten Vorkenntnisse mitbringen.

Nachfolgend werden zunächst einige Prinzipien erläutert, die ein Basisverständnis zu den theoretischen Hintergründen vermitteln. Daraufhin folgt ein Lernbeispiel, an dem die Methodik für Strömungsanalysen an Tragflügelprofilen gezeigt wird.

---

[6] Computational Fluid Dynamics

5 Advanced-Simulation (CFD)

5.1 Prinzip der numerischen Strömungsanalyse

Bei Strömungsanalysen werden die grundlegenden Erhaltungsgleichungen für Masse, Impuls[7] und Energie gelöst. Ein etabliertes numerisches Lösungsverfahren für die drei oben genannten Transportgleichungen ist die Finite-Volumen-Methode (FVM), die hier genutzt wird.

Bilanzierung der Erhaltungsgrößen über Zellen

Das Prinzip der Finite-Volumen-Methode ist folgendes: Zunächst wird das Gebiet, auf dem die Gleichungen untersucht werden sollen, in eine endliche (finite) Zahl an Gitterzellen (die Volumen) zerlegt. In jeder dieser Zellen gelten die Erhaltungssätze (Transportgleichungen). Die Veränderung einer erhaltenen Größe (z.B. der Energie) in einer Zelle kann also nur durch Ab- oder Hinzufließen (oder in Spezialfällen durch Quellen/Senken) über den Rand der Zelle passieren.

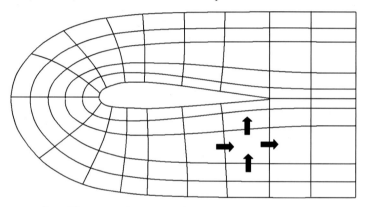

Berechnet man diese Flüsse – oder zumindest eine gute Approximation, lässt sich so ein Gleichungssystem aufstellen, das die Veränderung mit der Zeit in den Zellen beschreibt. Dieses System von Gleichungen wird schließlich mit numerischen Methoden näherungsweise gelöst.

Breite Anwendung ist erst seit den 90er Jahren möglich.

Breite Anwendungen von Strömungsanalysen mit FVM sind wegen dem hohen Berechnungsaufwand erst durch intensive Hardwarenutzung möglich geworden. Daher gibt es erst seit Anfang der 90er Jahre die sinnvolle Nutzung.

Der wesentliche Vorteil im Vergleich zu experimentellen Messungen beispielsweise in Windkanälen, ergibt sich aus der räumlichen (und auch zeitlichen) Auflösung der Größen (Druck und Geschwindigkeit).

---

[7] Die Impuls-Erhaltungsgleichung ist auch unter dem Namen Navier-Stokes-Gleichung bekannt.

5.2 Lernaufgaben (NX-Flow)

5.2.1 Strömungsverhalten und Auftrieb am Flügelprofil

Die Flügel am Rak2 sollten ehemals dafür sorgen, dass der Wagen bei größeren Geschwindigkeiten nicht abhebt. Um den nötigen Abtrieb zu erzeugen, wurden sie mit negativem Winkel gegen den Fahrtwind angestellt, wie in dem CAD-Modell zu erkennen ist. Später erst stellte sich heraus, dass die positive Wölbung der Flügel eher zu Auftrieb als Abtrieb neigt und daher eine negative Wölbung geeigneter gewesen wäre.

Die Flügel sollten den Rak2 ehemals am Boden halten.

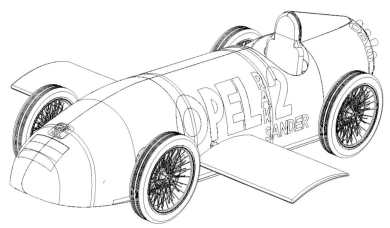

5.2.1.1 Aufgabenstellung

Um die Umströmung des Flügels zu untersuchen, soll das CAD-Modell des Rak2-Flügels mit Hilfe der CFD-Methode in NX Advanced-Simulation untersucht werden. Das Ziel ist die Ermittlung der Umströmungsgeschwindigkeiten um das Profil herum sowie die Darstellung der Strömungsrichtungen. Darüber hinaus soll der Auftrieb ermittelt werden, der sich durch den Fahrtwind einstellt.

Mit den Ergebnissen soll beurteilt werden, ob die Strömung am Profil anliegt oder abreißt (Erkennen von Wirbelbildung und Totwassergebieten). Der Flügel soll dafür mit einem negativen Anstellwinkel von 10 Grad angeströmt werden. Die Fahrtgeschwindigkeit soll 100 km/h betragen.

Erkennen von Wirbelbildung und Totwassergebieten

Bei der Analyse wird nicht der Anspruch gestellt, exakte Ergebnisse zu ermitteln, weil dafür einerseits ein größerer Strömungsraum betrachtet und andererseits noch feiner vernetzt werden müsste, als dies in dieser Lernaufgabe dargestellt wird. Eine Analyse mit höherem Genauigkeitsanspruch wäre möglich, jedoch soll diese Lernaufgabe mit vertretbarem Aufwand gelöst werden können. An diesem Beispiel sollen daher vielmehr die Methodik dargestellt und lediglich qualitative Ergebnisse ermittelt werden.

5.2.1.2 Erstellen der Dateistruktur und Auswahl der Lösung

↳ Öffnen Sie im NX-System die Datei „fl_fluegel_links.prt" aus dem Verzeichnis des Rak2.

↳ Starten Sie daraufhin die Anwendung „Erweiterte Simulation" 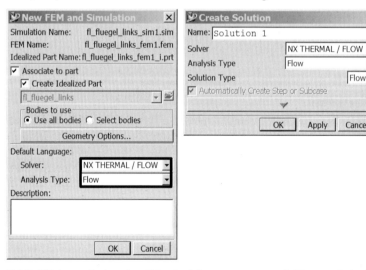 (Advanced-Simulation) und erzeugen im Simulationsnavigator mit dem Kontextmenü des Master-Knotens eine Simulation.

↳ Im nachfolgend erscheinenden Menü „New FEM and Simulation" wählen Sie unter „Standardsprache" (Default Language) den Solver „NX THERMAL / FLOW", der für komplexe thermische und Strömungsanalysen mit der CFD-Methode konzipiert ist.

Für die CFD-Analyse wird im NX-System eine Dateistruktur erstellt.

Mit der Option „Analysetyp" kann der thermische Solver „Thermisch" (Thermal), der Strömungssolver „Fließen" (Flow) oder der gekoppelte Solver „Coupled Thermal-Flow" ausgewählt werden.

↳ Aktivieren Sie hier den Strömungs-Solver „Fließen" (Flow), da in diesem Beispiel lediglich Strömungsgrößen interessieren. Bestätigen Sie daraufhin mit „OK", und die Dateistruktur wird im Hintergrund erstellt.

Schließlich erscheint das Menü „Lösung erzeugen" (Create Solution). Hier können unter „Mehr Optionen" die detaillierten Eigenschaften des iterativen Lösungsprozesses und des Turbulenzmodells eingestellt werden. Die nachfolgenden Abschnitte erläutern diese Optionen. Für unseren Beispielfall werden Änderungen an der Zeitschrittgröße, der Konvergenzsteuerung und dem Turbulenzmodell vorgenommen.

⮑ Bestätigen Sie daher mit „OK", und das Lösungselement wird mit den Voreinstellungen erzeugt. Einige Voreinstellungen werden nachfolgend geändert.

5.2.1.3 Zeitschrittgröße und Konvergenzsteuerung

Der voreingestellten Werte für die Zeitschrittgröße (0,5 sec) sorgt in vielen Fällen für akzeptable Lösungen. Hier sollten Änderungen lediglich vorgenommen werden, um die Lösungsgeschwindigkeit zu erhöhen oder um Probleme bei nicht konvergierenden Analysen zu lösen. Nachfolgend wird die Bedeutung des Zeitschritts und der Konvergenzsteuerung betrachtet, weil Variationen an diesen Einstellungen bei Konvergenzproblemen in der Regel zuerst vorgenommen werden sollten.

Die Zeitschrittgröße (Time Step) kontrolliert die Größe eines Lösungsschritts im iterativen Verfahren des CFD-Solvers. Je kleiner der Zeitschritt ist, desto eher neigt der Solver dazu, transiente (zeitabhängige) Effekte der Strömung aufzulösen. Außerdem vergrößert sich die Berechnungszeit. Bei zu großem Zeitschritt divergiert die Lösung jedoch.

Der Zeitschritt beeinflusst die Lösungsgeschwindigkeit und Konvergenz.

Das Konvergenzkriterium dagegen steuert, wann die Rechnung beendet wird. Für eine konvergente Lösung müssen die Konvergenzparameter kleiner als das Konvergenzkriterium werden. Der Verlauf der Konvergenzparameter kann während der Lösung im „Solution-Monitor" beobachtet werden. Dieser wird in einem späteren Abschnitt erläutert, wobei auch weitere Empfehlungen für Zeitschritt und Konvergenzkriterium gegeben werden.

Das Konvergenzkriterium steuert die Genauigkeit der Lösung.

Ein Anhaltspunkt für eine geeignete Zeitschrittgröße *dt* kann durch die Gleichung:

$$dt = \frac{L}{V}$$

ermittelt werden, wobei *L* eine charakteristische Länge (beispielsweise die Gesamtlänge des durchströmten Raums) darstellt und *V* die durchschnittliche Geschwindigkeit des Fluids.

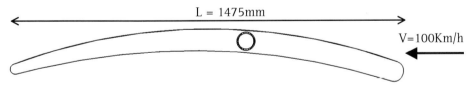

Faustformel für den Zeitschritt.

Demnach beträgt die geeignete Zeitschrittgröße für unser Beispiel ca. 0,05 sec. Diese kann nun eingestellt werden (wobei die voreingestellte Größe von 0,5 sec zu dem gleichen Ergebnis führt):

⮑ Wählen Sie im Kontextmenü des Lösungselements die Funktion „Solver Parameters".

⮑ Tragen Sie unter „Zeitschritt" (Time Step) den Wert 0,05 sec ein.

Zeitschritt und Konvergenzsteuerung am NX-System

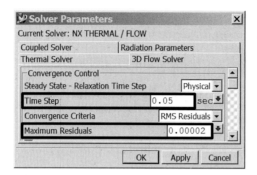

Darüber hinaus soll das Konvergenzkriterium um eine Potenz verkleinert werden, damit die Lösung genauer wird.

↳ Tragen Sie daher unter „Maximum Residuals" den Wert 2e-5 ein.

↳ Bestätigen Sie mit „OK".

5.2.1.4 Auswahl eines Turbulenzmodells

Technische Strömungen sind fast immer turbulent.

Laminare, d.h. schichtenartige Strömung tritt nur bei kleineren Re-Zahlen auf. Hierbei bewegt sich jedes Teilchen geradlinig und parallel zu seinen Nachbarteilchen. Sobald die kritische Re-Zahl überschritten wurde, schlägt die Strömung in turbulent um. Bei dieser Strömungsart existieren winzige Wirbel, die zu einer starken Durchmischung der Teilchen führen.

Fast immer sind technisch interessierende Strömungen turbulent. Laminare Strömungen treten nur in Sonderfällen auf. Beispiele sind hochviskose Fluide wie Extrudiervorgänge und Strömungen in kleinen Abmessungen (Mikrofluide, Spaltströmungen).

Die Option „Viskoses Modell" (Viscous Model) unter den Attributen des Lösungselements steuert das Turbulenzmodell für die Analyse. Neben der Option „laminar", die rein laminare Strömung, d.h. also keine Turbulenz unterstellt, sind die drei Turbulenzmodelle „Feste turbulente Viskosität" (Fixed Turbulent Viscosity), „Mischlänge" (besser: Mischungsweglänge) (Mixing Length) und „K-E Turbulent Viscosity" verfügbar. Da in fast allen technischen Anwendungsfällen, besonders bei größeren Re-Zahlen, mit turbulenter Strömung zu rechnen ist, sollte meist ein Turbulenzmodell genutzt werden. Die drei verfügbaren Modelle unterscheiden sich bzgl. ihrer Genauigkeit und des erforderlichen Rechenaufwands. Nachfolgend eine Erläuterung der drei Modelle:

NX verfügt über drei Turbulenzmodelle.

- Das Modell „*Feste turbulente Viskosität*" (Fixed Turbulent Viscosity) liefert nur geringe Genauigkeit. Dabei wird eine äquivalente turbulente Viskosität als fester Wert in der gesamten Strömung berechnet. Da diese Methode keine lokalen Unterschiede berücksichtigt und sehr grob arbeitet, sollte sie nicht eingesetzt werden.

- Das „*Mischlänge*"-Modell (besser: Mischungsweglänge) (Mixing Length) ist genauer als das Modell „Feste turbulente Viskosität" und erfordert auch mehr Rechenaufwand. Hierbei wird die turbulente Viskosität an jedem Knoten in Abhängigkeit zur jeweiligen Strömungsgeschwindigkeit, Dichte und der sog. „Mixing length" berechnet. Die „Mixing length" wird dabei aus dem Abstand des Knotens zur nächsten Wand und einer charakteristischen Länge berechnet. Auch dieses Turbulenzmodell entspricht nicht mehr dem heutigen Stand der Technik und sollte daher nicht mehr eingesetzt werden.

- Das Modell „*K-E Turbulent Viscosity*" ist genauer als das „Mixing Length"-Modell, erfordert aber eine höhere Rechenzeit. Dieses Modell ist auch bekannt unter dem Namen K-Epsilon-Turbulenzmodell. Die turbulente Viskosität wird hierbei ebenfalls an jedem Knoten berechnet. Dabei wird die jeweilige kinetische Energie (K) und die Dissipationsrate (Epsilon) für die Berechnung der turbulenten Viskosität verwandt. Dieses Modell wird generell für den Einsatz mit NX Advanced-Simulation CFD empfohlen, daher soll es in unserem Beispiel angewandt werden.

> Das K-Epsilon-Turbulenzmodell ist das genaueste.

Weitere Informationen zu den Turbulenzmodellen können unter [nxflowref4] nachgelesen werden.

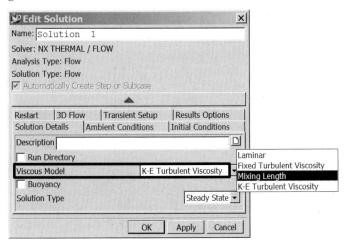

> Das K-Epsilon-Turbulenzmodell soll für das Beispiel angewandt werden.

- Um das K-Epsilon-Turbulenzmodell zu aktivieren, wählen Sie im Kontextmenü des Lösungselements die Option „Solution Attributes".

- Wählen Sie das Register „Solution Details", und aktivieren Sie unter „Viscous Model" die Option „K-E Turbulent Viscosity".

- Bestätigen Sie mit „OK".

5.2.1.5 Weitere Optionen des Lösungselements

Nachdem die Zeitschrittgröße und das Turbulenzmodell geeignet eingestellt wurden, können bei Bedarf noch einige weitere Optionen des Lösungselements berücksichtigt werden, die nachfolgend erläutert werden.

Nachfolgende Optionen finden sich im Kontextmenü des Lösungselements unter der Option „Solution Attributes" und hierin unter dem Register „Solution Details":

Optionale Funktionen und Einstellungen

- Die Option „*Verzeichnis ausführen*" (Run Directory) bewirkt, dass ein Verzeichnis angegeben werden kann, in das alle Zusatzdateien wie Logfiles usw. abgelegt werden, die während der Analyse anfallen.

- Wenn Schwerkrafteffekte berücksichtigt werden sollen, muss der Schalter „*Auftrieb*" (Buoyancy) aktiviert werden. In diesem Fall muss unter dem Register „Ambient Conditions" die Größe und Richtung der Schwerkraft angegeben werden. Bei einphasigen und isothermen Strömungen wird durch den Auftrieb lediglich die hydrostatische Druckverteilung berechnet.

- Mit der Option „*Lösungstyp*" (Solution Type) kann durch die Einstellung „Dauerzustand" (besser stationär) (Steady State) stationäre und mit „Übergang" (besser instationär) (Transient) die zeitabhängige Strömungsanalyse aktiviert werden. Weitere Einstellungen für die zeitabhängige Analyse finden sich im Register „Transient Setup".

- Im Register „*Anfangsbedingungen*" (Initial Conditions) kann die Anfangs-Fluidtemperatur, -druck und –geschwindigkeit definiert werden. In manchen Fällen kann durch Anpassung dieser Größen an die realen Gegebenheiten die Lösung beschleunigt werden. Ungünstige Einstellungen hier können die Bedingungen für die Lösung aber auch stark verschlechtern. Daher ist die voreingestellte automatische Option zu empfehlen, bei der Geschwindigkeit und Druck zu Beginn automatisch sinnvoll eingestellt werden.

- Das Register „*Neustart*" (Restart) erlaubt die Weiterführung einer vorher unterbrochenen Analyse. Die Unterbrechung einer Lösung für einen späteren Neustart muss mit der Funktion „Pause" im „Solution Monitor" durchgeführt werden, der während der Lösung erscheint. Auf diese Weise können beispielsweise lediglich die ersten Zeitschritte durchgeführt und das Ergebnis bis dahin geprüft werden. Bei Bedarf kann dann von hier aus bis zur endgültigen Konvergenz weitergerechnet werden, indem die Option „Neustart" aktiviert und erneut gelöst (solve) wird.

All diese Einstellungen sollten jedoch nur im Bedarfsfall verändert werden, da sie in den meisten Fällen, wie auch in unserem Beispielfall, geeignet voreingestellt sind.

Daher kann nachfolgend mit weiteren Schritten zur Erstellung des Berechnungsmodells fortgefahren werden.

5.2.1.6 Erstellen des Strömungsraums

Nachdem die Dateistruktur erstellt und die Lösung spezifiziert wurde, soll nun die Geometrie des Strömungsraums erstellt werden. Der Strömungsraum muss dabei als Solid- oder Flächenmodell mit den gewöhnlichen 3D-Modellierungsmethoden erzeugt werden. Es können also Skizzen mit Extrusionen, Freiformflächen, Bool'sche Operationen, Trimm-Operationen, Verrundungen usw. verwandt werden. In vielen Fällen kann der Strömungsraum erstellt werden, indem die eigentliche Bauteilgeometrie von einem großen Raum subtrahiert wird. So kann auch in unserem Beispiel vorgegangen werden. Nachfolgend wird die Methodik dafür beschrieben.

> Vernetzt wird nicht das Flügelprofil, sondern der Strömungsraum.

- Der zu erstellende Strömungsraum entspricht einer Idealisierung des vorhandenen Modells des Flügels, daher soll er in der idealisierten Datei erstellt werden. Machen Sie daher zunächst über den Simulationsnavigator die idealisierte Datei zum dargestellten Teil. Das CAD-Modell des Flügels sollte nun zu sehen sein.

> Der Strömungsraum wird mit üblichen CAD-Methoden erstellt.

- Um die CAD-Methoden aus der Konstruktionsanwendung nutzen zu können, starten Sie die Anwendung „Konstruktion" (Modeling). Für den Strömungsraum erzeugen Sie nun eine Skizze, die so orientiert ist, dass die Skizzenfläche den Flügel schneidet. Beispielsweise wählen Sie die WCS-x-y-Ebene für die Skizze entsprechend der Abbildung.

- Ziehen Sie in der Skizze ein Rechteck für den Strömungsraum auf, und stellen Sie es von den Massen ungefähr wie in der Abbildung dargestellt ein.[8]

- Um später auf einfache Weise eine schräge Anströmung zu erreichen, bemaßen Sie das Rechteck so, dass es mit 10 Grad zur x-Achse orientiert ist. Auf diese Weise können bei den späteren Randbedingungen einfach eine Eintritts- und eine Austrittsfläche definiert werden.

- Verlassen Sie die Skizze, und erzeugen Sie eine Extrusion der Skizze, die eine kleine Dicke von 3 mm hat. Hier soll später ein Hexaedernetz erstellt werden, das lediglich eine Elementschicht über der Dicke hat.[9]

---

[8] Für eine Analyse mit größerem Genauigkeitsanspruch müsste der Strömungsraum jedoch wesentlich größer sein. Erst bei einem Strömungsraum, der etwa 20 Mal so hoch und so lang wie das Profil ist, kann davon ausgegangen werden, dass an den Rändern wieder weitgehend ungestörte Strömung vorliegt.

[9] Prinzipiell wäre eine 2D-Vernetzung mit entsprechender Dickenzuweisung an dieser Stelle sinnvoll, jedoch bietet die aktuell vorliegende NX4-Version noch nicht die Möglichkeit, CFD-Randbedingungen auf Kanten zu erzeugen.

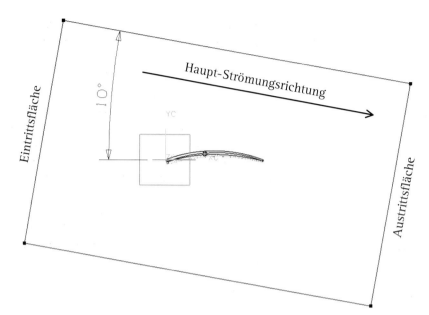

Der Flügel wird unter einem Winkel von 10 Grad angeströmt.

Bevor der Volumenkörper des Flügels vom Strömungsraum subtrahiert werden kann, muss ein Promotion-Feature des Flügelvolumenkörpers erstellt werden. Die Vorgehensweise hierfür ist im Grundlagenbeispiel des Moduls „Design-Simulation" genau beschrieben und soll daher hier nur grob dargestellt werden. Gehen Sie folgendermaßen vor:

⦁ Wechseln Sie wieder in die Anwendung „Advanced-Simulation" und rufen Sie die Funktion zum Unterteilen von Flächen auf. Selektieren Sie nun eine beliebige Fläche des Flügels. Das Promotion-Feature wird nun automatisch im Hintergrund erzeugt.

⦁ Brechen Sie die Funktion nun mit „Cancel" ab, und wechseln Sie wieder in die Anwendung „Konstruktion".

Das Promotion-Feature kann nicht direkt für eine Subtraktion verwendet werden, daher muss als Zusatz eine parametrische Kopie des Promotion-Features erzeugt werden. Gehen Sie dafür folgendermaßen vor:

⦁ Wählen Sie von der NX-Menüleiste die Funktion „Einfügen, Assoziative Kopie, Extrahieren..." (Insert, Associative Copy, Extract...).

⦁ Im erscheinenden Menü wählen Sie die Option „Körper" (Body), selektieren den Flügelkörper und bestätigen mit „OK".

Daraufhin wird der Promotion-Körper assoziativ kopiert. Diese Kopie kann als Abzugskörper genutzt werden. Gehen Sie dafür folgendermaßen vor:

- Wählen Sie die Funktion „Subtract" , selektieren Sie den Körper des Strömungsraums und dann den neuen Körper der Flügelgeometrie. Bestätigen Sie mit „OK", und der fertige Strömungsraum wird erstellt.

- Um die neu erstellte Öffnung im Strömungsraum zu sehen, blenden Sie schließlich im Baugruppennavigator die Komponente des Master-Modells aus.

Weiterhin soll der Strömungsraum zwecks unterschiedlicher Vernetzung in zwei Teile unterteilt werden: Der erste Teil soll dicht am Profil liegen und fein vernetzt werden, damit die Grenzschichteinflüsse berücksichtigt werden können. Der zweite übrige Teil des Strömungsraums kann gröber vernetzt werden. Dafür wird die Funktion zum Partitionieren genutzt. Für diese Unterteilung gehen Sie folgendermaßen vor:

- Erzeugen Sie, entsprechend der Abbildung, eine Abstandskurve von der Profilkante ausgehend mit einem Abstand von 40 mm. Sie finden die Funktion dafür unter „Einfügen, Kurve aus Kurven, Abstand" (Insert, Curve from Curves, Offset). Als Option für die Trimmung wählen Sie „Verrundung" (Fillet).

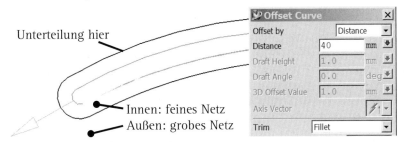

Der Strömungsraum wird in zwei Teile partitioniert, die später getrennt vernetzt werden.

- Extrudieren Sie die Kurve, wobei Sie keinen Volumen-, sondern einen Flächenkörper erzeugen.

- Schalten Sie in die Anwendung „Advanced-Simulation" .

- Wählen Sie die Funktion „Partition Model" , und selektieren Sie den Körper des Strömungsraums.

- Schalten Sie auf den zweiten Selektionsschritt und selektieren Sie den neu erstellten Flächenkörper.

- Bestätigen Sie mit „OK", und die Unterteilung wird durchgeführt.

In der FEM-Datei werden an den Schnittflächen der unterteilten Körper automatisch Gitterverknüpfungsbedingungen erzeugt.

Das Ergebnis ist der Strömungsraum, der, entsprechend der Anströmrichtung, unter dem Winkel von 10 Grad zum Profil ausgerichtet ist. Da alle Geometrieoperationen und auch die folgenden Berechnungselemente assoziativ ausgeführt wurden, kann der Winkel später nach Belieben geändert und das Modell neu durchgerechnet werden.

5.2.1.7 Materialeigenschaften für Luft zuordnen

Nachfolgende Schritte sind für die Zuordnung der Materialeigenschaften erforderlich:

⭹ Schalten Sie für die weiteren Arbeiten in die Anwendung „Advanced-Simulation" 🞖.

⭹ Das Zuordnen von Materialeigenschaften kann in der FEM-Datei erfolgen. Machen Sie daher nun über den Simulationsnavigator die FEM-Datei zum dargestellten Teil.[10]

Die Materialeigenschaften von Luft können in der Standard-Materialbibliothek des NX-Systems gefunden werden.

⭹ Rufen Sie daher die Funktion „Materialeigenschaften" 🞖 (Material Properties) auf, und wählen Sie die Funktion „Bibliothek" 🞖 (Library).

Die Materialbibliothek des NX-Systems enthält Einträge für Wasser und Luft.

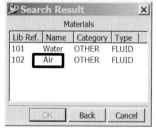

⭹ Stellen Sie die Suchoptionen wie in der Abbildung dargestellt ein, damit nach Fluiden gesucht wird. Das Suchergebnis der Standardbibliothek liefert die Einträge „Wasser" (Water) und „Luft" (Air).

⭹ Selektieren Sie nun „Luft" (Air), und bestätigen Sie mit „OK". Daraufhin werden die Eigenschaften von Luft in den Materialeditor übernommen und können unter dem Register „Fluid" eingesehen werden (siehe Abbildung).

⭹ Die Zuordnung des Materials zum Strömungsraum geschieht durch Selektion des Strömungsraums und Selektion des Materials im Materialdialog. Nach Bestätigen mit „OK" wird das Material zugewiesen.

---

[10] Nun ist der Flügelkörper wieder zu sehen, weil beim Erzeugen der Dateistruktur bereits ein Polygonkörper dafür erstellt worden ist. Nach Belieben können Sie dies nun ändern, am einfachsten ist es jedoch, den unerwünschten Körper einfach auszublenden.

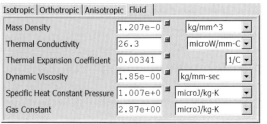

Dichte
Wärmeleitfähigkeit
Wärmeausdehnungskoeffizient
Dynamische Viskosität
Spezifische Wärmekonstante Druck
Gaskonstante

Bei isothermen Berechnungen werden nur die Dichte und die dynamische Viskosität gebraucht.

5.2.1.8 Entfernung von Miniflächen

Vor der Vernetzung sollten einige Miniflächen entfernt werden, die im Bereich der kleinen Radien des Profils entstanden sind. In der Abbildung ist die Minifläche auf der einen Profilseite dargestellt. Ähnliche Miniflächen existieren auf der anderen Seite des Profils. Solche schmalen oder spitzen Flächen erschweren die Vernetzung erheblich, weil in der Regel versucht wird, auf jeden Eckpunkt der Geometrie einen Knoten zu setzen. Liegen zwei Eckpunkte derart eng beieinander, so kommt es zu entweder schlecht geformten Elementen, oder die Vernetzung kann gar nicht durchgeführt werden.

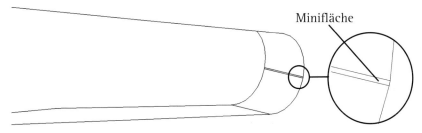

Minifläche

Miniflächen stören die Vernetzung und müssen entfernt werden.

Gehen Sie dazu folgendermaßen vor, um die Miniflächen an der Polygongeometrie zu entfernen:

- Machen Sie über den Simulationsnavigator die FEM-Datei zum dargestellten Teil.

- Wählen Sie die Funktion „Fläche vereinigen" (Merge Face) aus der Funktionsgruppe zur Bearbeitung der Polygongeometrie.

- Selektieren Sie die beiden Kanten, die entfernt werden müssen, damit die Minifläche mit den angrenzenden großen Flächen verschmolzen wird.

- Bestätigen Sie mit „OK".

- Führen Sie diese Operation gegebenenfalls auch an anderen Stellen durch.

5.2.1.9 Erstellung von Gitterverknüpfungen

An den Grenzflächen der partitionierten Körper werden vom NX-System automatisch Gitterverknüpfungsbedingungen erzeugt. Diese Bedingungen sollten immer neu erstellt werden, falls am Polygonmodell Änderungen durchgeführt worden sind, weil sonst die Flächenzugehörigkeiten nicht mehr stimmen.

Gehen Sie dazu folgendermaßen vor:

- Machen Sie die FEM-Datei zum dargestellten Teil.

- Selektieren Sie im Simulationsnavigator unter der Gruppe „Connections" alle Gitterverknüpfungsbedingungen, und führen Sie im Kontextmenü die Funktion „Löschen" aus.

- Wählen Sie die Funktion „Gitterverknüpfungsbedingung" (Mesh Mating Condition), aktivieren Sie die Option „automatisch erzeugen" (auto create), und bestätigen Sie mit „OK".

Jede Bedingung hat eine erste und eine zweite Seite (siehe Abbildung). Die Knoten an der ersten Seite sind unabhängig, d.h., hier kann frei vernetzt werden. Die Knoten der zweiten Seite dagegen müssen sich an die Vorgabe der ersten Seite halten.

Gitterverknüpfungen sorgen für identische Vernetzungen an Partitionsgrenzen des Strömungsraums.

Die unabhängige Seite der Bedingung lässt sich leichter vernetzen.

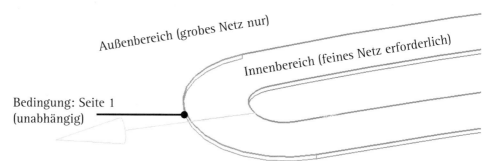

Daher sollte bei unserem Beispiel die erste Seite von jeder Bedingung zu dem inneren Körper gehören und die zweite Seite zu dem äußeren. Auf diese Weise kann der innere Körper, der ja wichtiger ist, frei von Abhängigkeiten vernetzt werden. Die erzeugten Bedingungen müssen daher folgendermaßen geprüft werden:

- Selektieren Sie im Navigator eine Gitterverknüpfungsbedingung.

- Kontrollieren Sie anhand der Pfeile, ob die erste Seite der Bedingung zum Innenbereich gehört. Falls dies nicht der Fall ist, wählen Sie im Kontextmenü die Funktion „Umkehren" (Reverse).

- Kontrollieren Sie dies bei allen Gitterverknüpfungen.

Damit ist die Geometrie für die Vernetzung vorbereitet bzw. vereinfacht.

5.2.1.10 Hexaedervernetzung des Strömungsraums

Die Vernetzung des Strömungsraums kann prinzipiell mit Tetraedern oder Hexaedern durchgeführt werden. In diesem Beispielfall bietet sich die Hexaedervernetzung an, weil sich die Geometrie aufgrund ihrer Sweep-Eigenschaft dafür eignet und weil die Genauigkeit dieser Elemente besser als bei Tetraedern ist.

Gehen Sie dafür folgendermaßen vor:

- Beginnen Sie mit der Vernetzung des Innenbereichs des Strömungsraums. Wählen Sie die Funktion „Gitter mit 3D-Extrusion" (3D Swept Mesh).

- Selektieren Sie eine der beiden Seitenflächen des Strömungsraum-Innenbereichs.

- Nutzen Sie die Funktion zum automatischen Ermitteln einer geeigneten Elementgröße.

- Um eine akzeptable Feinheit in diesem Bereich zu erreichen, teilen Sie den vorgeschlagenen Wert mindestens durch 8.

- Bestätigen Sie mit „OK", und das Netz wird erstellt.

Das Hexaedernetz wird nun erstellt und sollte ähnlich dem in der Abbildung dargestellten aussehen.

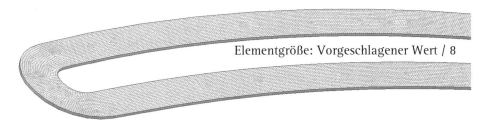

Elementgröße: Vorgeschlagener Wert / 8

Die Erzeugung eines solchen Netzes dauert, je nach Hardware, einige Minuten.

Ob ein Netz von ausreichender Feinheit ist, kann nur durch eine Netzunabhängigkeitsstudie ermittelt werden. Dabei wird kontrolliert, ob sich die Ergebnisse bei weiterer Verfeinerung nicht mehr ändern.

Für die Vernetzung des Außenbereichs ist nun kein feines Netz mehr erforderlich. Gehen Sie dafür folgendermaßen vor:

- Wählen Sie die Funktion „Gitter mit 3D-Extrusion" (3D Swept Mesh), und selektieren Sie eine der beiden Seitenflächen des Strömungsraum-Außenbereichs.

- Nutzen Sie die Funktion zum automatischen Ermitteln einer geeigneten Elementgröße, und bestätigen Sie mit „OK".

Die Erstellung des Netzes für den Außenbereich kann, je nach Hardware, erhebliche Zeit benötigen.

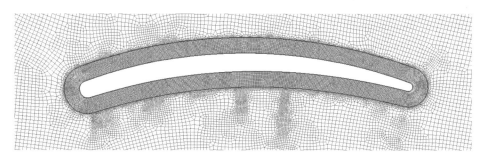

Ausschnitt aus der Ge-
samtvernetzung des
Profils

Das innere Netz enthält ca. 33000 Knoten und 15600 Elemente, das äußere dagegen 126000 Knoten und 62000 Elemente. Auch im Fall dieses zweidimensionalen Problems werden daher größere Rechenzeiten für die Lösung erforderlich.

Als Nächstes werden Randbedingungen für Strömungsanalysen erläutert. Zunächst wird eine Übersicht gegeben. Daraufhin werden die erforderlichen Bedingungen für unser Beispiel erzeugt.

5.2.1.11 Übersicht über Strömungs-Randbedingungen

Das NX-System erlaubt die Definition von verschiedenen Randbedingungen für die Strömungsanalyse. Es handelt sich um Körperwände, Ventilatoren (Einlass usw.), Öffnungen und Filter (für poröse Materialien), sowie noch weitere Bedingungen, die jedoch sehr speziell sind und hier ausgeklammert werden sollen. Bevor die erforderlichen Randbedingungen an unserem konkreten Beispiel angewandt werden, sollen nachfolgend die wichtigsten Bedingungen überblickartig erläutert werden, die im NX-System verfügbar sind. Es werden nur die gängigsten Optionen dargestellt, eine umfassende Darstellung aller Bedingungstypen sowie der theoretischen Hintergründe findet sich unter [ESCref11a].

Körperwände

Körperwände gehören zu
den grundlegenden
Randbedingungen bei
Strömungsanalysen mit
CFD.

Körperwände werden im NX-System durch die Funktionsgruppe "Fluss Oberfläche" (Flow Surface) definiert. Die wichtigste[11] der hier verfügbaren Typen ist die „Begrenzungsflussoberfläche" (Boundary Flow Surface), die eine einfache Wandbedingung darstellt. In unserem Beispiel ist am Flügelprofil eine solche Randbedingung erforderlich.

Dieser Randbedingungstyp ist auch deswegen wichtig, weil an diesen Flächen vom Solver automatisch zusätzliche Ergebnisse bzgl. der Kräfte ermittelt werden. Dies hilft insbesondere, um Auftriebs-, Wiederstandskräfte und Momente, die von der

---

[11] Die weiteren Typen, die hier zur Auswahl stehen, dienen im Wesentlichen der Definition von kleinen Störelementen (Obstructions), wie beispielsweise elektronischen Bauteilen auf einer Platine. Diese Typen sollen hier nicht weiter betrachtet werden.

Strömung auf die Fläche übertragen werden, zu ermitteln. In unserem Beispielfall ist dies wichtig, um den Auftrieb am Flügel abzuschätzen.

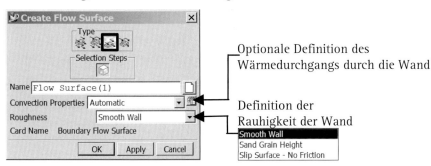

Optionale Definition des Wärmedurchgangs durch die Wand

Definition der Rauhigkeit der Wand

Die Oberflächenrauhigkeit spielt eine Rolle für die Randbedingung.

An einer Körperwand wird die Strömungsgeschwindigkeit oder der Massenfluss senkrecht zur Wandrichtung immer null gesetzt. Auf diese Weise wird jeder Fluss durch die Wand verhindert. Darüber hinaus muss festgelegt werden, wie die Geschwindigkeit entlang der Wand verlaufen soll. Dies hängt in der Realität von der Oberflächenbeschaffenheit der Körperwand ab, und das NX-System stellt hierfür die drei Möglichkeiten „Glatte Wand" (Smooth Wall), „Sandkörnungshöhe" (Sand Grain Height) und „Gleitfläche - keine Reibung" „Slip Surface - No Friction" zur Verfügung.

- Die Option „*Glatte Wand*" (Smooth Wall) ist für hydraulisch glatte Wände anzusetzen. Hydraulisch glatt bedeutet dabei alle bearbeiteten Wände (gedreht, gefräst). Die Strömungsgeschwindigkeit an der Wand wird bei dieser Bedingung auf null gesetzt bzw. auf die Geschwindigkeit der Wand selbst, falls diese bewegt wird. Um das Strömungsverhalten in diesem Bereich nahe der Wand zu beschreiben, werden spezielle Wandfunktionen eingesetzt, die es erlauben, auch bei relativ grober Netzauflösung schon akzeptable Ergebnisgenauigkeiten zu erhalten.

„Smooth Wall" für gedrehte oder gefräste Oberflächen.

- Bei der Option „*Sandkörnungshöhe*" (Sand Grain Height) besteht an der Wand selbst die gleiche Bedingung wie bei „Smooth Wall". Auch hier werden Wandfunktionen angewandt. Mit Hilfe solcher Wandfunktionen werden nun die Rauhigkeit der Wand und deren Einfluss auf die Randströmung einbezogen. Daher muss in so einem Fall eine Rauhigkeitshöhe angegeben werden. Klassischer Anwendungsfall sind raue Gussoberflächen.

„Sand Grain Height" für Gussoberflächen

- Bei der Methode „*Gleitfläche - keine Reibung*" „Slip Surface - No Friction" wird eine reibungsfreie Wand definiert. Auf diese Weise wird üblicherweise die Randbedingung zur äußeren Umgebung des analysierten Strömungsraums definiert. Die Strömung entlang der Wand kann sich dabei ungehindert bewegen.

„Slip Surface": Randbedingung zur Umgebung

Auch der Wärmeaustausch an einer Körperwand kann berücksichtigt werden[12]. Hierfür kann die Option „Konvektionseigenschaften" (Convection Properties) genutzt werden. Wenn nicht die Voreinstellung „Automatisch" genutzt werden soll, muss zuerst mit dem Schalter „Auswählen" ⊞ (Choose) ein entsprechendes Element für die Beschreibung ausgewählt bzw. erst erzeugt werden, wie in der Abbildung dargestellt. So ein Element kann später an mehreren Randbedingungen wieder aufgerufen werden.

Für Strömungsanalysen ohne Temperaturanalyse ist hier die Option „adiabatisch" zu wählen.

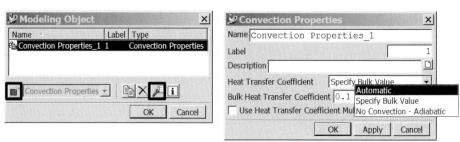

Der Wärmeaustausch kann entweder adiabatisch, d.h. ohne Wärmeaustausch, definiert werden, was die Option „No Convection - Adiabatic" erlaubt. Die zweite Möglichkeit besteht in der Angabe eines Konvektionskoeffizienten an der Wand. Dies erlaubt die Option „Massenwert angeben" (Specify Bulk Value). In diesem Fall wird der Solver wieder eine kombinierte thermische / Flow-Analyse durchführen.

Öffnungen und Ventilatoren

Eine Öffnung und ein Ventilator werden später in unserem Beispiel verwendet.

Eine „Öffnung" (Opening) gibt die Richtung und den Druck an einem Aus- oder Eintritt vor, nicht aber die Geschwindigkeit. Ein Beispiel ist die hintere Öffnung am Strömungsraum unseres Beispiels.

„Ventilatoren" (Fans) hingegen werden verwendet, um die Geschwindigkeit an einer Öffnung, beispielsweise durch eine Pumpe, vorzugeben. Die Eintrittsfläche an unserem Beispiel wird mit einem solchen Ventilator definiert.

---

[12] Für die Berücksichtigung dieses Effekts muss jedoch programmintern die gekoppelte thermal / Flow-Analyse durchgeführt werden, weil die Energiebilanz erforderlich ist, wenn Temperaturen angefragt werden. Das NX-System führt jedoch in diesem Fall automatisch die gekoppelte Analyse durch.

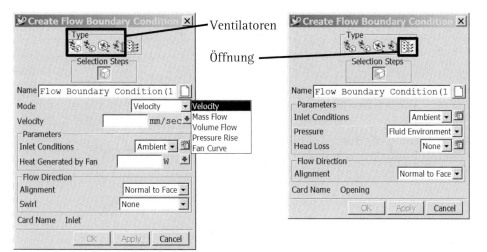

Ventilatoren (Einlass) und
Öffnungen

Im NX-System stehen verschiedene Ventilatortypen zur Verfügung, mit denen die Bedingungen für

- *„Eingang/Auslass"* ![icon] ![icon] (Inlet/Outlet), d.h. Bedingungen für den Ein- und Austritt von Fluid bei bekannten Geschwindigkeitsverhältnissen,

Typen von Ventilatoren

- *„Interner Ventilator"* ![icon] (Internal Fan) für einen internen Ort mit vorgegebenen Geschwindigkeitsverhältnissen sowie

- *„Umlaufende Schleifen"* ![icon] (Recirculation Loop), d.h. interne Stellen, an denen Fluid angesaugt und in gleicher Menge an anderen Stellen ausgestoßen wird,

definiert werden können. Bei jedem dieser Ventilatortypen müssen die Geschwindigkeitsverhältnisse mit dem „Modus" zunächst festgelegt werden. Es kann

- die *„Geschwindigkeit"* (Velocity),

Eigenschaften der Ventilatoren

- der *„Massenstrom"* (Mass Flow),

- der *„Volumenfluss"* (Volume Flow),

- der *„Druckanstieg"* (Pressure Rise) durch den Ventilator oder

- eine *„Ventilatorkurve"* (Fan Curve), d.h. die Abhängigkeit des Druckanstiegs vom Volumenstrom,

vorgegebcn werden.

Beim Ventilator kann für die „Flussrichtung" auch ein sog. „Swirl" vorgegeben werden. Dies bedeutet eine Rotation der Flussrichtung, wie sie durch drehende Gebläse von realen Ventilatoren meist verursacht werden.

Nach dicser allgemeinen Erläuterung von wichtigen Randbedingungen für Strömungen folgt nun die konkrete Erzeugung der Bedingungen für unser Beispiel.

5.2.1.12 Einlass mit Geschwindigkeitsrandbedingung definieren

Als Randbedingungen für eine Durchströmung des Strömungsraums sind ein Einlassventilator und eine Öffnung zu definieren. Die Fläche vor dem Profil eignet sich für die Einlassbedingung, weil hier die Geschwindigkeit von 100 km/h vorgegeben werden kann. Die Fläche hinter dem Profil wird als Öffnung definiert, bei der lediglich der Umgebungsdruck angegeben werden muss. Dies sind übliche Randbedingungen für eine solche Umströmungsaufgabe, jedoch könnte umgekehrt auch hinten ein Auslassventilator und vorne die Öffnung definiert werden.

Gehen Sie für die Definition am Einlass folgendermaßen vor:

↳ Wechseln Sie zunächst über den Simulationsnavigator in die Simulationsdatei.

↳ Wählen Sie unter der Funktionsgruppe „SSSO-Typ" die Funktion „Fluss Begrenzungsbedingung" (Flow Boundary Condition). Im erscheinenden Menü wählen Sie den Typ „Eingang" (Inlet).

100 km/h Einlassgeschwindigkeit

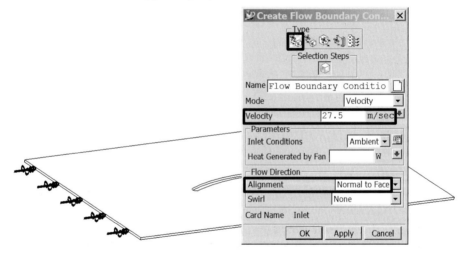

↳ Selektieren Sie nun entsprechend der Abbildung die Eintrittsfläche des Strömungsraums,

↳ geben Sie im Menü eine Geschwindigkeit von 27,5 m/sec (100 km/h) an, und

↳ bestätigen Sie die Richtungsmethode „Senkrecht zu Fläche" (Normal to Face).

Die Geschwindigkeitsrandbedingung für den Einlass wird damit erzeugt.

5.2.1.13 Auslassöffnung definieren

Nachdem an der Einlassfläche die Geschwindigkeit vorgegeben wurde, braucht an der Auslassfläche lediglich die Öffnung des Strömungsraums mit der Angabe des Drucks vorgegeben zu werden. Gehen Sie dafür folgendermaßen vor:

↳ Wählen Sie erneut unter der Funktionsgruppe „SSSO-Typ" die Funktion „Fluss Begrenzungsbedingung" (Flow Boundary Condition).

↳ Im erscheinenden Menü wählen Sie den Typ „Öffnung" (Opening).

↳ Selektieren Sie nun die Auslassfläche, und bestätigen Sie alle Voreinstellungen mit „OK".

↳ Die Voreinstellung für den Druck an der Öffnung ist „Fluid Environment". Das bedeutet, dass der Druck aus den Umgebungsbedingungen (Ambient Conditions) verwendet wird, die in den Lösungsattributen bereits geeignet definiert sind.

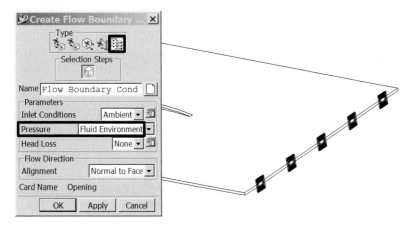

Am Austritt wird der Umgebungsdruck vorgegeben.

5.2.1.14 Randbedingung für das Flügelprofil

Am Flügelprofil soll eine Randbedingung definiert werden, die einer glatten Wand entspricht, weil das tiefgezogene Blech des Flügels nur geringe Rauhigkeit hat.

Dafür muss eine Körperwandbedingung definiert werden, wie es vorher erläutert wurde. Gehen Sie für die Definition dieser Bedingung folgendermaßen vor:

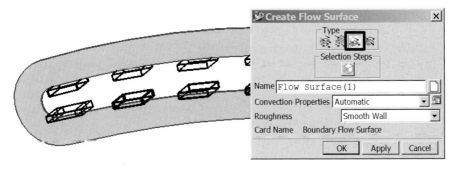

Am Blech des Flügelprofils liegt eine glatte Wand vor.

↳ Wählen Sie unter der Funktionsgruppe „SSSO-Typ" die Funktion „Fluss Oberfläche" (Flow Surface).

↳ Im erscheinenden Menü wählen Sie den Typ „Begrenzungsflussoberfläche" (Boundary Flow Surface).

↳ Selektieren Sie die Flächen, die zum Profil gehören.

↳ Bestätigen Sie mit „OK".

Die Körperwandbedingung wird nun erstellt. Mit der Voreinstellung „Glatte Wand" (Smooth Wall) für die „Roughness" (Rauhigkeit) ergibt sich die gewünschte Eigenschaft der hier auftretenden Grenzschicht an der Wand.

Zusätzlich wird der Flow-Solver für diesen Flächenbereich Kräfte und Momente berechnen, die sich aus der Druckverteilung ergeben. Mit Hilfe dieser Informationen ergibt sich der gefragte Auftrieb am Flügel.

5.2.1.15 Randbedingung „Reibungsfreies Gleiten" an den übrigen Wänden

Reibungsfreies Gleiten gilt an allen Flächen, die keine explizite Bedingung bekommen.

Die Definition weiterer Randbedingungen ist nicht erforderlich, weil für alle Ränder, die keine explizite Randbedingung erhalten haben, automatisch die Bedingung für reibungsfreies Gleiten gilt.

5.2.1.16 Durchführen der Lösung

Nachdem das Berechnungsmodell aufgebaut wurde, kann es schließlich gelöst werden.

↳ Rufen Sie dafür die Funktion „Lösen" (Solve) auf, und bestätigen Sie mit „OK".

Die Lösung braucht, je nach Hardware, ca. 30–120 min Zeit.

Nach Voreinstellung wird zunächst automatisch eine „umfassende Prüfung" (Comprehensive Check) durchgeführt, bei der grobe Fehler am Berechnungsmodell angezeigt werden.

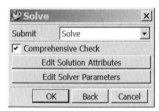

5.2.1.17 Beobachten des Lösungsfortschritts

Während des Lösungsvorgangs erscheint der Solution Monitor, der für die Beobachtung des Lösungsfortschritts genutzt wird. Hierin werden angezeigt,

- welches Modul des Solvers gerade arbeitet,

- Meldungen, Informationen, Warnungen, Fehler und

- der Konvergenzverlauf.

Außerdem kann der Lösungsverlauf mit der „Stop"-Taste abgebrochen werden. Mit „Pause" wird die Lösung unterbrochen, so dass sie später mit der „Restart"-Funktion wieder aufgenommen werden kann. Der Textinhalt des Solution Monitors wird im Arbeitsverzeichnis als Log-File abgelegt.

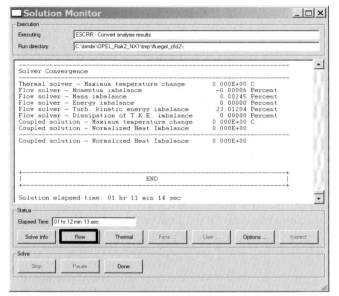

Über die Taste „Flow" wird ein Graph mit dem Konvergenzverlauf dargestellt, der mit jedem Zeitschritt aktualisiert wird.

Damit kann beurteilt werden, ob die Berechnung konvergiert oder divergiert.

Abbildung bunt: Seite 321

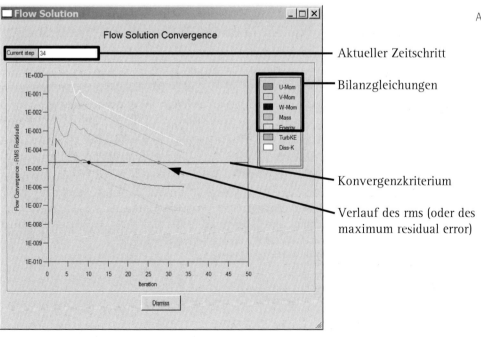

Entsprechend der Abbildung zeigt der Konvergenzverlauf an jedem Zeitschritt die Kontrollparameter[13] für jede Bilanzgleichung. In diesem Fall sind es drei Parameter für die Impulserhaltung und einer für die Massenerhaltung. Nach einem steilen Anstieg während der ersten Zeitschritte sollten die Werte möglichst kleiner werden. Ziel ist, dass alle Kontrollparameter unterhalb des Konvergenzkriteriums[14] kommen. Falls der Verlauf nicht konvergiert, sollte der Berechnungslauf abgebrochen und das Berechnungsmodell geändert werden. Es sollte dann geprüft werden, ob alle Eingabegrößen, wie Geschwindigkeiten und Drücke, physikalisch sinnvoll sind. Sobald alle Kontrollparameter das Konvergenzkriterium unterschritten haben, wird die Rechnung abgeschlossen, sie hat dann konvergiert.

Unter Umständen kann es sinnvoll sein, durch Verringern des Konvergenzkriteriums die Lösungsgenauigkeit zu verbessern. Bei zappelndem Verlauf der Konvergenzparameter wird empfohlen, den Zeitschritt kleiner zu machen. Bei ruhigem, aber schlecht konvergierendem Verlauf sollte der Zeitschritt größer gewählt werden.

Ein Bild mit dem Konvergenzverlauf wird als Datei mit dem Namen „flowcnvg.png" gespeichert. Auf diese Weise kann auch später darauf zurückgegriffen werden.

5.2.1.18 Ergebnis der Druckverteilung und des Auftriebs

Nachdem die Rechnung konvergiert hat und abgeschlossen wurde, steht im Simulationsnavigator ein „Results"-Element der entsprechenden Solution zur Verfügung. Dieses kann nun geöffnet werden.

- Doppelklicken Sie auf das Results-Element.
- Um die Druckverteilung darzustellen, wählen Sie im Simulationsnavigator den Knoten „Static Pressure – Element Nodal".

Das Ergebnis der Druckverteilung sollte ähnlich wie in der Abbildung aussehen. Der Druck wird als relative Größe dargestellt, d.h., es wird hier die Änderung gegenüber dem Umgebungsdruck dargestellt. An der Profilspitze, an der die Luft senkrecht auf das Profil trifft, ergibt sich die größte Druckerhöhung von etwa 0,06 bar.

Auf der Profiloberseite klingt der Druck weiter hinten dann immer weiter ab. Auf der Unterseite hingegen ist der Druck viel kleiner.

Dieses Ergebnis ist plausibel für diesen Flügel mit negativer Anstellung. Im vorderen Bereich müsste sich daher, aufgrund der Druckverteilung, Abtrieb einstellen. Im hinteren Bereich ist der Druck auf Ober- und Unterseite etwa gleich groß. Daher ergeben sich insgesamt am Flügel Abtrieb sowie ein Drehmoment, das den Flügel zu weiter negativem Winkel bewegen möchte.

---

[13] RMS-Residual oder das Maximum Residual, je nach Einstellung der Konvergenzparameter unter den Lösungsparametern

[14] Auch das Konvergenzkriterium ist unter den Lösungsparametern voreingestellt.

Die Kräfte, die auf das Profil wirken, ergeben sich durch Integration der berechneten Drücke über der Oberfläche des Profils. Falls Randbedingungen vom Typ „Fluss Oberfläche" (Flow Surface) angewandt wurden, so berechnet der Solver jedoch automatisch diese Kräfte und schreibt die Ergebnisse in das Protokoll im Solution Monitor.

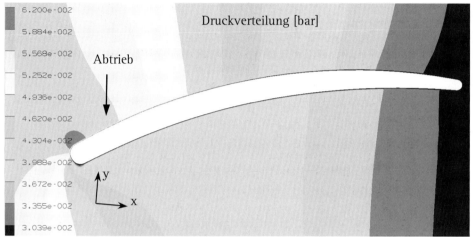

Die Druckverteilung lässt eine Deutung zu.

Abbildung bunt: Seite 321

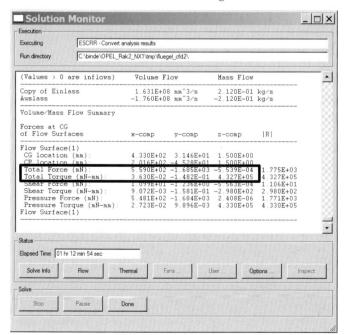

An dem Profil wird automatisch eine Integration des Drucks vorgenommen. So ergeben sich die gesuchten Kraftgrößen.

Die gefundenen Kraftgrößen müssen noch auf die gesamte Breite des Flügels skaliert werden.

Hier kann, entsprechend der Abbildung, für „Flow Surface(1)" abgelesen werden, dass für die Kraft in der y-Richtung ca. –1,7 N berechnet wurden. Weil diese Zahl für ein Profilstück von 3 mm ermittelt wurde, müsste sie noch auf das reale Maß des Flügels (1200 mm pro Flügel) skaliert werden[15]. Es ergibt sich daher pro Flügel eine Abtriebskraft von ca. 675 N. (Dabei ist jedoch das um 10 Grad verdrehte Koordinatensystem noch nicht berücksichtigt.)

Das Drehmoment um die z-Achse, das am Profil entsteht, beträgt nach den Ergebnissen im Solution Monitor ca. 430 Nmm bei dem Flügelstück von 3 mm. Auch diese Zahl muss entsprechend des Flügels skaliert werden. Sie bestätigt die Schlüsse, die aus der Druckverteilung schon gezogen werden konnten.

5.2.1.19 Darstellen der Geschwindigkeiten

Neben der Druckverteilung ist der Geschwindigkeitsverlauf am Profil von Interesse. Um diesen geeignet darzustellen, gehen Sie folgendermaßen vor:

- Wählen Sie im Postprozessor die Funktion „PP-Ansicht" (PostView),
- Unter der Option „Anzeige" (Display) wählen Sie „Markierung - Pfeil" (Mark - Arrow).
- Wählen Sie den Schalter „Ergebnisse anzeigen" (Display Results).
- Im nun erscheinenden Menü wählen Sie unter „Ergebnisse auswählen" (Select Results) die Option „Velocity – Element Nodal".
- Nach Belieben können Sie mit den weiteren Optionen des Menüs die Darstellung der Pfeile verändern. Bestätigen Sie dann mit „OK".

Das Ergebnis der Geschwindigkeiten sollte ähnlich der beiden Abbildungen aussehen.

Die Anzeige mit Pfeilen hilft bei der Analyse der Strömungsrichtungen.

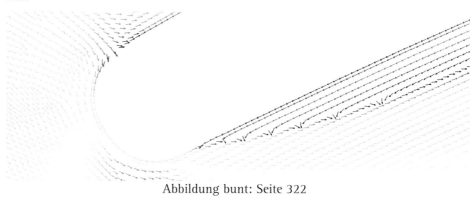

Abbildung bunt: Seite 322

---

[15] Dabei wären jedoch nicht die Randeffekte an einer Tragfläche berücksichtigt, die meist starke Wirbelbildung hervorrufen.

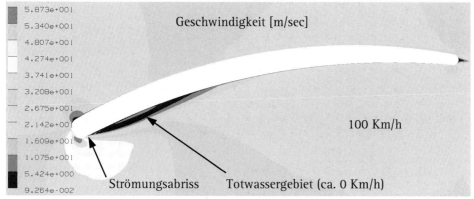

Geschwindigkeit [m/sec]

5.873e+001
5.340e+001
4.807e+001
4.274e+001
3.741e+001
3.208e+001
2.675e+001
2.142e+001
1.609e+001
1.075e+001
5.424e+000
9.264e-002

100 Km/h

Strömungsabriss   Totwassergebiet (ca. 0 Km/h)

Der Geschwindigkeitsverlauf zeigt das Totwassergebiet, an dem die Strömung vom Profil ablöst.

Abbildung bunt: Seite 322

Die Pfeile zeigen die Richtung der errechneten Geschwindigkeit an. Es ist zu erkennen, dass die Strömung auf der Oberseite überall anliegt. Auf der Unterseite dagegen löst sich die Strömung gleich nach dem Profilbeginn ab, und es entsteht ein Ablösegebiet (Totwassergebiet). Die Strömung legt sich erst im hinteren Teil des Profils wieder an die Wand an. Im abgelösten Gebiet ist die Geschwindigkeit nur sehr gering, und es kommt zu einem Wirbel.

Literatur

[Anderl-04a]

Anderl, R. "Produktdatentechnologie A – CAD-Systeme und CAx-Prozessketten" Script zur Vorlesung 2004, Technische Universität Darmstadt.

[Anderl-04b]

Anderl, R. "Produktdatentechnologie C – Produkt- und Prozessmodellierung" Script zur Vorlesung 2004, Technische Universität Darmstadt.

[Bathe-86]

Bathe, K.,J. "Finite-Elemente-Methoden", Springer, Berlin, 1986

[Binde-04]

Binde, P.: "Unigraphics NX Scenario for Structures. Schulungsunterlagen zum Training". Dr. Binde Beratende Ingenieure Gmbh, Wiesbaden, 2006.

[ESCref11a]

I-DEAS ESC Electronic System Cooling. Reference Manual.

[FKM-02]

Rechnerischer Festigkeitsnachweis für Maschinenbauteile aus Stahl, Einsenguss- und Aluminiumwerkstoffen (FKM-Richtlinie). 4., erweiterte Ausgabe 2002. Forschungskuratorium Maschinenbau, FKM. VDMA Verlag.

[Klein-90]

Klein, B. "FEM – Grundlagen und Anwendungen der Finite-Elemente-Methode", 3. Auflage. Vieweg-Verlag. Braunschweig, Wiesbaden

[n4_qrg]

NX Nastran 4 Quick Reference Guide. Dokumentation zur NX Nastran Installation.

[n4_adv_nonlinear]

NX Nastran 4 Advanced Nonlinear Theory and Modeling Guide. Dokumentation zur NX Nastran Installation.

[nxn_user]

NX Nastran User's Guide. Dokumentation zur NX Nastran Installation.

[nonlinear_106]

NX Nastran Basic Nonlinear Analysis User's Guide. Dokumentation zur NX Nastran Installation.

[nonlinear_106_NXN]

NX Nastran Handbook of Nonlinear Analysis (106). Dokumentation zur NX Nastran Installation.

[nxflowref4]

NX Flow. Reference Manual. Dokumentation zur NX4 Installation.

[Schäfer-96]

Schäfer, M. "Numerische Berechnungsverfahren im Maschinenbau", Script zur Vorlesung. Technische Universität Darmstadt.

[SchumacherHieroldBinde-02]

Schumacher, A., Hierold, R., Binde, P. "Finite-Elemente-Berechnungen am Konstruktionsarbeitsplatz – Konzept und Realisierung". In: VDI - Konstruktion 11/12 2002.
www.drbinde.de\download\FEM_am_Konstruktionsarbeitsplatz.pdf

[spurk]

Strömungslehre. Einführung in die Theorie der Strömungen. Springer Lehrbuch. Berlin, Heidelberg, New York.

Farbplots

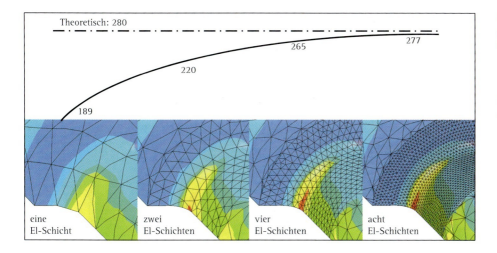

Theoretisch: 280

189 — 220 — 265 — 277

| eine El-Schicht | zwei El-Schichten | vier El-Schichten | acht El-Schichten |

Die Prüfung der Konvergenz hilft bei der Beurteilung der Genauigkeit.

Ein gelungener Konvergenznachweis

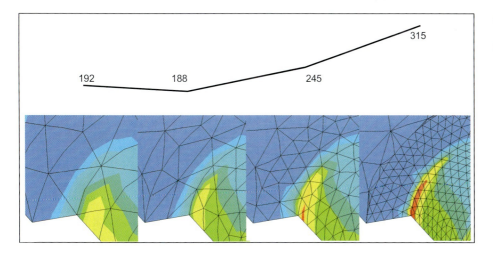

192 — 188 — 245 — 315

An einer Singularität steigt die Spannung bei feinerer Vernetzung immer weiter an.

Die Animation der Ver-
formung hilft für das
Verständnis.

Die nicht übertriebene
Darstellung der Verfor-
mung zeigt, dass es sich
um kleine Verformungen
handelt.

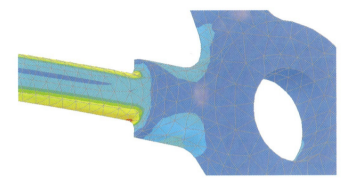

Von Mises Spannungen
am interessierenden
Bereich. Die Qualität der
Ergebnisse ist plausibel.

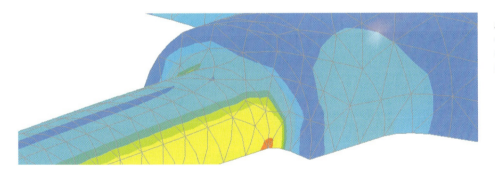

An den kritischen Berei-
chen sollte das Netz
optisch kontrolliert wer-
den.

Das Ergebnis ist der Temperaturverlauf in der Rakete.

Temperatur: 500°C

Temperatur: ca. 100°C

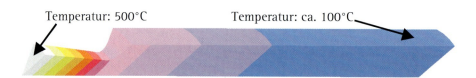

Die Verformung des Längsträgers ist plausibel.

Max. Verformung: ca. 40mm

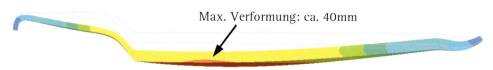

Die höchsten Spannungen ergeben sich an einem Übergangsbereich des Querschnitts.

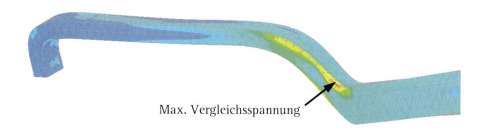

Max. Vergleichsspannung

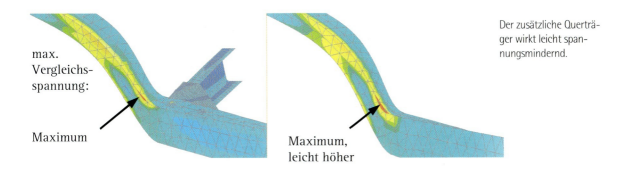

max.
Vergleichs-
spannung:

Maximum

Maximum,
leicht höher

Der zusätzliche Querträ-
ger wirkt leicht span-
nungsmindernd.

526.673340

Am sichersten ist die
Darstellung der maxima-
len Spannung.

Animierte Eigenfrequenz-
ergebnisse machen die
Schwingungsformen
deutlich.

Mode 1

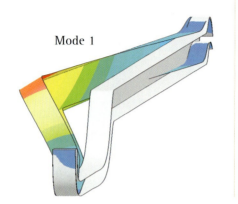

Mode 2

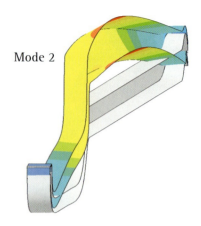

Bei Modalanalysen kann
der Spannungsverlauf nur
qualitativ angegeben
werden.

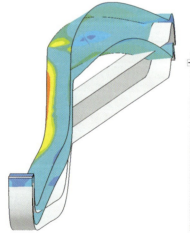

⊟ 🔧 Results
　⊞ ☑ Mode 1 : 1.326e+000 Hz
　⊟ ☑ Mode 2 : 2.752e+000 Hz
　　⊞ ☑ Displacement - Nodal
　　⊞ ☑ Rotation - Nodal
　　⊞ ☑ Stress - Element Nodal
　　⊞ ☑ Stress, Top - Element Nodal
　　⊞ ☑ Stress, Bottom - Element Nodal
　　⊞ ☑ Stress, Minimum - Element Nodal
　　⊞ ☑ Stress, Maximum - Element Nodal

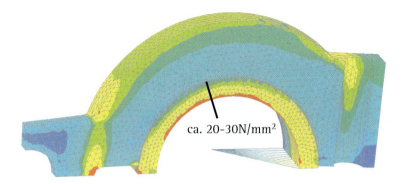

Die errechneten Spannungen in der Kontaktfläche sind unbedenklich.

ca. 20-30N/mm^2

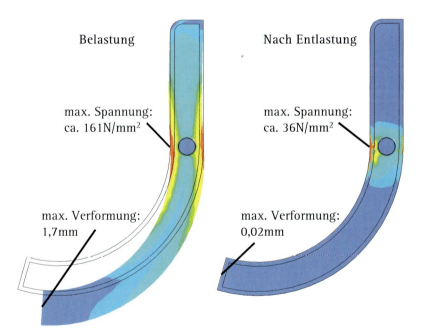

Belastung

Nach Entlastung

Der Spannungszustand und die Verformung nach der Entlastung werden dargestellt.

max. Spannung:
ca. 161N/mm^2

max. Spannung:
ca. 36N/mm^2

max. Verformung:
1,7mm

max. Verformung:
0,02mm

Farbplots

Mit dem ATS konnte die Lösung vollständig durchgeführt werden.

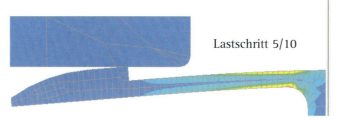

Lastschritt 5/10

Results
- ⊞ ☐ Static Nonlinear Step: 1
- ⊞ ☐ Static Nonlinear Step: 2
- ⊞ ☐ Static Nonlinear Step: 3
- ⊞ ☐ Static Nonlinear Step: 4
- ⊞ ☒ Static Nonlinear Step: 5
- ⊞ ☐ Static Nonlinear Step: 6
- ⊞ ☐ Static Nonlinear Step: 7
- ⊞ ☐ Static Nonlinear Step: 8
- ⊞ ☐ Static Nonlinear Step: 9
- ⊞ ☐ Static Nonlinear Step: 10

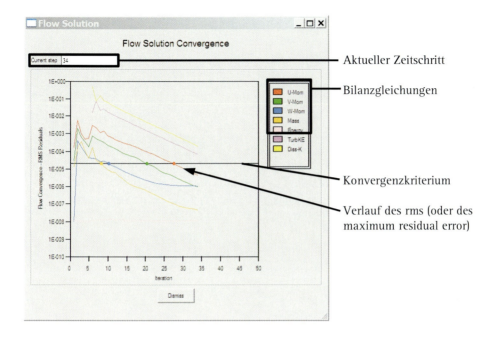

Aktueller Zeitschritt

Bilanzgleichungen

Konvergenzkriterium

Verlauf des rms (oder des maximum residual error)

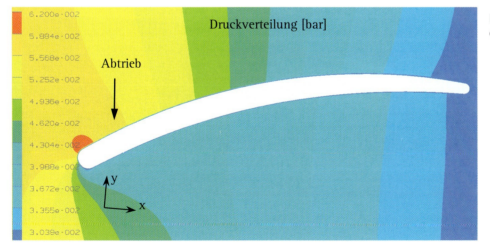

Druckverteilung [bar]

Abtrieb

Die Druckverteilung lässt eine Deutung zu.

Die Anzeige mit Pfeilen hilft bei der Analyse der Strömungsrichtungen.

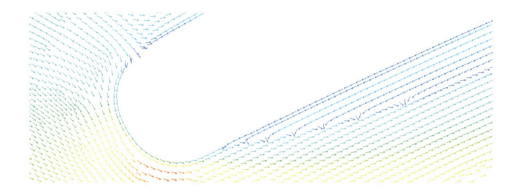

Der Geschwindigkeitsverlauf zeigt das Totwassergebiet, an dem die Strömung vom Profil ablöst.

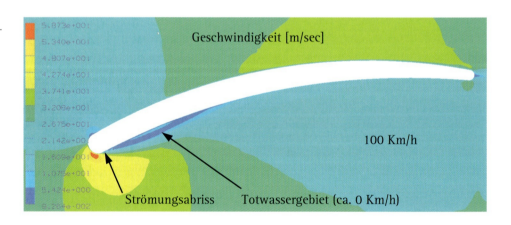

Ansichten des Opel-Rak2

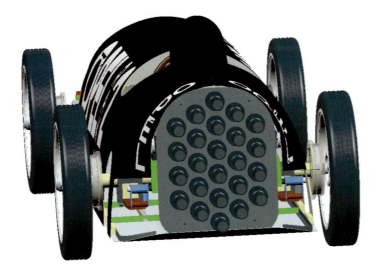

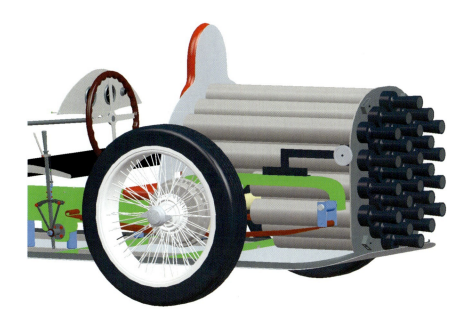

Ansichten des Opel-Rak2

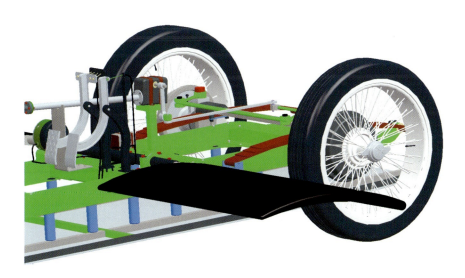

Funktionsindex der Lernaufgaben

Dieses Buch will keine NX-Funktionsbeschreibung liefern. Dafür ist die Online-Hilfe des NX-Systems viel geeigneter, aktueller und vollständiger[16].

Finden, wo eine Funktionalität genutzt wurde.

Vielmehr sollen NX-Funktionen im Kontext von realen Aufgaben beschrieben werden. Für den Leser ergibt sich damit eine beispielbasierte Lernweise, die dem Lernen anhand realer Projekte ähnelt. Geringwertige funktionelle Information wird auf diese Weise zu höherwertigem methodischen Wissen erweitert.

Falls aber doch jemand über eine Funktion stolpert, zu der es Fragen gibt, so kann hier nachgesehen werden, in welchen Beispielen (und auf welcher Seite des Buchs) die Funktion zum Einsatz kommt. Es kann dann nachgesehen werden, wie jene Funktion im realen Einsatzfall genutzt wird. Dabei wird sicher nicht jeder kleine Schalter erklärt (denn dies ist Aufgabe der Online-Hilfe), sondern der praktische Nutzen der Funktion.

Aufgelistet sind daher nachfolgend jene NX-Funktionen, die in den Beispielen zum Einsatz kamen oder erläutert wurden. Funktionen, die hier nicht auftauchen, wurden nicht genutzt.

Motion-Simulation Funktionen

	Name	*Lernaufgabe(n) / Erläuterung*:	*Seite*:
	Umgebung (Environment)	Lenkgetriebe	35
	Master Model Variationen	Erläuterung	29
f(x)	Funktionsmanager	Erläuterung	29, 45
	Bewegungskörper (Link) (auch „Verbindung")	Erläuterung	29
		Lenkgetriebe,	37
		Top-down-Entwicklung der Lenkhebelkinematik,	53
		Fallversuch am Fahrzeugrad	86
	Gelenke:		
	Dreher (Revolute)	Top-down-Entwicklung der Lenkhebelkinematik,	55, 44

---

[16] Eine funktionelle Beschreibung erhält man am schnellsten, wenn die entsprechende Funktion aufgerufen wird und die F1-Taste gedrückt wird. Daraufhin springt die Hilfe-Funktion an die entsprechende Stelle.

Funktionsindex der Lernaufgaben

	Markierung	Erläuterung	31
	Objekt bearbeiten	Erläuterung	31
	Geom. Berechnung:		
	Durchdringung (Collision)	Kollisionsprüfung am Gesamtmodell der Lenkung	81
	Messen (Measure)	Erläuterung	31
	Zeichen (Trace)	Fallversuch am Fahrzeugrad	91
	Simulationsmethoden:		
	Animation	Lenkgetriebe	42
		Fallversuch am Fahrzeugrad	91
	Artikulation	Kollisionsprüfung am Gesamtmodell der Lenkung	77, 80
	Graphenerstellung	Top-down-Entwicklung der Lenkhebelkinematik,	63
	Tabellenkalkulation ausführen (Spreadsheet Run)	Erläuterung	32
	Transfer Laden (Load Transfer)	Erläuterung	32

Design/Advanced-Simulation Basisfunktionen

	Name	Lernaufgabe(n) / Erläuterung:	Seite:
	Finitelementmodell aktualisieren (Update Finite Element Model)	Kerbspannung am Lenkhebel (Sol101)	149
	Modellvorbereitung:		
	Geometrie optimieren (Idealize Geometry)	Erläuterung	116
		Steifigkeit des Fahrzeugrahmens	174
		Plastische Verformung des Bremspedals	256
	Defeature Geometry	Kerbspannung am Lenkhebel (Sol101)	123
	Zerlegungsmodell (Partition Model)	Erläuterung	234
	Mittelfläche (Midsurface)	Steifigkeit des Fahrzeugrahmens	176

Funktionsindex der Lernaufgaben

Funktionen nur in Advanced-Simulation FEM/CFD

Begriffsindex